AWS認定資格試験テキスト

AWS認定

ソリューション
アーキテクト
［アソシエイト］

NRIネットコム株式会社
佐々木拓郎／林 晋一郎／小西秀和

金澤 圭

改訂
第3版

本書に関するお問い合わせ

この度は小社書籍をご購入いただき誠にありがとうございます。小社では本書の内容に関するご質問を受け付けております。本書を読み進めていただきます中でご不明な箇所がございましたらお問い合わせください。なお、お問い合わせに関しましては下記のガイドラインを設けております。恐れ入りますが、ご質問の際は最初に下記ガイドラインをご確認ください。

ご質問の前に

小社Webサイトで「正誤表」をご確認ください。最新の正誤情報をサポートページに掲載しております。

▶ **本書サポートページ**

[URL] https://isbn2.sbcr.jp/17943/

上記ページの「正誤情報」のリンクをクリックしてください。なお、正誤情報がない場合、リンクをクリックすることはできません。

ご質問の際の注意点

- ご質問はメール、または郵便など、必ず文書にてお願いいたします。お電話では承っておりません。
- ご質問は本書の記述に関することのみとさせていただいております。従いまして、○○ページの○○行目というように記述箇所をはっきりお書き添えください。記述箇所が明記されていない場合、ご質問を承れないことがございます。
- 小社出版物の著作権は著者に帰属いたします。従いまして、ご質問に関する回答も基本的に著者に確認の上回答いたしております。これに伴い返信は数日ないしそれ以上かかる場合がございます。あらかじめご了承ください。

ご質問送付先

ご質問については下記のいずれかの方法をご利用ください。

> ▶ **Webページより**
>
> 上記のサポートページ内にある「この商品に関する問い合わせはこちら」をクリックすると、メールフォームが開きます。要綱に従って質問内容を記入の上、送信ボタンを押してください。
>
> ▶ **郵送**
>
> 郵送の場合は下記までお願いいたします。
>
> 〒105-0001
> 東京都港区虎ノ門2-2-1
> SBクリエイティブ　読者サポート係

はじめに

　この本を手にとった方の多くは、AWSに関するスキルアップや資格取得を目指している方でしょう。実務でAWSに関する業務に携わり、現在の自身の実力を客観的に測るために試験に挑む方や、これからAWSに関する専門性を磨いていくための登竜門として学び始める方もいるでしょう。いずれの方にとっても、AWS認定ソリューションアーキテクト－アソシエイト試験を通じて学ぶことで、AWSの知識を効率的に体系化し整理・習得できます。受験を通じて学んでいく中でAWSの目指すクラウドの在り方や、今後のシステムというものがよく解るようになっています。

　本書は14章構成です。まず第1章では効率的にAWSを学ぶために、各種資料へのアクセスの仕方や、学習のチュートリアルを解説しています。続く第2章から第12章で、AWSのグローバルインフラストラクチャからネットワークや仮想サーバーといった中核となるサービスをポイントを押さえて解説しています。そして、第13章ではAWSのアーキテクチャ設計の根幹をなす「Well-Architectedフレームワーク」に沿った形で、アーキテクチャの考え方を解説しています。最後に、実力アップのための試験問題と解答の選択肢の選び方・考え方の解説をみっちりとしています。

　ところで、本書の対象となるSAA-C03試験は、近年、過去の試験に比べて難易度が上がっているのではという声があります。著者の見るところ、確かに設問の文章量は増えていて、読み込むために労力を要しますが、文章量の増加は何を問う問題なのかをしっかり提示しているのです。設問の意図がよりはっきりしているので、しっかりと学習していればむしろ解答は導きやすくなっています。

　著者（佐々木）は、AWSに出会ってもう17年になります。その間、AWSに関する仕事やセミナー・ユーザーグループでの講演、パブリック・プライベートでのトレーニングやハンズオンを通じて、たくさんのAWSユーザーと話す機会がありました。その中の多くの人はAWSとの出会いをチャンスと捉え、上手くキャリアアップを果たしていきました。私自身もAWSに関する本を何冊も

出版させていただく機会を得るなど、AWSによって人生が変わりました。この本が単なる試験対策本にとどまるのではなく、AWSを学んでいくためのガイドブックとなることを願って書いています。そして、AWSをより一層使いこなすことによって、ご自身のキャリアや事業がより良いものになっていくことを願っています。本書が、そのきっかけの1つになれれば幸いです。

著者を代表して
2023年8月15日　佐々木 拓郎

目次

第1章　AWS認定資格 　　　　　　　　　　　　　　　　　1

第6章 ネットワーキングとコンテンツ配信   159

第9章　アプリケーションサービス　　217

第13章　AWSのアーキテクチャ設計　289

第 1 章

AWS 認定資格

AWS認定試験はAWS（Amazon Web Services）に関する知識・スキルを測るための試験で、全部で12種類の資格があります（2023年8月時点）。本書はこのうちのAWS認定ソリューションアーキテクト－アソシエイト（SAA）を対象としています。第1章では、このSAAの概要と、資格取得に向けての勉強方法について説明します。

1-1

AWS認定試験の概要

AWS認定試験とは

AWS認定試験は、AWSに関する知識・スキルを測るための試験です。レベル別・カテゴリー別に認定され、ファンダメンタル・アソシエイト・プロフェッショナルの3つのレベルがあり、アーキテクト・開発者・運用担当者・クラウドプラクティショナーの4つのカテゴリーがあります。そして、専門知識を確認するネットワーク・データ分析・セキュリティ・機械学習・SAP on AWS、データベースの6つのスペシャリティがあります。この中でクラウドプラクティショナーは少し馴染みのない言葉だと思いますが、クラウドの定義や原理を説明し導入を推進する役割です。エンジニアの他に、営業職のような人に推奨されています。

資格の種類

AWS認定試験には12種類の資格があります（2023年8月現在）。

- ○ AWS認定ソリューションアーキテクト－アソシエイト（SAA）
- ○ AWS認定ソリューションアーキテクト－プロフェッショナル（SAP）
- ○ AWS認定SysOpsアドミニストレーター－アソシエイト
- ○ AWS認定デベロッパー－アソシエイト
- ○ AWS認定DevOpsエンジニア－プロフェッショナル
- ○ AWS認定高度なネットワーキング－専門知識
- ○ AWS認定データアナリティクス－専門知識
- ○ AWS認定セキュリティ－専門知識
- ○ AWS認定データベース－専門知識
- ○ AWS認定機械学習－専門知識
- ○ AWS認定SAP on AWS－専門知識
- ○ AWS認定クラウドプラクティショナー

役割別認定

プロフェッショナル

AWS 認定 ソリューション アーキテクト ・プロフェッショナル	AWS 認定 DevOps エンジニア ・プロフェッショナル

アソシエイト

AWS 認定 ソリューション アーキテクト ・アソシエイト	AWS 認定 デベロッパー ・アソシエイト	AWS 認定 SysOps アドミニストレーター ・アソシエイト

ファンダメンタル

AWS 認定クラウドプラクティショナー

**クラウド
プラクティショナー**

アーキテクト

開発者

運用担当者

専門知識認定

スペシャリティ

AWS 認定 高度なネット ワーキング ・専門知識	AWS 認定 データアナリ ティクス ・専門知識	AWS 認定 セキュリティ ・専門知識	AWS 認定 機械学習 ・専門知識	AWS 認定 SAP on AWS ・専門知識	AWS 認定 データベース ・専門知識
ネットワーク	データ分析	セキュリティ	機械学習	SAP on AWS	データベース

❏ AWS認定試験

　現時点でファンダメンタルに該当するのはクラウドプラクティショナーのみです。プロフェッショナルはアソシエイトの上位資格となります。以前は、受験するのにアソシエイト資格を取得していることが必要でしたが、2018年10月以降、必須から推奨に変更されました。とはいえ、まずはアソシエイト資格からチャレンジしていくことをお勧めします。

　また、ネットワーク・データ分析・セキュリティ・機械学習、SAP on AWS、データベースは専門知識認定で、特定分野のAWSサービスに習熟していることを証明する資格となります。

なお、AWS認定資格は3年ごとに更新する必要があります。アソシエイトの場合は、同じ試験を再受験するか、上位の資格であるプロフェッショナルを受験し合格することにより再認定を受けることが可能です。

　本書では、AWS認定ソリューションアーキテクト－アソシエイト（SAA）の取得を目標に、試験範囲の知識と考え方について解説します。なお、SAAには新旧4つのバージョンの試験があります。初期バージョンのテストと2018年2月から開始されたSAA-C01、2020年3月から開始されたSAA-C02、2022年8月から開始されたSAA-C03があります。現在では、SAA-C03のみ受験可能です。本書は2022年8月リリース版を対象とします。

取得の目的

　AWS認定試験の勉強を始める前に、まずは認定を受ける目的を確認してみましょう。主に下記のメリットがあります。

○ 試験勉強を通じて、AWSに関する知識を体系的に学び直せる
○ AWSに関する知識・スキルが客観的に証明される
○ 就職・転職に有利

　まず挙げられるのが、試験を通じてAWSの体系的な知識を学べる点です。AWS認定試験はカテゴリー別・専門別に試験が分かれているものの、それぞれ相関する部分も多く広範囲の知識が必要となります。特にソリューションアーキテクトは仮想サーバー（EC2）、ストレージ（S3、EBS）、ネットワークサービス（VPC）といったAWSの最も基本的なサービスを中心に扱っている関係上、関係するサービスが多く広範囲な試験となっています。

　また試験に合格するには、それぞれのサービスの詳細な動作を把握している必要があります。試験の勉強をすることにより、実務でAWSの設計・操作をする上での手助けになります。AWSの認定試験に合格するには、広範囲の知識と、サービスの実際の挙動の2つを理解する必要があります。必然的に、合格した者に対しては、AWSに関する知識・スキルが客観的に証明されることとなります。

　事実、AWS認定資格の評価は高く、米Global Knowledge Training社が発表した「稼げる認定資格トップ15」（15 Top-Paying Certifications for 2018）によると、AWS認定ソリューションアーキテクト－アソシエイトは2位で、資格取得者の

平均年収は12万1292ドルとなっています。また、2つのプロフェッショナル資格を持っている人の平均年収は20万ドルと言われています。

それでは、ソリューションアーキテクトの試験について、詳しく見ていきましょう。

AWS認定ソリューションアーキテクト
ーアソシエイト

AWS認定ソリューションアーキテクトーアソシエイトは、その名のとおりソリューションアーキテクト担当者向けの試験です。**ソリューションアーキテクト**は多岐にわたる役割を持っているため、具体的なイメージがつかみにくいかもしれません。日本語に直訳すると「問題解決のための仕組みを設計する人」で、アーキテクチャ設計原則に基づき具体的なシステムの構成を決定していく役割や、ソフトウェア・インフラ担当者などの技術スタッフと協力して詳細な設計をしていく役割があります。

AWS認定ソリューションアーキテクトには、AWSのサービスを適切に選択し、可用性・拡張性・コストなどシステムに必要な要件を満たした設計をする能力が求められます。

出題範囲と割合

出題範囲については、まず試験ガイドを読んでください。試験ガイドは、SAAの公式ページで「試験ガイドをダウンロード」をクリックするとPDFファイルとして取得できます。

📖 AWS認定ソリューションアーキテクトーアソシエイト

`URL` https://aws.amazon.com/jp/certification/certified-solutions-architect-associate/

試験ガイドには試験の範囲と割合が記載されており、以下のとおりです。

1

AWS認定資格

分野	割合
セキュアなアーキテクチャの設計	30%
弾力性に優れたアーキテクチャの設計	26%
高パフォーマンスなアーキテクチャの設計	24%
コストを最適化したアーキテクチャの設計	20%

○ **試験時間**：130分
○ **問題数**：65問
○ **解答方式**：択一選択問題／複数選択問題
○ **合格ライン**：720点（得点範囲：100 ～ 1000点）

　上記の表にある「分野」というのが、問題を解く上で非常に重要になります。実は、サービスと分野の組み合わせで、答えが自動的に決まってくるものが多数あります。次の例題を見てみましょう。

 例題

　ある企業において、販売担当者が売上ドキュメントを毎日アップロードしています。ソリューションアーキテクトは、それらのドキュメントを格納するため、重要ドキュメントの誤削除防止機能を備えた高耐久性ストレージソリューションを必要としています。

　ユーザーによる誤削除を防ぐには、どうすればよいですか。

　　A. データをEBSボリュームに格納し、週1回スナップショットを作成する。
　　B. データをAmazon S3バケットに格納し、バージョニングを有効化する。
　　C. データを別々のAWSリージョンにある2つのAmazon S3バケットに格納する。
　　D. データをEC2インスタンスストレージに格納する。

　まず問題文の「高耐久性ストレージ」という文言に注目します。この時点で対象のサービスはS3に絞られるので、答えはBかCになります。次に誤削除防止機能をどう実現するかを検討します。一般論として、誤削除したファイルの復活にはバージョニングが有効です。よって**答えはB**となります。

この「高耐久性ストレージ」からなぜS3が導かれるのか、おそらく現時点で多くの読者は分からないと思います。本書では、ややテクニック寄りな部分も含めて、AWSが考える各サービスの役割と機能を紹介していきます。

▶▶　**重要ポイント**

● サービスと分野の組み合わせで、解答が自動的に決まってくる問題が多数ある。

対象サービス

主な対象サービスは以下のとおりです。他にも多くのサービスが対象になりますので、本書で押さえておくようにしてください。

○ EC2
○ S3
○ EBS
○ ELB（ALB）
○ DynamoDB
○ Lambda
○ Redshift
○ IAM
○ ElastiCache

○ Aurora
○ Route 53
○ S3 Glacier
○ CloudWatch
○ CloudFormation
○ SQS
○ SNS
他

SAA-C01、C02、C03の試験範囲の違い

ソリューションアーキテクト－アソシエイトの認定試験は、2018年2月から約4年間で2回と比較的短期間で改訂されました。また、試験範囲の明示的な変更や、分野ごとの配点の調整などの修正が加えられています。

AWS認定資格

1

❏ SAA-C01、C02、C03の試験範囲と配点

分野	SAA-C01	SAA-C02	SAA-C03
セキュアなアーキテクチャの設計	26%	24%	30%
弾力性に優れたアーキテクチャの設計	34%	30%	26%
高パフォーマンスなアーキテクチャの設計	24%	28%	24%
コストを最適化したアーキテクチャの設計	10%	18%	20%
オペレーショナルエクセレンスを備えた アーキテクチャ	6%	−	−

　一番大きな違いは、対象とする分野が5つから4つに減っている点です。オペレーショナルエクセレンスを備えたアーキテクチャ（運用）が対象外となっています。次にコスト最適化の配点が10%から20%に増えています。その他は多少の変動はありますが、まずはこの2点を押さえておくとよいでしょう。

　その上で、対象となるサービスの最新化が図られています。実際の現場でコンテナの利用機会が増えていることもあり、ECSなどのコンテナに関する知識や、ELBではコンテナに対する負荷分散とALB・NLBの使い分けなどが重要になってきます。また、コストに関する配点が増えていることで、コスト観点でサービスを押さえておく必要性が高まっています。たとえば、S3 Glacier Deep Archiveや低頻度アクセス（S3標準－IA）など、様々なストレージクラスの特性とコストからの使い分け、リザーブドインスタンスやスポットインスタンスの使い分けが重要になります。

　一方で運用に関わる分野は試験の対象外となっています。これにより対象のサービス範囲は狭まっているのでしょうか？　筆者が見るところ、ほとんど変わりがありません。運用分野ではSNSやCloudWatchなどのサービス、あるいはAuto Scalingなどを利用した自動復旧が重要になってきます。これらのサービス・技術は、他の分野でも必須です。全般的に難易度が上昇し、より深い理解が必要になってきているので、しっかりと準備して試験に挑みましょう。

　それでは、次にどのような教材を利用して学習するのかを確認していきましょう。

1-2

学習教材

　本書では、AWS認定ソリューションアーキテクト－アソシエイトに合格するために、次の2点に絞って解説します。

- ○ 試験範囲のサービスの基本的な説明
- ○ 問題を解く上での思考プロセスとテクニック

　つまり、試験に合格するための知識を身に付けるためのガイドの役割を果たします。本書を読むだけでなく、以降で紹介する資料やツールを使いながら学習を進めていくことで、試験に必要となる広範で、実践でも役立つ知識を効果的に身に付けていけます。

公式ドキュメント

　AWSの仕様の1次情報としては、公式ドキュメントがあります。サービスの機能や挙動などの仕様を確認する際には、必ず公式ドキュメントを確認する習慣をつけましょう。理由としては、AWSとして正確さを保証している情報は公式ドキュメントであることと、情報鮮度の問題です。

　AWSでは頻繁にサービスのアップデートがなされます。そのため、2次情報であるブログや解説サイト、書籍などでは古い情報を元に解説されている場合があります。そういった際に公式ドキュメントを参照することにより、機能の差異がないかを確認できます。

📖 AWSドキュメント（英語版と日本語版）
`URL` https://docs.aws.amazon.com/index.html
`URL` https://docs.aws.amazon.com/ja_jp/index.html

　公式ドキュメントは日本語をはじめとする各国の言語に翻訳されています。しかし、公式ドキュメントはまず英語で記載されます。つまり英語サイトが1次情報となります。日本語サイトでは、日本語化が遅れること、情報のアップデー

トが遅いことも多々あります。また、翻訳の質に難があるケースもあります。そのため、可能な限り英語サイトで確認するようにしましょう。

▶▶ **重要ポイント**

● 英語サイトの公式ドキュメントが、最も信頼できる1次情報。

オンラインセミナー（AWS Black Belt）

　前項では、1次情報としては公式ドキュメントを確認しましょうと説明しました。一方で公式ドキュメントは、個々の仕様を詳細に正しく伝えることを目的としているため、初見では情報量が多すぎて、概要をざっと理解するには難しい面もあります。そんなときに重宝するのが、AWS Black Beltオンラインセミナーです。

　Black Beltは、日本で勤務するAWSソリューションアーキテクトがサービス／機能ごとにスライドを利用してオンラインで解説するセミナーです。スライドにはアーキテクチャなどの図やグラフが多用され、視覚的にも分かりやすくなっています。その上で音声による解説もあり、チャットを通じてのQ＆Aもあります。情報密度としては非常に高くお勧めです。

　オンラインセミナー自体はスケジュールされた放送時間に聞く必要がありますが、ほとんどの資料はPDFファイルでも公開されています。また、一部のセミナーは動画アーカイブとしていつでも見られるようになっています。

　新しいサービスを学ぶときは、まずBlack Beltの資料を見て概要を理解し、その上で公式ドキュメントを見て詳細を確認するという流れが効率的です。

📖 AWSクラウドサービス活用資料集
`URL` https://aws.amazon.com/jp/aws-jp-introduction/

📖 AWS Black Belt Online Seminar ─ YouTube再生リスト
`URL` https://www.youtube.com/playlist?list=PLzWGOASvSx6FIwIC2X1nObr1
KcMCBBlqY

▶▶ **重要ポイント**

● オンラインセミナーで概要をつかみ、公式ドキュメントで詳細を確認。

ホワイトペーパー

公式ドキュメントとBlack Beltの2つを紹介しましたが、これらは主にサービス単位でAWSを解説する資料となっています。AWS認定ソリューションアーキテクトになるには、AWSのアーキテクチャの考え方とベストプラクティスを理解する必要があります。その際に役立つのがホワイトペーパーです。

ホワイトペーパーは、アーキテクチャ、セキュリティ、コストなどテーマごとにAWSのサービスの使い方や構成の考え方を解説しています。その中でもまず読むべきは、AWS Well-Architectedフレームワーク（AWSによる優れた設計のフレームワーク）です。設計の指針となる設計の原則と、フレームワークとしての6本の柱が解説されています。

○ 運用上の優秀性の柱
○ セキュリティの柱
○ 信頼性の柱
○ パフォーマンス効率の柱
○ コスト最適化の柱
○ 持続可能性の柱

この項目を見ると分かるように、ソリューションアーキテクトで問われることがほぼすべてカバーされています。試験対策という観点のみならず、AWS上でシステムを構築する際には必須の考え方になります。ダウンロードできるPDFだと本編は50ページ弱と、さほどの分量ではありません。重要な資料なので必ず読んでおきましょう。

📖 AWSホワイトペーパー
`URL` https://aws.amazon.com/jp/whitepapers/

📖 AWS Well-Architectedフレームワーク
`URL` https://docs.aws.amazon.com/ja_jp/wellarchitected/latest/
framework/welcome.html

📖 クラウドコンピューティングのためのアーキテクチャ・ベストプラクティス
`URL` https://s3.amazonaws.com/awsmedia/jp/wp/
AWS_WP_Cloud_BestPractices_JP_v20110531.pdf

講座

AWSでは、公式トレーニングが充実しています。オフラインの講座形式で、役割別・レベル別にそれぞれのカリキュラムが用意されています。

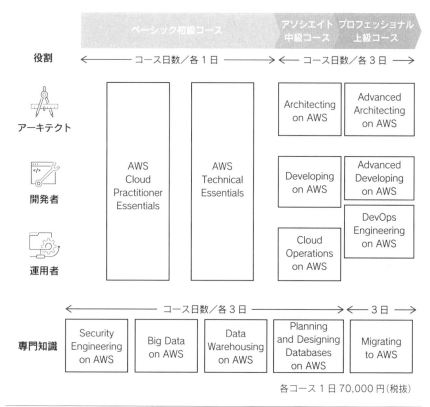

❏ AWS公式トレーニング

SAAの試験範囲に該当するのは以下のコースです。

○ AWS Technical Essentials
○ Architecting on AWS
○ Developing on AWS
○ Cloud Operations on AWS

このすべてのトレーニングが受けられるなら、AWSの基礎知識向上と試験対策として万全です。しかし講座を受けるための時間や費用の負担は小さくありません。そこで本書では、独習を中心に学習を進める手引きを紹介していきます。

実機での学習－ハンズオン（チュートリアル＆ AWSスキルビルダー）

AWSのスキルは、ドキュメントを読むだけでは習得できません。実際にAWSをWebコンソールやCLI（Command Line Interface）・プログラムから呼び出して使ってみることが必須です。そのために、ハンズオン形式でのトレーニングが有効です。ハンズオンとは、用意されたカリキュラムに沿って手を動かしながら学んでいく手法です。

AWSでは、多くのサービスについてチュートリアルが用意されています。指示に従ってAWSを操作すると、サービスを起動・操作できます。10分程度で完了するものが多く、短い時間で学習できます。実際に動かしてみると、サービスへの理解度は格段に向上します。新しいサービスを利用する際は、時間の許す限り、チュートリアルを実施してみましょう。

📖 ハンズオンチュートリアル

URL https://aws.amazon.com/jp/getting-started/hands-on/

学習方法として、実機でのハンズオンはお勧めです。一方でAWSを利用すると、その分の費用が発生します。また、その前にAWSのアカウント開設なども必要です。

そこでAWSには、手軽に自習ができるようにAWSスキルビルダーという学習プログラムが用意されています。

📖 AWSスキルビルダー

URL https://aws.amazon.com/jp/training/digital/

▶▶ **重要ポイント**

- AWSのスキルを習得するには、実際に操作してみることが必須。

AWS認定資格

1

AWS初心者向けハンズオン

AWSのオンライン講座として、「AWS初心者向けハンズオン」というプログラムがあります。講師が解説する動画を見ながらハンズオンをするといった形式で、名前のとおり初心者でも分かるように丁寧に解説がされています。対象となるサービスは多岐にわたりますが、IAMやスケーラブルWebサイト構築など基本的な内容が中心です。また、どんどんコンテンツが追加されているので、定期的にチェックして実践してみましょう。

📖 AWSハンズオン資料

`URL` https://aws.amazon.com/jp/aws-jp-introduction/aws-jp-webinar-hands-on/

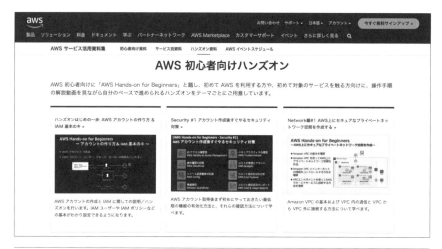

❏ AWS初心者向けハンズオン

1-3

学習の進め方

　AWSには多くのサービスと膨大な機能があります。また日々、サービス・機能のアップデートが行われています。そのため、1人の人間がすべてを理解するのは現実的に不可能です。また、まずは試験に合格するという目標であるならば、効率的に学習することが重要になります。

AWS認定ソリューションアーキテクト －アソシエイト（SAA）合格へのチュートリアル

　SAA試験合格へのチュートリアルは、次のようになります。

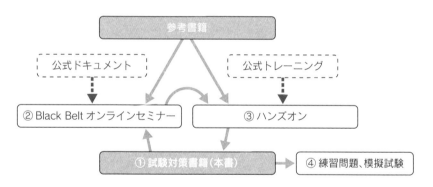

❑ SAA試験合格へのチュートリアル

　まずは試験対策書籍である本書を読み込んでください。第2章から第12章までがサービスの解説です。サービス解説の章では、カテゴリーごとに分類してサービスの説明をしています。また、節ごとに練習問題を用意しています。

　次に第13章がAWSのアーキテクチャの考え方です。弾力性・信頼性・拡張性などの観点ごとにAWSのアーキテクチャの解説をしています。

　最後の第14章が問題の解き方です。例題を示しながら問題文の読み方・解き方を説明します。総仕上げとして模擬試験も用意しています。AWSの知識と考え方が身に付いているかを確認してください。

それでは、サービスとアーキテクチャ、それぞれの基礎力の向上方法について、もう少し見ていきましょう。

サービス対策

すべての基礎となるのが、まずAWSのサービスを正しく把握することです。2023年8月現在、AWSのサービスは200以上あります。いきなりこれらすべてを覚えるのは難しいでしょう。しかしAWSのサービスといえども、それぞれのサービスが独立して作られているわけではありません。基本となるサービスの上に、組み合わせとなって新しいサービスができ上がっています。そういった意味で、基本的なサービスの機能・挙動を正しく把握することが非常に重要です。どれが基本的なサービスにあたるかについては、次節の「重点学習サービス」の項で紹介します。

サービスを理解するためには、まず本書の第2章から第12章までの解説を読みましょう。理解が不十分であったり、詳細についてさらに調べたければ、対応するBlack Beltシリーズの資料を読んだ上でハンズオンを実施しましょう。AWSの公式ドキュメントについては、その後に読んだほうが効率的です。

また、よくある質問（FAQ）やトラブルシューティングを読むことも非常に有益です。FAQには、それぞれの機能についての簡潔な説明と、利用する上で実際に出てくる疑問点が載っています。試験直前の復習にも最適なので、ぜひ活用してください。

▶▶ **重要ポイント**
- 数あるサービスのうち、まずは基本となるサービスを把握する。

アーキテクチャ対策

アーキテクチャ対策は、AWSが考えるベストプラクティスを知ることから始まります。前述のAWS Well-Architectedフレームワーク（AWSによる優れた設計のフレームワーク）というドキュメントに、運用・セキュリティ・信頼性・パフォーマンス・コスト・持続可能性という6つの観点で、どういうアーキテク

チャであるべきかが書かれています。またここには、AWSのサービスを使って
どのように実現すべきかも書かれています。

　アーキテクチャを検討する上で重要なのは、6つの観点の何を優先すべきか
です。優先順位は組織・局面によって変わってきます。すべてを両立することが
できない場合もあります。そのため、SAAの試験もアーキテクチャを問う場合
は、何を優先すべきかが問題文に書かれています。試験に合格するためには、そ
の観点に沿って検討するという習慣づけが必要になります。

　次節では、重点的に勉強すべき領域を紹介します。

▶▶ **重要ポイント**

- アーキテクチャを考える際には、AWS Well-Architectedフレームワークの6本
  の柱（運用・セキュリティ・信頼性・パフォーマンス・コスト・持続可能性）に留
  意する。

1

AWS認定資格

Column

AWS 認定試験とサービスのアップデート

　AWS認定試験を受けていて悩ましい問題の1つは、今読んでいる設問がどの時
点で作られたのか分からないことです。AWSのサービスは日進月歩で進化してい
て、過去にはできなかったことができるようになることも多々あります。

　たとえば、DynamoDBのトランザクションだったり、S3の読み取り整合性など、
アーキテクチャ自体を変える可能性があるくらいインパクトがある変更が加えら
れることもあります。試験を受けていると、新サービスが出ていない前提の設問が
出てくることがあります。つまり、設問が古くなって、現実のサービスとタイムラ
グがあるのです。

　これについての根本的な解決策は見つかりません。筆者も試験を受けていると、
前提をどの時代にすればよいのか頭を悩ますことがあります。一方で、そこを気に
しすぎるのもよくないと思っています。AWSの認定試験は満点を取らないと合格
できない試験ではないのです。その試験で問われている範囲のことをしっかり理解
しておけば、サービスアップデートの影響で間違えてしまったとしても、しょせん
は1問や2問程度の問題です。試験の問題数は多いので、1問や2問間違えても大勢
には影響ありません。細かい部分を気にしすぎるよりも、他の設問をしっかり見直
してミスをなくすほうが重要でしょう。

1-4

何に重きをおいて学習すべきか

　AWSには200を超えるサービスがあり、すべてのサービスを短時間で理解するのは困難です。筆者のお勧めの学習方法は、まずはAWSにおけるコアサービスを使いこなせるレベルを目指すことです。ここで言う**コアサービス**は、AWSのサービス間に優劣があるという意味ではなく、様々なシーン・アーキテクチャで登場するサービスという意味です。このコアサービスを理解することで、設計の幅が広がりますし、それ以外のサービスを学ぶのも効率的になります。なお、このコアサービスはAWSが公式で定義しているものではなく、筆者がこれまでの経験と試験範囲を鑑みて独自に定義したものになります。

　ソリューションアーキテクト－アソシエイト試験でもコアサービスのことは多く問われるので、これらのサービスの特徴や、利用するときに意識すべきことを理解していきましょう。本節では、試験を受験する上で筆者が重要だと考える考え方とAWSサービス群を紹介します。

重点学習ポイント

　試験では各サービスの特徴だけでなく、その特徴をどのように使うべきかまで問われます。それに答えるためには、なぜそのサービスや機能があると嬉しいのかを理解しておく必要があります。そのために、まず試験ガイドを参考に、求められるアーキテクト像を整理してみましょう。

- ○ 可用性の高い設計ができること
- ○ スケーラビリティとパフォーマンスを意識した設計ができること
- ○ コスト効率を意識した設計ができること
- ○ セキュリティを担保した設計ができること

　AWSサービスごとの重点ポイントは後述しますが、どのサービスを使うにしても、これらの4つをバランスよく意識した設計が求められます。ですので、

各サービスの使い方を学ぶときは、これらの4つの視点でそのサービスを語れるかを意識してみましょう。

たとえば、コンピューティングサービスであるEC2について、仮想サーバーを従量課金で使うことができるIaaS型のサービスだと学んだとします。そのとき「EC2で高いパフォーマンスが出る設計にするにはどのような選択肢があるのだろう？」と考えてみるようにしましょう。いくつか答えがあると思いますが、たとえば「サーバーのスペックを上げるスケールアップ」と「サーバーの数を増やすスケールアウト」あたりが代表的な答えです。

その上で「どちらが障害に強いだろうか？」と、続けて可用性を意識してみます。サーバーが1台の状態でスケールアップする場合、高いパフォーマンスで処理はできるかもしれませんが、その1台に不具合があればシステム全体に影響が出てしまいます。可用性も含めて考えるとスケールアウトを採用することが、AWSとしてのベストプラクティスです。

といったように、4つの観点からサービスの特徴をとらえてみてください。このトレーニングをすることで試験で問われることへの解答に近づくことができますし、何より実践で活きる知識を身に付けることができます。

▶▶ **重要ポイント**

- サービスについて学ぶ際には、4つの観点を意識する：高可用性、スケーラビリティとパフォーマンス、コスト効率、セキュリティ。

重点学習サービス

続いて、数あるAWSサービスの中から特に重点的に学びたいコアサービスについて筆者の考えを述べます。大きく下記の3つのサービスに分類しています。

○ 最重要サービス
○ 重要サービス
○ その他のサービス

アーキテクチャの中心となるサービスは試験でも問われることが多いため、重要なサービスと位置づけています。また、学習を始めるにあたり、先に理解す

ると他のサービスも理解しやすくなるサービスについても重要なものとしています。そのため、その他のサービスに割り当てられているから重要でない、というわけではなく、あくまで学ぶ優先順を示している指標だと理解してください。

最重要サービス

まず、初めに学ぶべきサービスを6つ（+α）紹介します。これらのサービスは試験で問われないことはないと言ってもいいほど重要なサービスです。また、ソリューションアーキテクトとして、各サービスの特徴や設計パターンをしっかり語れるようにしておきたいサービスでもあります。表面的ではなく、深い知識を得られるような学習をしていきましょう。

✳ IAM

まずはなんと言っても権限管理が重要です。「EC2やRDSと比べると地味なサービス？」と思われる方もいらっしゃるかもしれませんが、IAM（AWS Identity and Access Management）の機能や考え方を理解せずにAWSを使うと、重大なセキュリティ事故に繋がってしまいます。ソリューションアーキテクトを目指す以上、必ずマスターすべきサービスの1つです。どのように権限ポリシーを作成し、どのようにユーザーに権限を紐付けるか。アカウント全体として権限設計の方針はどうするのがよいのか。また、ユーザーではなくAWSリソースに権限を与えるにはどのような方法があり、どう設定するとセキュアなのか。これらの問いにしっかり答えられるようにしましょう。

✳ VPC

続いて、ネットワークのコアサービスであるVPC（Amazon Virtual Private Cloud）です。IAMと同様、派手なサービスではないと思われるかもしれませんが、VPCを理解していないと絶対によい設計はできません。パブリックサブネットとプライベートサブネットを分けることでセキュリティ面の向上を図る点、複数のアベイラビリティゾーンでAWSサービスを利用して可用性の向上を図る点は特に重要な考え方です。目に見えにくいサービスなので苦手意識を持たれる方がいるかもしれませんが、そういう方はぜひ手元の環境でネットワーク環境を構築してみてください。ひととおり構築することで、考え方を自然と身に付けることができます。

✳ EC2 (+ EBS)

　アーキテクチャを検討する際に必ず登場するのがEC2**（Amazon Elastic Compute Cloud）です**。Webサーバーやバッチサーバーなど様々な役割を担うため、それに応じて最適な設計をする必要があります。ディスク領域としてEBS（Amazon Elastic Block Store）を使うことになるので、一緒に理解を深めるとよいでしょう。また、他のコンピューティングサービスであるECS（Amazon Elastic Container Service）やLambdaとの違いについても問われてきますので、各サービスのユースケースを押さえておくようにしましょう。

✳ ELB (+ Auto Scaling)

　EC2をWebサーバーのレイヤーで使う際に、負荷分散の役割をするのがELB（Elastic Load Balancing）です。重点学習ポイントでも少し触れましたが、サーバー1台で動作させることは可用性の低い構成となり推奨されません。Webサーバーとして EC2を用いる際は、複数台のインスタンスを配置することが多く、**結果としてその前段にもれなく ELB が登場する**ことになります。また、動的にサーバーの数を増減させる Auto Scaling も、コスト最適化や可用性向上という意味で非常に重要なサービスです。ELB も Auto Scaling も実際に手を動かすことで理解が深まるので、手元にAWSアカウントがある方はぜひ構築してみてください。

✳ RDS (Aurora)

　データベースのマネージドサービスであるRDS（Amazon Relational Database Service）です。マネージドサービスだと何が嬉しいのか、EC2上にデータベースを構築するのと何が違うのかをしっかり理解しましょう。特に、**AWSが独自に開発したAuroraについては力を入れて学びたい**ものです。というのも、既存のデータベースでは対応が難しい課題があったからこそ生まれたエンジンであり、その点を設問として問われやすいからです。Auroraの特徴とその背景をセットで理解しておくとよいでしょう。

✳ S3 (+ S3 Glacier)

　オブジェクトストレージサービスである S3**（Amazon Simple Storage Service）は、アーキテクチャの中核を担うサービス**です。ファイルが置かれたことをトリガーに後続の処理が動いたり、他のシステムとのファイル連携に利

用したり、あるいはサーバーのログの定期的な退避先に使われたりと、ユースケースが非常に多いサービスです。そのため、他のサービスと一緒に使うパターンを問われる可能性があります。典型的な利用例とその際に考慮することを押さえておきましょう。

重要サービス

続いて、重要度が比較的高いサービス群を紹介します。

○ DNSサービスのRoute 53
○ 監視サービスのCloudWatch
○ AWSリソースの自動構築サービスであるCloudFormationなど
○ その他のマネージドサービス
　○ CloudFront
　○ ElastiCache
　○ SQS
　○ SNS

Route 53はAWSのDNSサービスです。APIで設定を変更できるので、DNSの向き先を変更することで新旧のシステムを入れ替えるブルーグリーンデプロイメントとの相性がよいです。また、様々なルーティング方式をサポートしています。たとえば、各ルーティング方式を理解することで、独自実装することが難しい要件を簡単に実現することができます。

監視サービスであるCloudWatchは、AWSリソースの状態や各種ログの監視を行うサービスです。他のサービスとの連携もでき、運用設計の中心を担うサービスと言えます。うまく使いこなすことで、システムの安定運用に寄与します。

AWSでは、インフラを自動構築するサービスも充実しています。特にCloudFormationは使われるシーンが多いので、細かい機能や使い方を押さえておきましょう。また、自動構築を支援するサービスとしてElastic Beanstalk、OpsWorksというサービスもあります。それぞれ使うべきタイミングや特徴を理解しておくことで、設問にも答えやすくなるでしょう。

最後に、設計でよく使われるマネージドサービス群についてです。CloudFrontはCDNサービスで、コンテンツをキャッシュすることで性能を改善した

い場面で用います。ElastiCache はインメモリキャッシュサービスで、データベースの負荷を軽減し、頻繁にやり取りするデータをすばやく取り出せるようにします。SQS はキューイングサービスで、SNS は Pub/Sub 型の通知サービスです。それぞれシステムの各機能間を疎結合にする上で重要なサービスです。これらのサービスは EC2 上に独自で機能を実装することもできますが、マネージドサービスとして利用することでスケーラビリティを担保してもらえるなどのメリットを得られます。

　以上が筆者の考える重点ポイント／サービスです。各サービスが必要となる背景、他のサービスとの連携を意識して、点ではなく線で学ぶようにしてください。このように学習することで、効率的に試験対策を進められるだけでなく、実務でも引き出しの多いソリューションアーキテクトになれると思います。

　それでは次の章から、具体的なサービス群の説明をしていきます。

本章のまとめ

▶▶　**AWS 認定資格**

- AWS 認定試験には 12 種類の資格があり、ソリューションアーキテクトは AWS のサービスを組み合わせ、最適なアーキテクチャを答える試験である。
- AWS 認定試験に合格することは AWS に関する知識・スキルが客観的に証明されたことを意味し、転職・就職に有利に働く。
- AWS Well-Architected フレームワークには 6 本の柱がある：運用性、セキュリティ、信頼性、パフォーマンス効率、コスト最適化、持続可能性。アーキテクチャを考える際には、この 6 つの観点に留意する。
- 学習資料には次のものがある：公式ドキュメント、オンラインセミナー、ホワイトペーパー、公式トレーニング、ハンズオントレーニング。
- サービスについて学ぶ際には、4 つの観点を意識する：高可用性、スケーラビリティとパフォーマンス、コスト効率、セキュリティ。
- 個々のサービスを学ぶ際には、重要度（優先順位）の高いものから順に進めると効率がよい。特に重要なサービスは次の 6 つ：IAM、VPC、EC2（＋ EBS）、ELB（＋ Auto Scaling）、RDS（Aurora）、S3（＋ S3 Glacier）。

資格取得に意味があるのか？ 実務に活かす勉強方法

　この本の読者の大半は、AWS認定資格を取得しようとしている方でしょう。一方で、認定資格を取ることに意味があるのかという意見も散見します。この批判の対象は、大きく2つに分けられます。1つは、実務ですでにAWSを利用し、認定を取得しないでも十分実力を持っている人が、敢えて試験を受ける意味があるのかという点です。2つ目は、AWSの未経験者が認定試験からAWSを学び始めることです。それぞれ考えてみましょう。

　まずAWSの実務をしている人についてです。すでに実務ができているのであれば、敢えて認定を取る必然性がないのではという意見です。一般的な傾向としては、実務で利用するAWSのサービスは、偏りがある一部のサービスのみを利用することになります。新規のサービスや機能のアップデートが発表されても、知らずに、あるいはスルーしてそのまま従来どおりの使い方をするケースが多いです。

　AWSの認定試験に合格するには、対象範囲のサービスについて体系的に理解しておく必要があります。試験勉強をしていると、知らない機能や使い方を知ることが多々あります。それらの機能を利用すると、今まで力づくで解決していたことが、スマートに解決できることもあります。AWSのサービスを体系的に学ぶことの意味はここにあり、体系だって勉強するには認定試験を通じて学ぶのが極めて効率的です。

　次に未経験者がAWS認定試験から入門していくパターンです。これについても、試験のための勉強と否定的にとらえる人も多いです。しかし認定試験は初学者がAWSを学ぶ道標になりえるので、試験から入るパターンもよいと思います。AWSが出た当初のS3やEC2くらいしかなかった時代とは違い、今や200を超えるサービスが提供されています。これからAWSの利用を始める人は、何から手をつけたらよいのか途方にくれることもあるでしょう。そんなときに、認定試験を道標として、分野ごとのサービスを体系的に学べるメリットは大きいでしょう。

　一方で、実機を触らずに試験対策だけするというのはお勧めしません。AWSを正しく使えるようになるのが認定試験の目的なので、ハンズオンと併用しながら勉強するのが、使える知識を身に付けるための近道だと思います。筆者の場合は初見のAWSサービスのドキュメントをいくら眺めても全然理解できなかったのに、実際に動かしてみてどんなリソースができるのかと追っていく中で、すっと腑に落ちるということがよくあります。効率面を考えても、手を動かしながら勉強するのが王道なのではないでしょうか。

第2章

グローバルインフラストラクチャとネットワーク

本章ではまず、AWSのアーキテクチャを設計する上で重要になる2つの概念、リージョンとアベイラビリティゾーンについて説明します。世界規模のネットワークの基盤となるこれらを把握した後、AWSのネットワークサービスの中心となるVirtual Private Cloud（VPC）について、詳しく見ていきます。

2-1

リージョンとアベイラビリティゾーン

AWSの<u>グローバルインフラストラクチャ</u>とは、AWSが提供するクラウドサービスを稼働させるための物理的な設備です。グローバルインフラストラクチャの構成要素は、世界中に分散したリージョン、アベイラビリティゾーン、エッジロケーション、ローカルゾーンと、それらを繋ぐネットワーク網です。サービスを学ぶ際に重要な概念なので、まずはこれらから理解していきましょう。

リージョンとアベイラビリティゾーン

<u>リージョン</u>は、AWSがサービスを提供している拠点（国と地域）のことを指します。リージョン同士は、それぞれ地理的に離れた場所に配置されています。リージョン内には複数の<u>アベイラビリティゾーン</u>（以下 **AZ**）が含まれ、1つのAZは複数のデータセンターで構成されています。

つまり複数のデータセンターがAZを構成し、複数のAZが集まったものがリージョンとなります。このリージョンとアベイラビリティゾーンが、AWSのアーキテクチャ設計の上で基本的な単位となります。

aws AWS クラウド

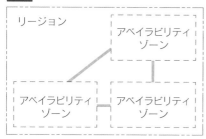
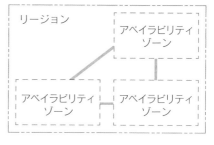

❑ リージョンとアベイラビリティゾーン

　ここではまず、国・地域ごとにリージョンがあり、リージョンは複数のAZで構成されているということを覚えてください。このリージョンとアベイラビリティゾーンが、AWSのアーキテクチャ設計の上で重要な役割を果たします。

AZの地理的・電源的独立による信頼性の向上

　それぞれのAZは、地理的・電源的に独立した場所に配置されています。地理的な独立が意味するのは、落雷や洪水・大雨などの災害による**AZへの局所的な障害に対して別のAZが影響されないように配置されている**ということです。それを実現するために、AZ間は数十キロ程度離れて配置されているようです。ある程度の距離が離れているものの、各AZ間は高速なネットワーク回線で接続されているため、ネットワーク遅延（レイテンシー）の問題が発生することはほとんどありません。AZ間のネットワーク遅延は、2ミリ秒以下で安定していることが多いです。

　次に電源的独立です。これは電源の系統の分離です。**1か所の停電によりAZ内のすべてのデータセンターが一斉にダウンすることがない**ように設計されています。AZが利用する電力の中には、再生可能エネルギーを含め、AWS自身が建設した発電所の電力も多く利用されています。

　AZの地理的・電源的独立により、リージョン全体で見たときに、AWSは障害への耐久性が高くなり信頼性が高いと言えます。この高い信頼性が、AWSの数々のサービスの基礎となっています。

マルチAZによる可用性の向上

　AZの地理的・電源的独立によりリージョン全体の信頼性は高いと言えますが、ユーザー側が単一のAZのみでシステムを構築していた場合、単体のデータセンターにオンプレミスのシステムを構築していた場合と耐障害性はそれほど変わりません。耐障害性を高めシステムの可用性を高めるには、複数のAZを利用してシステムを構築する必要があります。AWSでは、これをマルチAZと呼びます。

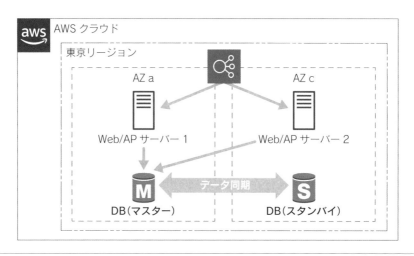

❏ Web+DBシステムのマルチAZ基本構成

　この図は、Web + DBシステムをマルチAZ構成にする場合の基本的な形です。ロードバランサーから2台の仮想サーバーに負荷分散し、AZ間でレプリケーションされたDBにアクセスしています。VPCと呼ばれる仮想ネットワーク内にも、複数のサブネットを作成し、それぞれ別のAZに配置することによりAZの分散を実現できます。

　仮想サーバーであるEC2やデータベースサービスであるRDSなど、インスタンスをベースとしたサービスは、可用性を高める際はマルチAZに冗長的に配置するのが基本となります。試験でもこの構成について繰り返し問われるため、必ず理解しておきましょう。

エッジロケーション

　エッジロケーションとは、AWSが提供するグローバルインフラストラクチャの一部であり、低レイテンシーで高速なコンテンツ配信を実現できるように設計されています。エッジロケーションの実体は、世界中に配置された物理的なデータセンターです。エッジロケーション同士がAWSのネットワークに接続されており、リクエストが発生するたびに最も近いエッジロケーションで処理されます。2023年4月時点でリージョンが31あるのに対して、エッジロケーションは410を超えています。この数の比率からも、エッジロケーションを利

用することにより、ユーザーにすばやくレスポンスを返せることが分かります。
　エッジロケーションで動くサービスとして、Amazon CloudFront、Lambda@
Edgeがあります。Amazon CloudFrontは、コンテンツデリバリネットワーク
（CDN）のサービスであり、Webコンテンツを低レイテンシーで高速配信する
サービスです。Lambda@EdgeはCloudFrontに統合された機能で、ユーザー
に近いCloudFrontにてプログラムコードを実行するサービスです。詳細につい
ては、第6章で解説します。

AWS Local ZonesとAWS Outposts

　AWS Local Zones（ローカルゾーン）とAWS Outpostsはともに、ユーザーに
より近いところでEC2やEBS、RDSといったコンピューティングリソースを利
用するためのサービスです。
　AWS Local Zonesは特定のリージョンの拡張であり、たとえば、ロサンゼ
ルスのローカルゾーンは米国西部（オレゴン）リージョンに属しています。オ
レゴンリージョンは、us-west-2と表記され、その拡張であるロサンゼルスのロ
ーカルゾーンは、us-west-2-lax-1aと表記されます。ローカルゾーンは、オンプ
レミスとAWSをより低いレイテンシーで結び付け、高速な処理を実現可能に
します。
　AWS Outpostsは、AWSのサービスをオンプレミス環境で実行するための
サービスです。サービスを契約すると物理的なサーバーやラックがAWSから
送られてきて、それを自身のオフィスやデータセンターで稼働させることがで
きます。Outposts内でEC2やRDSといったAWSのサービスを実行し、AWSの
インターフェイスを通じて管理することができます。
　このようにLocal ZonesとOutpostsは、インフラの管理をユーザーがするか
どうかという違いはあるものの、どちらもAWSのリソースをより近いところ
で利用できるようにするサービスです。

- 国・地域ごとにリージョンがあり、リージョン内には複数のAZがある。
- 各AZが地理的・電源的に独立した位置にあることが、リージョンの耐障害性を高めている。
- マルチAZにより可用性が高まる。
- エッジロケーションによって、低レイテンシーで高速なコンテンツ配信が実現できる。
- AWS Local Zonesは、特定のリージョンの拡張。
- AWS Outpostsは、AWSのサービスをオンプレミス環境で実行するためのサービス。

 練習問題1

　あなたは社内の受発注システムの保守を担当するエンジニアです。このシステムはミッションクリティカルなもので、高いサービスレベルが求められます。現在、自社のデータセンターで運用していますが、災害時にデータセンターの運営に影響が出ることを考慮し、システムをAWSに移行する検討を行っています。AWSに移行することで、複数のデータセンターをまたがる構成にできるので、可用性をより高くできることを期待しています。

　下記のうち正しい記述はどれですか。

A. RDSはマネージドサービスなので、単一のアベイラビリティゾーンにインスタンスを配置しても問題ない。

B. アベイラビリティゾーンはAWSがサービスを提供している国・拠点を意味する。

C. リージョンが複数集まってアベイラビリティゾーンを構成するため、可用性の高い設計ができる。

D. VPC内のパブリックサブネットだけではなく、プライベートサブネットもアベイラビリティゾーンをまたがるように複数作ることが望ましい。

解答は章末（P.50）

2-2

VPC

AWSのネットワークサービスの中心はAmazon Virtual Private Cloud（以下VPC）です。VPCは、利用者ごとのプライベートネットワークをAWS内に作成します。VPCはインターネットゲートウェイ（IGW）と呼ばれるインターネット側の出口を付けることにより、直接インターネットに出ていくことが可能です。またオンプレミスの各拠点を繋げるために仮想プライベートゲートウェイ（VGW）を出口として、専用線のサービスであるAWS Direct Connectや拠点間のVPNサービスであるAWS Site-to-Site VPNを使って、より安全な通信で各拠点と接続することも可能です。

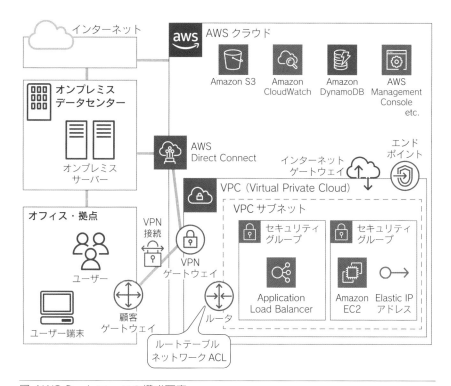

❏ AWSネットワークの構成要素

なお、S3やCloudWatch、DynamoDBなど、AWSの中にあるもののVPC内に入れられないサービスも多数あります。こういったサービスとVPC内のリソースをどのように連携させるかは、設計上の重大なポイントとなります。ただし、SAAの試験としてはIGW経由で接続するのか、VPCエンドポイントと呼ばれるインターフェイス経由で接続するのか、その2つの違いを把握していれば十分です。

▶▶　**重要ポイント**
- VPCは、AWSのネットワークサービスの中心。

VPCのCIDRブロック

　VPCには、作成者が自由なIPアドレス（CIDRブロック）をアサインすることができます。ネットワーク基盤の管理ポリシーに合わせたアドレスをアサインすることで、自社ネットワークの一部であるかのように接続することができます。CIDRブロックは/16から/28の範囲で作成できます。試験に関係しない部分ですが、ネットワーク空間は可能な限り大きいサイズ（/16）で作成しましょう。確保した空間が小さくIPアドレス不足に陥った場合、後から拡張する方法はいくつかありますが、困難です。

　IPアドレスとしては、クラスA（10.0.0.0 〜 10.255.255.255）、クラスB（172.16.0.0 〜 172.31.255.255）、クラスC（192.168.0.0 〜 192.168.255.255）が使えます。ただしクラスAの場合でも、/8でCIDRブロックは取ることができず、/16でなければならないので注意してください。

　また、172.17.0.0/16のように一部のAWSサービスが予約しているCIDR範囲があります。IPアドレスの競合が発生する可能性があるので、利用しないようにしましょう。詳細については、下記のURLを確認してください

📖 VPC CIDRブロック

`URL` https://docs.aws.amazon.com/ja_jp/vpc/latest/userguide/
　vpc-cidr-blocks.html

　実はプライベートIPアドレスの範囲外でもCIDRとして指定できます。ただし、トラブルの元になるので、基本的にはプライベートIPアドレスの範囲を指定しましょう。

次の図は、東京リージョンに10.10.0.0/16でVPCを作成した例です。AWS全体に対する、リージョンとAZの配置に注目してください。

❏ VPC

▶▶　**重要ポイント**

● VPCには、IPアドレスを自由にアサインできる。
● ネットワーク空間は可能な限り大きなサイズ（/16）で作成する。

サブネット

サブネットは、EC2インスタンスなどを起動するための、VPC内部に作るアドレスレンジです。VPCに設定したCIDRブロックの範囲に収まる小さなCIDRブロックをアサインすることができます。個々のサブネットには1つの仮想のルータがあり、このルータが後述するルートテーブルとネットワークACLの設定を持っていて、サブネット内のEC2インスタンスのデフォルトゲートウェイになっている、とイメージすると理解しやすいでしょう。

○ サブネットに設定するCIDRブロックのサイズはVPCと同様に16ビット（65536個）から28ビット（16個）まで（カッコ内の数字は、利用可能なIPアドレスの数）。
○ サブネット作成時にアベイラビリティゾーンを指定する。作成後は変更できない。
○ サブネットごとにルートテーブルを1つだけ指定する（作成時はメインルートテーブルが自動的にアサインされ、いつでも異なるルートテーブルに変更できる）。
○ サブネットごとにネットワークACLを1つだけ指定する（作成時はデフォルトネットワークACLが自動的にアサインされ、いつでも異なるネットワークACLに変更できる）。

○ 1つのVPCに作れるサブネットの数は200個。リクエストによって拡張できる。

サブネットを作成する際には、下記の制約に注意してください。

○ サブネットの最初の4つおよび最後の1つのアドレスは予約されていて、使用できない（24ビットのサブネットの場合、使えないのは「0、1、2、3、255」の5つ）。
○ 小さなサブネットをたくさん作るのはアドレスの浪費に繋がる（28ビットのサブネットでは、16個のIPが割り振られるがユーザーは11個しか利用できない）。
○ サービスの中にはIPアドレスの確保が必要なサービスがある（ELBの場合はIPアドレスが8個）。

▶▶ **重要ポイント**

● サブネットとは、EC2インスタンスなどを起動するための、VPC内部に作るアドレスレンジ。
● 個々のサブネットには1つの仮想のルータがあり、これがサブネット内のEC2インスタンスのデフォルトゲートウェイになっている。

サブネットとAZ

それでは、CIDR内にサブネットを作った例を見てみましょう。

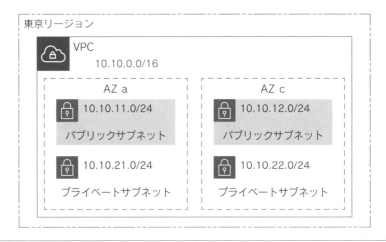

❏ VPC内にサブネットを作った例

　サブネット作成時のポイントは、同一の役割を持ったサブネットを複数の AZにそれぞれ作ることです。EC2やRDSの作成時にAZをまたいで構築することで、AZ障害に対して耐久性の高い設計にすることができます。この構成はマルチAZと呼ばれ、AWSにおける設計の基本となっています。また近年では、AZ障害への耐性をさらに高めるために3AZ構成を取る場合も出てきています。

　なお、パブリックサブネット（Public Subnet）、プライベートサブネット（Private Subnet）という概念がVPC関連のドキュメントにたびたび登場します。しかし、サブネットの設定・機能として、そういったサブネットがあるわけではありません。後に紹介するインターネットゲートウェイ、ルーティングテーブル、ネットワークACLなどを利用して、そのような役割を割り当てるというだけに過ぎません。

▶▷　**重要ポイント**
- マルチAZ構成にすることで、AZ障害に対する耐久性が高まる。

ルートテーブル

　アドレス設計の次は、ルーティング設計です。AWSのルーティング要素には、ルートテーブルと各種ゲートウェイがあります。これらを用いてVPC内部の通信や、インターネットやオンプレミスネットワーク基盤などの外部への通信を実装していきます。

○ ルートテーブルは個々のサブネットに1つずつ設定する。

○ 1つのルートテーブルを複数のサブネットで共有することはできるが、1つのサブネットに複数のルートテーブルを適用することはできない。

○ ルートテーブルには、宛先アドレスとターゲットとなるゲートウェイ（ネクストホップ）を指定する。

○ VPCにはメインルートテーブルがあり、サブネット作成時に指定しない場合のデフォルトのルートテーブルになる。

セキュリティグループとネットワークACL

　VPCの通信制御は、セキュリティグループとネットワークACL（NACL）を利用して行います。

　セキュリティグループは、EC2やELB、RDSなど**インスタンス単位の通信制御に利用**します。インスタンスには少なくとも1つのセキュリティグループをアタッチする必要があります。通信の制御は、インバウンド（内向き、外部からVPCへ）とアウトバウンド（外向き、VPC内から外部へ）の両方の制御が可能です。制御項目としては、プロトコル（TCPやUDPなど）とポート範囲、送受信先のCIDRかセキュリティグループを指定します。特徴的なのは、CIDRなどのIPアドレスだけでなく、セキュリティグループを指定できる点です。なお、セキュリティグループはデフォルトでアクセスを拒否し、設定された項目のみにアクセスを許可します。

　ネットワークACL（NACL、ネットワークアクセスコントロールリスト）は、**サブネットごとの通信制御に利用**します。制御できる項目はセキュリティグループと同様で、インバウンド／アウトバウンドの制御が可能です。また、送受信先のCIDRとポートを指定できますが、セキュリティグループと違って送受信先にはセキュリティグループでの指定はできません。ネットワークACLはデフォルトの状態ではすべての通信が許可されています。

　セキュリティグループとネットワークACLの違いは、状態（ステート）を保持するかどうかです。セキュリティグループはステートフルで、応答トラフィックはルールに関係なく通信が許可されます。これに対してネットワークACLはステートレスで、応答トラフィックであろうと明示的に許可しないかぎり通信遮断してしまいます。

　そのため、エフォメラルポート（1025 〜 65535）を許可設定していないと、返りの通信が遮断されます。また、外部の特定のIPアドレスから攻撃を受けてこれを通信遮断したい場合、セキュリティグループでは特定IPに対しての拒否設定はできません。その際は、ネットワークACLもしくはAWSの他のセキュリティサービスを利用して遮断します。セキュリティグループとネットワークACLの設定方法は、組み合わせとして理解しておいてください。

- セキュリティグループはインスタンス単位の通信制御に利用し、ネットワークACLはサブネットごとの通信制御に利用する。

ゲートウェイ

ゲートウェイはVPC内部と外部の通信をやり取りする出入り口です。インターネットと接続するインターネットゲートウェイ（IGW）と、VPNやDirect Connectを経由してオンプレミスネットワーク基盤と接続する仮想プライベートゲートウェイ（VGW）があります。

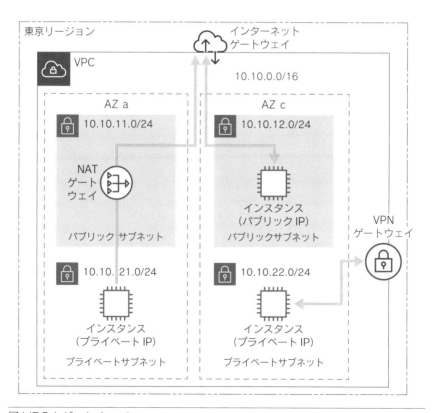

❏ VPCとゲートウェイ

インターネットゲートウェイ（IGW）

インターネットゲートウェイ（IGW）は、VPC とインターネットとを接続するためのゲートウェイです。各 VPC に 1 つだけアタッチする（取り付ける）ことができます。インターネットゲートウェイ自体には設定事項は何もありません。また、論理的には 1 つしか見えないため、可用性の観点で単一障害点（Single Point Of Failure、SPOF）になるのではと懸念されることがあります。しかし、IGW は AWS によるマネージドなサービスであり、冗長化や障害時の復旧が自動的になされています。

ルートテーブルでインターネットゲートウェイをターゲットに指定すると、その宛先アドレスとの通信はインターネットゲートウェイを通してインターネットに向けられます。多くの場合、デフォルトルート「0.0.0.0/0」を指定することになります。先述のパブリックサブネットの条件の 1 つは、ルーティングでインターネットゲートウェイを向いていることになります。逆に言うとプライベートサブネットとは、ルーティングが直接インターネットゲートウェイに向いていないネットワークになります。

EC2 インスタンスがインターネットと通信するには、パブリック IP を持っていなければなりません。あるいは、NAT ゲートウェイを経由してインターネットと通信します。NAT ゲートウェイはネットワークアドレス変換機能を持っており、プライベート IP を NAT ゲートウェイが持つグローバル IP に変換し、外部と通信します。

システムの信頼性が求められる場合には、NAT ゲートウェイの冗長性が課題になります。NAT ゲートウェイは AZ に依存するサービスなので、マルチ AZ 構成をとる場合は、AZ ごとに作成する必要があります。

仮想プライベートゲートウェイ（VGW）

仮想プライベートゲートウェイ（VGW）は、VPC が VPN や Direct Connect と接続するためのゲートウェイです。VGW も各 VPC に 1 つだけアタッチすることができます。1 つだけしか存在できませんが、複数の VPN や Direct Connect と接続することが可能です。

ルートテーブルで VGW をターゲットに指定すると、その宛先アドレスとの通信は VGW から、VPN や Direct Connect を通してオンプレミスネットワーク基盤に向けられます。オンプレミスネットワークの宛先は、ルートテーブルに

静的に記載する方法と、ルート伝播（プロパゲーション）機能で動的に反映する方法の2つがあります。

▶▶　**重要ポイント**

● ゲートウェイは、VPCの内部と外部との通信をやり取りする出入り口。VPCとインターネットを接続するインターネットゲートウェイ（IGW）と、VPCとVPNやDirect Connectを接続する仮想プライベートゲートウェイ（VGW）がある。

VPCエンドポイント

　VPC内からS3やDynamoDBといったVPC外のAWSサービスに接続する方法としては、インターネットゲートウェイを利用する方法とVPCエンドポイントと呼ばれる特殊なゲートウェイを利用する方法があります。

　VPCエンドポイントには、S3やDynamoDBと接続する際に利用するゲートウェイエンドポイントと、それ以外の大多数のサービスで利用するインターフェイスエンドポイント（AWS PrivateLink）があります。

　ゲートウェイエンドポイントは、ルーティングを利用したサービスです。エンドポイントを作成しサブネットと関連付けると、そのサブネットからS3、DynamoDBへの通信はインターネットゲートウェイではなくエンドポイントを通じて行われます。

　セキュリティの観点でVPCエンドポイントは重要になります。経路の安全性を問われる場合はインターネットを経由しないことを求められることが多いのですが、その際には、VPCエンドポイントが重要な要素となります。設計パターンを押さえておいてください。

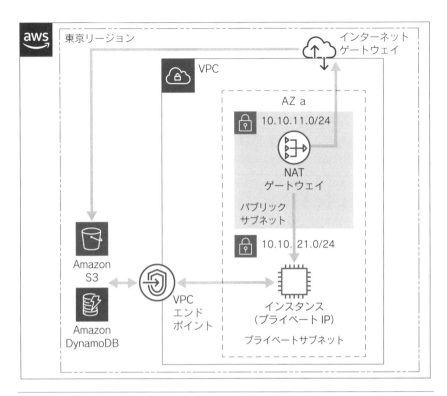

❑ VPC エンドポイント

ピアリング接続

VPC ピアリングは、2つのVPC間でプライベートな接続をするための機能です。VPC ピアリングでは、同一AWSアカウントのVPC間のみならず、AWSアカウントをまたがっての接続も可能です。

VPC ピアリングでの通信相手はVPC内のEC2インスタンスなどであり、IGWやVGW などへのトランジット（接続すること）はできません。また、相手先のVPCがピアリングしている別のVPCに推移的に接続することもできません。

VPCフローログ

VPC内の通信の解析には、VPCフローログを利用します。VPCフローログはAWSでのネットワークインターフェイスカードであるENI単位で記録されます。記録される内容は、送信元・送信先アドレスとポート、プロトコル番号、データ量と許可・拒否の区別です。

 練習問題2

あなたは新規プロダクトの開発を担当するエンジニアです。現在、設計の初期フェーズで、AWS上のネットワーク関連の設計を行っています。下記のネットワークに関する記述のうち、正しいものはどれですか。

A. ルートテーブルはVPC単位で設定することができ、VPC内の通信経路を決定する。

B. VPCエンドポイントを向く経路があるサブネットを、パブリックサブネットと呼ぶ。

C. VPCピアリングを用いるとVPC間でプライベートな接続が可能になるが、同じAWSアカウントにあるVPC間のみピアリングできる。

D. VPN接続をする際に利用する仮想プライベートゲートウェイは、VPCごとに1つだけ紐付けることができる。

解答は章末(P.51)

2-3

AWSとオンプレミスネットワーク
との接続

オフィスやデータセンターにあるオンプレミスのネットワークとAWSを接続する経路については、インターネットを経由しての直接接続、インターネットを経由してのVPN（仮想閉域ネットワーク）接続、専用線接続の3種類があります。ここでは、専用線接続とVPN接続の利用目的と接続方法、その関連サービスについて学びましょう。

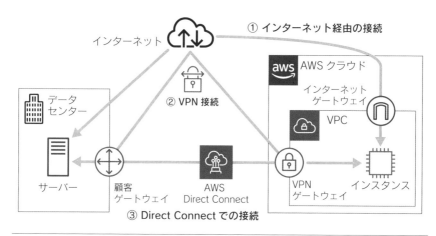

❏ AWSと拠点間の接続経路

AWS Direct Connect

AWS Direct Connect（DX）は、AWSと拠点を専用線で接続するサービスです。DXを利用することには、次のようなメリットがあります。

1. **帯域幅の確保**：VPN接続の場合、AWS Site-to-Site VPNのVPNトンネルごとの帯域幅は、最大で1.25Gbpsです。大量のデータを送受信する場合は、DXを利用すると、専用線を使って高速かつ大容量のデータ転送を行うことができます。

2. **低レイテンシー**：VPNを利用した通信は、DXの接続に比べて通信の遅延があり、また通信速度の揺らぎがあります。DXを利用することにより、高品質な通信を実現できます。

3. **セキュリティ**：DXは、他の接続方法と異なりインターネットをいっさい経由することなくAWSと拠点間を接続することが可能です。外部からのアクセスが困難で、不正なアクセスや攻撃を受けるリスクが小さくなります。

4. **コストの削減**：DXの通信料は、他の方式に比べて通信量に比例するコストが低く設定されています。常時大規模な通信を行う場合は、DXを利用したほうがコストを削減できます。

なお、DXを利用する際の物理的な専用線はAWSでは直接提供していないため、回線事業者やAWS Direct Connectデリバリーパートナーと契約します。またコストについては、Direct Connectの費用の他に専用線の維持コストも必要になります。少量の通信の場合は、インターネットの直接接続やVPN接続のほうが低コストになるので注意してください。

▶　**重要ポイント**

● AWS Direct Connect（DX）は、AWSと拠点を専用線で接続するサービス。

Direct Connectの接続

Direct Connectを利用する際は、AWS側にVPCが必須となります。利用者の拠点から、AWSが提供するAWS Direct Connectロケーションまで、専用線で接続します。Direct ConnectロケーションからAWS上のVPCまでは、AWS側の管理する専用線となります。VPCには仮想プライベートゲートウェイ（VGW）を作成することで、拠点からVPCまでインターネットを経由することなく通信できます。

VGWには2つのエンドポイントが作成可能で、エンドポイントごとに接続を作成できます。単独の接続より冗長化させたほうが可用性が高くなりますが、ルーティングの切り替えなどの戦略を考える必要があります。またDirect Connectは、AWSからは1Gbps、10Gbps、100Gbpsの3種類の帯域の接続ポートを作成できます。より小さな単位や細かい単位の接続の場合は、AWS Direct Connectデリバリーパートナーのサービスにより利用することができます。

2

グローバルインフラストラクチャとネットワーク

AWS Site-to-Site VPN

AWS Site-to-Site VPNは、VPCとオンプレミスのネットワークをVPN接続するサービスです。通信はインターネットを経由するものの、IPSecプロトコルを利用してVPNトンネルを作る仮想閉域ネットワークとすることにより、暗号化された安全な通信を確立します。VPCからの出口は、インターネットゲートウェイではなく、仮想プライベートゲートウェイ（VGW）となります。VPNトンネルごとの帯域幅は、最大1.25Gbpsです。

なお、Site-to-Site VPNはAWSマネージドVPNとも表現されます。

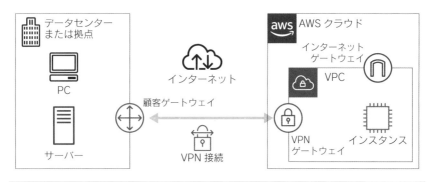

❑ AWS Site-to-Site VPN

▶▶　**重要ポイント**

- AWS Site-to-Site VPNは、VPCとオンプレミスのネットワークをVPN接続するサービス。

AWS Client VPN

AWS Client VPNは、クライアントのPCやスマートフォンとVPCを接続するサービスです。DXやSite-to-Site VPNは、拠点とVPCを接続するサービスなので、接続する対象が違います。AWS Client VPNは、OpenVPNクライアントを利用しています。いわゆるSSL-VPNと呼ばれるプロトコルで通信しています。AWS Client VPNのVPC側の接続は、VGWではなくクライアントVPN

エンドポイントとなります。

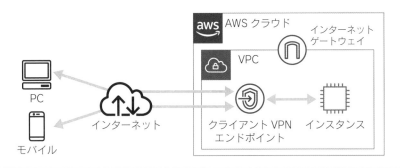

❏ AWS Client VPNの接続

　AWS Client VPNを利用せずにSSL-VPNを実現する場合は、VPC内のEC2インスタンスにVPNのソフトウェアをインストールすることで実現できます。しかし、インスタンスやソフトウェア、さらにはスケーリングなどの管理をユーザー自身で行う必要があります。

▶　**重要ポイント**

● AWS Client VPNは、クライアントのPCやスマートフォンとVPCを接続するサービス。

AWS Direct Connectゲートウェイ

　AWS Direct Connect（DX）の一般的な利用方法では、VPCと拠点を1対1で繋ぎます。最近では複数のAWSアカウントを利用してVPCもたくさん作ること多いのですが、そういった際にVPCごとにDXを用意するのは、コスト面でも管理面でも負荷が大きくなります。また、国外のリージョンのVPCに接続するニーズも高まっています。そういった際に助けとなるサービスがAWS Direct Connectゲートウェイです。

　Direct Connectゲートウェイは、1つのDirect Conectの接続を利用して、最大10個のVGWと関連付けができます。特定のリージョンに設置するローカルサービスではなくグローバルサービスであり、DXを設定したリージョン以外のVPCへの接続も可能です。さらには、別のAWSアカウントへの接続まで可能です。

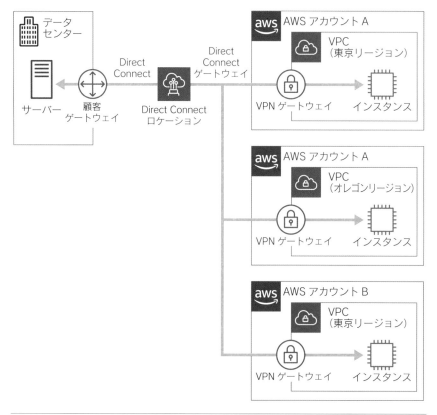

□ AWS Direct Connectゲートウェイを利用した接続

▶▶ **重要ポイント**

- Direct Connectゲートウェイは、1つのDirect Conectの接続を利用して、最大10個のVGWと関連付けられる。

AWS Transit Gateway

AWS Transit Gatewayは、複数のVPCやDirect Connect、VPNをスター型トポロジーで接続可能とするサービスです。複数VPCの接続と聞くと、Direct Connectゲートウェイとの用途の違いに疑問が湧くと思います。Transit Gatewayは、VPC間の接続管理に主眼を置いたサービスであり、特定のアカウ

ントやリージョンに所属するサービスです。そのため、異なるAWSアカウントやリージョン間の接続にはDirect Connectゲートウェイを利用し、その中の複数のVPCの接続にはTransit Gatewayを利用するといったイメージです。

　そういった意味では、Transit GatewayはDirect Connectゲートウェイを置き換えるサービスではなく、VPCピアリング接続を置き換えるものと考えたほうが妥当です。VPCピアリング接続では3つのVPC間の透過的な接続はできませんが、Transit Gatewayを中心として3つ、あるいはそれ以上のVPCとの接続を実現できます。

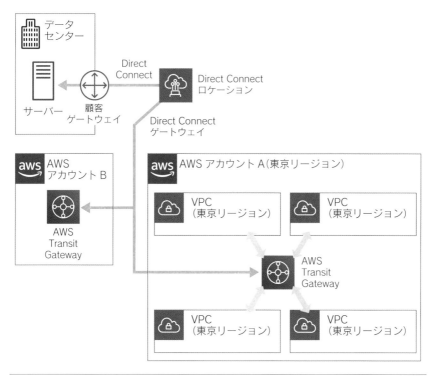

❏ Transit Gatewayを利用した接続

　ただし、Transit GatewayはVPCピアリング接続を完全に置き換えるものではありません。小規模なネットワークで簡単に利用できることや通信コストの観点から、引き続きVPCピアリング接続が有効なケースもあります。

グローバルインフラストラクチャとネットワーク

▶▶ **重要ポイント**

● AWS Transit Gatewayは、複数のVPCやDirect Connect、VPNをスター型トポロジーで接続可能とするサービス。

 ## 練習問題3

あなたは所有する1つのAWSアカウント内の同一リージョンにある複数のVPC間の通信の接続を設計しています。3つ以上のVPC間で相互に通信をしたい場合、どのような設計にするとよいですか？

下記のネットワークに関する記述のうち、正しいものはどれですか。

A. ハブとなるVPCを作成し、それぞれのVPCとハブVPCをVPCピアリング接続する。どのVPC間もハブVPCを介して通信可能となる。

B. Transit Gatewayを作成し、それぞれのVPCと接続する。どのVPCもTransit Gatewayを介して通信可能となる。

C. Direct Conectゲートウェイを作成し、それぞれのVPCと接続する。どのVPCもDirect Connectゲートウェイを介して通信可能となる。

D. VPCのルートテーブルの設定で、他のVPCへの経路を記述する。どのVPCもRoutingの記述に従い、他のVPCと通信可能となる。

解答は章末（P.51）

本章のまとめ

▶ リージョンとアベイラビリティゾーン

- 国・地域ごとにリージョンがあり、リージョン内には複数のAZがある。
- 各AZが地理的・電源的に独立した位置にあることが、リージョンの耐障害性を高めている。
- マルチAZにより可用性が高まる。
- エッジロケーションによって、低レイテンシーで高速なコンテンツ配信が実現できる。
- AWS Local Zonesは、特定のリージョンの拡張。
- AWS Outpostsは、AWSのサービスをオンプレミス環境で実行するためのサービス。

▶ VPC

- VPCは、AWSのネットワークサービスの中心。
- VPCには、IPアドレスを自由にアサインできる。
- ネットワーク空間は可能な限り大きなサイズ（/16）で作成する。
- サブネットとは、EC2インスタンスなどを起動するための、VPC内部に作るアドレスレンジ。
- 個々のサブネットには1つの仮想のルータがあり、これがサブネット内のEC2インスタンスのデフォルトゲートウェイになっている。
- マルチAZ構成にすることで、AZ障害に対する耐久性が高まる。
- セキュリティグループはインスタンス単位の通信制御に利用し、ネットワークACLはサブネットごとの通信制御に利用する。
- ゲートウェイは、VPCの内部と外部との通信をやり取りする出入り口。VPCとインターネットを接続するインターネットゲートウェイ（IGW）と、VPCとVPNやDirect Connectを接続する仮想プライベートゲートウェイ（VGW）がある。

2

グローバルインフラストラクチャとネットワーク

▶▶ AWSとオンプレミスネットワークとの接続

- AWS Direct Connect (DX) は、AWSと拠点を専用線で接続するサービス。
- AWS Site-to-Site VPNは、VPCとオンプレミスのネットワークをVPN接続するサービス。
- AWS Client VPNは、クライアントのPCやスマートフォンとVPCを接続するサービス。
- Direct Connectゲートウェイは、1つのDirect Connectの接続を利用して、最大10個のVGWと関連付けられる。
- AWS Transit Gatewayは、複数のVPCやDirect Connect、VPNをスター型トポロジーで接続可能とするサービス。

練習問題の解答

✓ 練習問題1の解答

答え：D

　AWSのリージョン、アベイラビリティゾーン（AZ）に関する問題です。ソリューションアーキテクトとして設計をする上で、システムの可用性をいかに高くするかという観点が非常に大切になります。可用性の高い設計をするためには、リージョンとAZに関する正しい理解が必要です。

　問題を見ていきます。まず、Aの記述ですが、AWSにはマネージドサービスと呼ばれるサービス群があります。たとえば、RDSはリレーショナルデータベースのマネージドサービスです。バックアップの取得やレプリケーションといった機能を、RDSの機能の一部としてAWSが実装してくれています。そのため、ユーザーはその機能を作り込まなくてよく、その分ビジネスに直結するコア機能の開発に注力できます。これがマネージドサービスを利用するメリットです。

　しかし、マネージドサービスであれば可用性を考えなくてもいいというわけではありません（ただし、中には可用性の担保もAWS側に任せられるサービスもあります）。たとえば、RDSを複数のAZにまたがったマスター／スレーブ構成にするかどうかは利用者側が選ぶことができます。複数のAZをまたがる構成にしないと、可用性が下がってしまいます。よってAの記述は誤りになります。

　残りの選択肢を見ていきます。「AWSがサービスを提供している国・拠点」を表すのはAZではなく、リージョンです。よってBの記述も誤りです。Cの記述も逆で、「アベイラビリティゾーンが複数集まってリージョンを構成するため、可用性の高い設計ができる」が正しい記述になります。

D の記述が正解になります。前述の RDS のようなデータベースは、プライベートなサブネットに配置することが定石です。プライベートサブネットを複数作り、それぞれ別の AZ に配置することで、RDS を AZ をまたがって配置することができます。

✓ 練習問題2の解答

答え：D

AWS におけるネットワーク関連の機能の詳細を問う問題です。

下記の用語は設計を進める上でも、試験の設問を解く上でも重要になってきます。曖昧なものがある場合は、本節の内容を再度見直し、正しく説明できるようにしてください。

- パブリックサブネット／プライベートサブネット
- ルートテーブル
- インターネットゲートウェイ（IGW）
- 仮想プライベートゲートウェイ（VGW）
- VPC ピアリング

では、問題について見ていきます。Aの記述ですが、「ルートテーブルは VPC 単位で設定することができ」の部分が誤りです。ルートテーブルはサブネットの単位で定義することができます。

続いて B のパブリックサブネットの定義ですが、「インターネットゲートウェイを向く経路があるサブネット」が正しい定義になります。よって B も誤りです。

C の VPC ピアリングに関する記述ですが、異なるアカウントにある VPC 間でもピアリングすることができます。よって C も誤りです。

正しい記述はDになります。VGW も IGW も、VPC に1つしか紐付けることができないことを押さえておきましょう。

✓ 練習問題3の解答

答え：B

VPC 間の通信に関する問題で、AWS の通信に関するサービスに対する理解を問われています。従来のソリューションアーキテクトは、VPC 内の設計ができれば十分でした。しかし、昨今では複数の AWS アカウントや VPC を利用した設計になることが増えてきています。そのため、ネットワークの専門家ではないとしても、構成の可否くらいは判断できるレベルの知識が求められます。

それでは解説です。Aの記述ですが、VPC ピアリング接続を利用し、ハブ VPC を介してスター型トポロジーを作るという設計です。一見よさそうな設計ですが、VPC ピアリング接続は2つの VPC 間の接続のみサポートしており、「VPC A→VPC B→VPC C」といった透過的な接続はできません。そのため、ハブ VPC も作れません。よって A の記述は誤りです。

次にCの記述の Direct Connect ゲートウェイを利用するパターンです。Direct Connect ゲートウェイは、10個までの VGW の関連付けが可能です。しかし、接続した VPC 間同士の通信は不可能で、拠点と VPC 間の通信のみをサポートしています。よって、VPC 間の直接の相互接続の用途は不可能です。拠点側のルーティングの設定により、拠点を介しての折返し通信

によりVPC同士の通信を行うことは可能ですが、専用線の帯域を消費し遠回りの通信となるため、一般的な設計とは言えないでしょう。よってCの記述は誤りです。

　最後にDの記述です。VPCのルートテーブルの設定のみで、他のVPCへの接続は不可能です。よってDの記述は誤りです。

　Bの記述のようにTransit Gatewayを利用するのが正しい設計です。

第3章
コンピューティングと
関連サービス

本章では、アプリケーションを稼働させるための基盤となるコンピューティングサービスを取り上げます。具体的には、仮想サーバーを提供するEC2、Dockerコンテナの実行環境を提供するECS、サーバーなしでプログラムの実行環境を提供するLambdaの3つです。さらに、EC2と関係の深いELBおよびAuto Scalingについても、本章で紹介します。

3-1
AWSにおける
コンピューティングサービス

コンピューティングサービスは、アプリケーションを稼働させるためのインフラストラクチャサービスであり、システムアーキテクチャの中核を担います。当然ながら、試験では多くの問題で知識が問われることが予想されます。そのため、各サービスの特徴や機能、設計時に意識すべき事項やコストの考え方をしっかり理解しておく必要があります。本章では、以下の3つのサービスを中心に解説します。

○ Amazon Elastic Compute Cloud (EC2)
○ Amazon Elastic Container Service (ECS)
○ AWS Lambda

EC2は、仮想サーバーを提供するコンピューティングサービスです。必要な数だけすぐにサーバーを立てることができる、いわゆるIaaS型のサービスです。Elastic Load Balancing (ELB) や Auto Scaling といったサービスと組み合わせることで、負荷に応じて動的にサーバーの台数を変更するクラウドらしい使い方もできます。

ECSは、Dockerコンテナの実行環境を提供するサービスです。このサービスが登場するまでは、AWSでDockerを利用するには、EC2上にコンテナ管理用のソフトウェアを導入する必要がありました。ECSはサービスとしてDocker環境を提供してくれるため、利用者が設定・構築する必要がある項目を減らし、運用負荷も小さくすることができます。また、昨今ではAWS FargateやAmazon EKSなど、コンテナサービスの種類が増えています。代表的なコンテナサービスと用途の違いを把握しておきましょう。

Lambdaは自分でサーバーを用意しなくてもプログラムを実行できる環境を提供するサービスです。ユーザー自身がサーバーを意識しないで済むアーキテクチャとして、サーバーレスアーキテクチャと呼ばれています。Lambdaはサーバーレスアーキテクチャの中心に位置するサービスで、拡張性やコスト効率の面でメリットがあります。サーバーのセットアップやメンテナンスをする

必要がないため、アプリケーションの開発に集中できます。

　これらのサービスはどれが優れている、劣っているというものではなく、機能要件や非機能要件に応じて適切なものを選択する、もしくは組み合わせて利用するものです。各サービスの特徴を覚えるだけでなく、各サービスのユースケースを理解し、「過去に関わったアーキテクチャをもう一度やるならどう設計するか？」ということを考えてみると、試験で問われる設問にも答えやすくなるはずです。ぜひ実用を意識しながら読み進めてください。

▶▶　**重要ポイント**

- EC2は仮想サーバーを提供する。
- ECSはDockerコンテナの実行環境を提供する。
- Lambdaはサーバーなしでプログラムを実行する環境を提供する。

3

コンピューティングと関連サービス

Column

認定資格の更新について

　AWS認定試験の資格には有効期限があり、3年の期限がくれば再認定を受けて更新する必要があります。この再認定の難関の1つとして、認定試験の改訂があります。ソリューションアーキテクト−アソシエイトは、最初、2013年ごろに日本語で試験が受けられるようになり、2018年2月に初めて改訂され、その後2020年3月、2022年8月と、2年から3年で改訂されています。

　試験コードも、最初は「PR000005（SAA）」と単なる付番だったものが、「SAA-C01」（2018年版）、「SAA-C02」（2020年版）、「SAA-C03」（2022年版）と、「試験種別＋リビジョン」となり、これからも改訂を続けるぞという強い意志が感じられます。

　これからの認定試験は、比較的短い周期で改訂されると予想されます。また3年の更新期間を考えると、再認定の度に改訂された試験を受けるようになるのではないでしょうか。認定試験の存在意義が直近の体系的な知識を身に付けていることの証明であるならば、改訂頻度の短期化と3年での再認定は理にかなっています。AWS認定試験は、定期的に学び直しを促す制度設計となっているのです。

　資格取得時に比べて更新時はモチベーションが低くなりがちですが、知識をアップデートして業務に活かすなど動機づけをしっかりして、モチベーションを維持するよう心がけてください。認定資格の更新では、こういった面も重要になります。

3-2

Amazon Elastic Compute Cloud

　オンプレミスの環境でサーバーを用意する場合、サーバーの調達はもちろん、ラックの増設、ネットワークや電源の管理など、様々な物理的な作業が必要になります。またサーバーの増設にはリードタイムがかかるため、新しいサービスを構築するときには時間をかけて見積もりを行い、余裕率を掛けたスペックの環境が必要です。しかし、このような見積もりは往々にして外れます。予想を超えるリクエストを処理できずビジネスチャンスを逃したり、逆にサービスの人気が出ずにインフラリソースを余らせるといった事態となり、結果としてビジネスがうまくいかないということが起こりえます。

　Amazon Elastic Compute Cloud（以下EC2）は、仮想サーバーを提供するコンピューティングサービスです。インスタンスという単位でサーバーが管理され、何度かボタンクリックするだけで、あるいはCLI（コマンドラインインターフェイス）からコマンドを1つ叩くだけで、新しいインスタンスを作ることができます。そのため、オンプレミス環境に比べ、サーバー調達のリードタイムを非常に短くできます。

　サービスリリース前に最低限の見積もりは必要ですが、リリース後に想定以上のペースで人気が出たとしても、インスタンスの数を増やす、あるいはインスタンスの性能を上げる調整をすれば対応できます。また、残念ながら人気が出なかったとしても、インスタンスの数を少なくしたり、スペックの低いインスタンスに変更することで、無駄なインフラ費用を払い続けなくて済みます。

❏ リクエスト数の増減にインスタンス数の増減で対応する例

　このように、EC2を用いることでインフラリソースを柔軟に最適化すること
ができます。そのため、事前の見積もりに時間をかけるのではなく、リリースま
での時間をいかに短くするか、リリースした後のトライアンドエラーや改善活
動をいかにすばやく回すことができるかといった、ビジネス的に価値を生む行
為に注力できます。

　また、カスタマー向けサイトだけではなく、社内の基幹システムでもAWSを
利用することが増えてきています。繁忙期と閑散期に動的にインフラリソース
の数を切り替える、新しい施策の検証をするための環境を3か月だけ用意する、
というように柔軟にインフラリソースを利用できるため、内部向けのシステム
でもEC2のメリットは非常に大きいです。本節ではEC2の重要な機能について
解説していきます。

▶▶　**重要ポイント**

- EC2を使うとサーバーインスタンスの個数や性能を柔軟に変更できるため、コス
ト削減や時間短縮が実現できる。

Amazonマシンイメージ（AMI）

　EC2を起動するときは、元となるイメージを選んでインスタンスを作成しま
す。このイメージのことをAmazonマシンイメージ（Amazon Machine Image）
と呼びます。AMIと略され「エーエムアイ」「アミ」と呼ばれます。

　AMIにはAmazon Linux AMIやRed Hat Enterprise Linux、Microsoft Windows
ServerといったAWSが標準で提供しているものや、各ベンダーがサービスを
プリインストールしたものがあります。また、各利用者がインスタンスの断面
をAMIとして作成することも可能です。AMIを有効活用することで、構築の時
間を短縮したり、同じインスタンスを簡単に増やしたりすることができます。

　AMIは、AWSマネジメントコンソールやCLIから手動で作成することもで
きますが、AWSのサービスとして提供されているEC2 Image Builderを利用
する方法もあります。EC2 Image Builderを利用することで、OSのパッチ当て
などの運用作業とAMI化といった一連の作業を自動化することができます。

コンピューティングと関連サービス

3

EC2における性能の考え方

EC2ではインスタンスタイプという形で、インスタンスのスペックを選択することができます。インスタンスタイプは「m6i.large」や「p5g.8xlarge」といった形で表記されます。

$$m6i.2xlarge$$

インスタンスファミリー ── 世代 ── 属性 ── インスタンスサイズ

❑ インスタンスタイプの表記例

「m」や「p」はインスタンスファミリーを表し、どの用途に最適化しているのかを表しています。たとえば、コンピューティングに最適化したインスタンスタイプは「c」から始まる「c7」や「c6」タイプ、メモリに比重を置くインスタンスタイプは「r」から始まる「r7」といった具合になります。

インスタンスファミリーの後の数字は世代を表し、大きいものが最新のものとなります。一般的に世代が新しいもののほうがスペックが良かったり、安価だったりします。

世代の次の英字が属性を表します。属性にはプロセッサーの種類を表すものや、ネットワークの帯域の拡張を表すものなど多数存在します。時代の経過とともに表記方法の揺れもあるので、属性が何を意味するかはその都度確認してください。なお、古いインスタンスタイプには属性の表記はついていません。

「xlarge」や「8xlarge」の部分がインスタンスサイズを表し、大きいものほどスペックが高いものになります。たとえば、汎用的なインスタンスファミリーであるm6系でインテルプロセッサを使用しているインスタンスタイプには右表のようなものがあります。

❑ m6系のインスタンスタイプ

インスタンスタイプ	vCPU	メモリ (GiB)
m6i.large	2	8
m6i.xlarge	4	16
m6i.2xlarge	8	32
m6i.4xlarge	16	64
m6i.8xlarge	32	128
m6i.12xlarge	48	192
m6i.16xlarge	64	256
m6i.24xlarge	96	384
m6i.32xlarge	128	512

　インスタンスサイズが倍になるとスペックも倍になっていることが分かります。これらの情報は本書執筆時のものになりますので、スペックを検討する場合は、下記のAWS公式サイトを参照してください。

📖 Amazon EC2インスタンスタイプ

URL https://aws.amazon.com/jp/ec2/instance-types/

EBS最適化インスタンス

　インスタンスの性能を決める重要な他の要素として、ディスクであるEBSという機能があります。EBSの種類については第4章で詳細に取り上げますので、そちらを参照してください。ここではEC2で設定できるEBS最適化オプションについて紹介します。

　EC2では通常の通信で使用するネットワーク帯域と、EBSとのやり取りで利用する帯域を共有しています。そのため、ディスクI/O、外部とのリクエストが同時に多く発生する場合、帯域が足りなくなってしまうことがあります。こうならないように対策するオプションが、EBS最適化インスタンスです。このオプションを有効にすると、通常のネットワーク帯域とは別にEBS用の帯域が確保されます。そのため、ディスクI/Oが増えても、外部との通信に影響が出なくなります。EBS最適化インスタンスはある程度大きめのインスタンスタイプでしか利用できないため、公式ドキュメントでこのオプションが利用できるか確認してみてください。

EC2の費用の考え方

　EC2はインスタンスを使った分だけ課金される従量課金型のサービスです。EC2のコストは次のルールに従います。

○ インスタンスがRunning状態だった時間
○ Running状態だったインスタンスのインスタンスタイプ、AMI、起動リージョン

　インスタンスには、起動中（Running）、停止中（Stopped）、削除済み（Terminated）の3つの状態があります。EC2は起動しているインスタンスのみが課金対象となるので、一時的に停止中ステータスにしたインスタンスや削

3

コンピューティングと関連サービス

除したインスタンスは課金対象になりません。ただし、停止中のインスタンス
でも、EBSの費用はかかることに注意してください。

　起動しているインスタンスは、インスタンスタイプに応じて課金されます。
この費用はリージョンやインスタンスのAMIによっても異なるため、本書執筆
時点の東京リージョン、Amazon Linuxの金額で考えてみます。

❏ インスタンスタイプごとの費用例

インスタンスタイプ	時間単価（USD/時間）
m6g.medium	0.0495
m6g.large	0.099
m6g.xlarge	0.198
m6g.2xlarge	0.396
m6g.4xlarge	0.792
m6g.8xlarge	1.584
m6g.12xlarge	2.376
m6g.16xlarge	3.168
m6g.metal	3.168

　たとえば、m6g.largeのインスタンスを2台、3時間起動していた場合は、
0.099 × 3（時間）× 2（台）= 0.594（USD/時間）の課金となります（EBSの料
金は含まれません）。時間単価は頻繁に変わるので、試験対策という意味では細
かい数字を覚える必要はありませんが、概算見積もりができるようになってお
くとよいでしょう。なお、表中に「metal」という表記がありますが、これはベア
メタルインスタンスと呼ばれるもので、仮想化レイヤーを介することなく直接
CPUやメモリを利用することができます。

スポットインスタンスとリザーブドインスタンス

　これまで説明してきたEC2の価格は、オンデマンドインスタンスという通常
の利用形態の場合のものになります。EC2にはオンデマンドインスタンス以外
に、スポットインスタンスとリザーブドインスタンスという利用オプションが
あります。

　スポットインスタンスは、AWSが余らせているEC2リソースを入札形式で
安く利用する方式です。たとえば、m6g.largeはオンデマンドで利用すると、時

間あたり0.099USDの利用料がかかります。もしm6g.large用のリソースが余っているときに0.050USDという価格でスポット入札に成功すると、この値段で利用することができます。ただし、他の利用者からm6g.largeの利用リクエストが増え、余剰のリソースがなくなってしまうと、インスタンスが自動的に中断されてしまいます。この点を許せる場合、たとえば開発用の環境、機械学習のデータ学習のために一時的にスペックの大きいインスタンスを使いたい、といった用途であれば相性がいいオプションと言えるでしょう。

リザーブドインスタンス（RI）は長期間の利用を約束することで割引を受けられるオプションです。たとえば、m6g.largeタイプの3年間の全額前払でRIを購入すると、62％も費用を削減することができます。サービスをリリースしてからしばらく経ち、インスタンスタイプを固定できると判断できた時点でRIの購入を検討するとよいでしょう。

▶▶ **重要ポイント**

- 入札形式で安く利用できるスポットインスタンスは、インスタンスを一時的に利用したい場合などに検討するとよい。
- 長期間の利用で割引を受けられるリザーブドインスタンスは、システムが安定したときなどに検討するとよい。

Savings Plans

リザーブドインスタンスと同様に、長期利用を前提とした割引プランとしてSavings Plans（SP）があります。リザーブドインスタンスは割引させたいインスタンスタイプを指定していましたが、Savings Plansは金額を指定します。単位時間あたりの対象サービス（EC2、Fargate、Lambda）の利用料を合計し、最低限どれくらい使うかをコミットします。次の図の、変動の下限の部分です。その金額が単位時間あたり10USDとしたら、コミットメントとして割引後の金額を指定します。

時間あたりの
EC2 利用料合計

時間あたりの
利用料の推移

コスト削減される範囲

割引

コミットする金額
（割引後の金額でコミット）

ここの金額を指定

期間

❑ Savings Plansの概要

Savings Plansには、利用料を指定するだけの Compute Savings Plans と、インスタンスファミリーを指定する EC2 Instance Savings Plans があります。Compute Savings Plans は非常に柔軟性が高く、EC2 Instance Savings Plans は多少制約があるものの割引率が高くなります。いずれのパターンでもリザーブドインスタンスより柔軟性が高く使いやすいので、コストダウンを検討する場合は Savings Plans から考えていくとよいでしょう。

インスタンスメタデータとユーザーデータ

同じAMIから起動されたインスタンスは、同じ情報を持って起動されます。インスタンス固有の設定が必要な場合は、インスタンスメタデータもしくはユーザーデータを利用します。それぞれの機能と使い方を見ていきましょう。

インスタンスメタデータ

バッチ処理などを実行する際に、プライベートIPなどの自身のインスタンス情報が必要になる場合があります。EC2ではインスタンスメタデータという仕組みでインスタンスに関する情報を取得できます。取得できる情報は多数あり、主なものとしてはAMIのIDやインスタンスID、IAMのクレデンシャル情報、所属するセキュリティグループなどがあります。

curlコマンドなどで、http://169.254.169.254/latest/meta-data/にアクセスすることによりメタデータを取得できます。なお現時点では、インスタンスメタデータにはversion1（IMDSv1）と version2（IMDSv2）があります。IMDSv2 は、取得時に、リクエストのヘッダーに有効期限などをもとにしたトークンを埋め

込む必要があります。これは、EC2上に構築されたOSやアプリケーションの脆弱性を利用してメタデータを不正取得しようという攻撃に対して、取得しづらくするためにあります。可能な限りIMDSv2のみを利用するとともに、EC2に付与するIAMロールは必要最小限の権限付与にするようにしましょう。

ユーザーデータ

　EC2のユーザーデータは、インスタンス起動時に実行されるカスタムデータです。これにより、起動時にスクリプトを実行したり、設定ファイルを指定したりできます。これを利用することで、インスタンス起動時の初期設定やコンテンツデータの最新化あるいはインスタンスの初期化などができます。ユーザーデータを使いこなすことにより、AMIで定型化されたインスタンスに対して柔軟性を持たせることができます。Auto Scalingと組み合わせて一工夫といった利用のされ方も多いため、ユーザーデータの機能とユースケースはしっかりと把握しておきましょう。

プレイスメントグループ

　EC2を起動する際に、インスタンスがどのホストOS上に起動されたかを意識する必要はありません。しかし特定の用途では、起動したインスタンス同士の物理的な配置が重要になる場合があります。プレイスメントグループを利用すると、グループ内のインスタンスをルールに従った配置で起動することができます。設定可能なルールは、クラスタ、パーティション、スプレッドの3つです。

❏ プレイスメントグループに設定可能なルール

	概要	主な用途
クラスタ	インスタンス同士をできるだけ物理的・ネットワーク的に近いところで起動し、低レイテンシーの通信を可能にする。	ハイパフォーマンスコンピューティング（HPC）
パーティション	インスタンスを複数の論理的なパーティションに分散して配置し、耐障害性の向上とインスタンス同士のリソース競合を避ける。	Hadoop、Cassandra、Kafkaのような大規模分散システム
スプレッド	できるだけ同一のハードウェア上でインスタンスを起動しないようにする。	システム全体でのハードウェア起因の耐障害性の向上

パーティションとスプレッドのどちらも単一障害点の回避を目的としているため、使い分けに悩むかもしれません。考え方としては、**小数のインスタンス群を分散させるのがスプレッド**で、**大規模な分散システムに対応するのがパーティション**と捉えておきましょう。

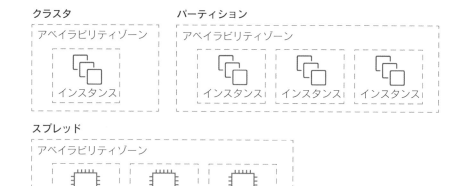

❏ プレイスメントグループの3つの配置戦略

インスタンスの自動復旧

　稼働中のEC2インスタンスに、ホストOSの不具合やその他の理由により問題が発生することがあります。運用の手間をかけずにシステムを安定稼働させるためには、問題があったインスタンスを自動復旧するように設定しておくことが望ましいです。EC2単体の自動復旧には、主にCloudWatchを使う方法とAuto Recoveryを使う方法の2つがあります。

CloudWatchによる監視と復旧

　Amazon CloudWatch（以下CloudWatch）は、監視対象のステータスに変化があった場合に任意のアクションを設定することが可能です。EC2のインスタンスに対するメトリクスを監視し、アラームを作成します。アラームが発報された際のアクションにインスタンスの復旧を設定すると、自動復旧ができ

るようになります。なお、インスタンスに関するステータスチェックのメトリクスは2種類あります。

○ StatusCheckFailed_Instance：個々のインスタンスのソフトウェア、ネットワークなどの問題を検出する。

○ StatusCheckFailed_System：インスタンスが稼働するAWSシステムの状態（ホストOSなどを含む）の問題を検出する。

■ Auto Recovery設定による自動復旧

　内部的に実行されることはCloudWatchによる監視・復旧と同じですが、EC2インスタンスにAuto Recoveryの設定を有効にすることで自動復旧が行われます。この設定は、2022年以降はデフォルトでオンになっています。

 練習問題1

　あなたは社内横断の分析チームに所属しており、EC2インスタンス上でデータの学習や分析を行っています。EC2に関する記述のうち、正しいものはどれですか。1つ選択してください。

　A. 分析用のEC2インスタンスを利用しない場合はStopped状態にしている。Stopped状態にすればいっさい料金は発生しない。翌日、Running状態に戻して分析活動を再開する。

　B. 分析用のEC2インスタンスを利用しない場合はTerminated状態にしている。Terminated状態にすればいっさい料金は発生しない。翌日、Running状態に戻して分析活動を再開する。

　C. 分析に利用するインスタンスを安価に利用したい。分析データは外部に配置してあり、途中でインスタンスが使えなくなってもかまわないのでスポットインスタンスを利用することにした。

　D. 分析に利用するインスタンスを安価に利用したい。分析データは外部に配置してあり、途中でインスタンスが使えなくなってもかまわないのでリザーブドインスタンスを利用することにした。

解答は章末（P.83）

右端の縦書き：
3　コンピューティングと関連サービス

3-3
Elastic Load Balancingと
Auto Scaling

　ここまでは単一のEC2インスタンスについて考えてきました。リリースした
サービスの人気が出て負荷が上がってきたとしても、AWSでは多くのインス
タンスタイプが用意されているので、ある程度まではインスタンスタイプの性
能を上げることで対応できるかもしれません。このような垂直にスペックを上
げる対応をスケールアップと呼びます。しかし、スケールアップには限度があ
り、いずれインスタンスタイプの上限にぶつかってしまいます。

　また、単一インスタンスで運用を続けると、「そのインスタンスの停止＝サ
ービス全体の停止」という状況になってしまいます。このような「ある特定の
部分が止まると全体が止まってしまう」箇所のことを単一障害点（Single Point
Of Failure、SPOF）と呼び、単一障害点のある設計は推奨されません。試験でも、
いかに単一障害点を作らないかという視点は大切になるので覚えておいてくだ
さい。

　では、高負荷に耐えられる設計にするにはどのようにするのが望ましいで
しょうか。対象のレイヤーによって答えは変わってきますが、Webサーバーの
レイヤーでベストプラクティスとなっているのが、EC2インスタンスを水平
に並べるスケールアウトです。EC2インスタンスを複数並べ、その前段にロー
ドバランサーを配置してリクエストを各インスタンスに分散させます。ロード
バランサーについてはEC2上にBIG-IPといった製品を導入することもできま
すが、ここではロードバランサーのマネージドサービスであるElastic Load
Balancing（以下ELB）を利用することをお勧めします。

▶▶　**重要ポイント**

- いかに単一障害点を作らないか、という視点は試験で重視されている。
- 高負荷に耐えるためにEC2インスタンスのスペックを上げる対応をスケールア
  ップと呼ぶ。
- スケールアップには限界があり、単一EC2インスタンスでの運用ではそのイン
  スタンスが単一障害点になる可能性がある。

- EC2インスタンスを複数用意して、それらに負荷分散することで高負荷に耐える対応をスケールアウトと呼ぶ。
- ロードバランサーのマネージドサービスであるElastic Load Balancing（ELB）は、スケールアウト時の負荷分散を担う。

ELBの種類

ELBには下記の3タイプのロードバランサーがあります。

○ Classic Load Balancer（CLB）：L4/L7レイヤーでの負荷分散を行う。
○ Application Load Balancer（ALB）：L7レイヤーでの負荷分散を行う。CLBよりも後に登場し、機能も豊富に提供されている。
○ Network Load Balancer（NLB）：L4レイヤーでの負荷分散を行う。HTTP（S）以外のプロトコル通信の負荷分散をしたいときに利用する。

　CLBとALBは同じアプリケーションレイヤーでの負荷分散を行いますが、後から登場したALBのほうが、安価で機能も豊富です。具体的な機能としては、WebSocketやHTTP/2に対応していること、URLパターンによって振り分け先を変えるパスベースルーティング機能が提供されていることなどが挙げられます。
　NLBはHTTP（S）以外のTCPプロトコルの負荷分散を行うために用いられます。ロードバランサー自体が固定のIPアドレスを持つなどの特徴があります。
　ここからはアプリケーションレイヤーの負荷分散をする際に用いられるALBに焦点を合わせて説明していきます。

ELBの特徴

　マネージドサービスであるELBを用いるメリットとして、ELB自体のスケーリングが挙げられます。EC2インスタンス上にロードバランサーを導入する場合は、そのインスタンスがボトルネックになりかねません。ELBは負荷に応じて自動的にスケールアウトする設計になっています。注意点は、このスケーリングが段階的に行われることです。ですので、急激に負荷がかかるシーン、たとえば、テレビでサービスが取り上げられたり、リリース前の性能試験を行う場

3

コンピューティングと関連サービス

合など、急激なスパイクが予想できるときには、事前にELBプレウォーミングの申請をしておきましょう。その時間に合わせてELBがスケールアウトした状態を作り出すので、スパイクにも耐えることができます。

　もう1つ、ELBの大きな利点としてヘルスチェック機能があります。ヘルスチェックは設定された周期で配下にあるEC2にリクエストを送り、各インスタンスが正常に動作しているかを確認する機能です。もし、異常なインスタンスが見つかったときは自動的に切り離し、その後正常になったタイミングで改めてELBに紐付く動きになります。ヘルスチェックには下記の設定値があります。

○ 対象のファイル（例：/index.php）
○ ヘルスチェックの周期（例：30秒）
○ 何回連続でリクエストが失敗したらインスタンスを切り離すか（例：2回）
○ 何回連続でリクエストが成功したらインスタンスを紐付けるか（例：10回）

　Webサーバーだけでなく、DBサーバーまで正常に応答することを確認したい場合は、DBにリクエストを投げるファイルを対象ファイルにします。また、上の設定だと紐付けまで30秒×10回＝5分かかってしまうので、もう少し短い時間で紐付けを行いたい場合は、「ヘルスチェックの周期を短くする」「成功と見なす回数を小さくする」といった調整を行います。

Auto Scaling

　Auto ScalingはEC2の利用状況に応じて自動的にインスタンスの数を増減させる機能です。インフラリソースを簡単に調達でき、そして不要になれば使い捨てできるクラウドならではの機能です。Auto Scalingでは下記のような項目を設定することで、自動的なスケールアウト／スケールインを実現します。

○ 最小のインスタンス数（例：4台）
○ 最大のインスタンス数（例：10台）
○ インスタンスの数を増やす条件と増やす数（例：CPU使用率が80％を超えたら2台増やす）
○ インスタンスの数を減らす条件と減らす数（例：CPU使用率が40％を割ったら2台減らす）

また、スケールインする際にどのインスタンスから削除するか、たとえば「最も起動時間が古いインスタンスから削除」といったような設定を行うことができます。Auto Scaling を利用することで、繁忙期やピーク時間はインスタンス数を増やし、閑散期や夜間のリクエストが少ないときはそれなりのインスタンス数でサービスを運用する、といったことができます。常にリソース数を最適化でき、3-2節の冒頭で触れたような、予想を超えるリクエストを処理できずにビジネスチャンスを逃す、サービスの人気が出ずにインフラリソースが余るといったことを減らすことができます。

さらに、Auto Scaling のメリットとしては、耐障害性を上げることができる点も挙げられます。たとえば、インスタンス数の最小、最大ともに2台に設定します。このとき、片方のインスタンスに問題が発生した場合は、ヘルスチェックで切り離され、その後 Auto Scaling の機能で新たに正常なインスタンスが1台作られます。常に最小台数をキープし続けるため、知らないうちに正常なインスタンスが減って障害に繋がった、という危険を未然に防ぐことができます。

▶▶ **重要ポイント**

- Auto Scaling は、EC2の利用状況に応じて自動的にインスタンスの台数を増減させる機能で、リソースの最適化、耐障害性の向上をもたらす。

ELBと Auto Scalingを利用する際の設計ポイント

ELB と Auto Scaling を導入するときに気をつけたいポイントを2つ紹介します。これらの考え方は試験でも重要になってくるので、しっかり理解してください。

まず1つめはWebサーバーを**ステートレスに設計する**こと、つまり状態を保持しないように設計することです。たとえば、ファイルをアップロードする機能がある場合、アップロードされたファイルをインスタンス上に保持したとします。このとき、次のリクエストで異なるインスタンスに振り分けられたときに、アップロードしたはずのファイルを参照できなくなってしまいます。また、Auto Scaling を有効にしていた場合、スケールインのタイミングでそのインスタンスが削除されてしまうかもしれません。

コンピューティングと関連サービス

69

データをデータベースに格納するのはもちろんですが、ファイルもS3などのインスタンス外に置くようにします。そうすれば、上記のような事態に陥ることはありません。そのようなステートレスな設計にするには、インフラ設計だけでなく、アプリケーション設計にも気をつけなければなりません。プロジェクト全体としてステートレスに作る意識を持つように啓蒙することも、アーキテクトの役割です。

もう1つは、**AZをまたがってインスタンスを配置する**設計にすべきという点です。AWSではごくまれにAZ全体の障害が発生することがあります。そのときに、インスタンスが1つのAZに固まっていると、すべてのインスタンスが利用できなくなり、結果としてサービス全体が停止してしまいます。たとえば、4台のWebサーバーを用意するのであれば、2台はap-northeast-1aに、もう2台はap-northeast-1cに配置するようにします。こうすることで、AZ障害が発生したとしても、縮退構成にはなりますが、サービスの全停止は避けられます。

このようにAWSでは「いかに単一障害点をなくすか」「部分部分の障害は起こりうることを前提として設計する」という思想が非常に大切になってきます。耐障害性に関する問題が出たときは、このような視点で考えてみると解答に近づけると思いますので、EC2関連以外でも意識するようにしてください。

▶▶　**重要ポイント**

- 「いかに単一障害点をなくすか」および「部分部分の障害は起こり得ることを前提として設計する」という思想が大切。

練習問題2

あなたはソリューションアーキテクトとして、ECサイトの構築に携わっています。可用性やスケーリングを意識して、ELBとAuto Scalingを用いたアーキテクチャを採用しようと考えています。

ELBとAuto Scalingに関する下記の記述のうち、正しいものはどれですか。2つ選択してください。

A. ELBにはALB、CLB、NLBの3タイプのロードバランサーがある。このうちALBだけはL4レイヤーでの負荷分散を担うものである。

B. ELBのヘルスチェック機能では、ヘルスチェックの間隔を定義できる。（他の値を変えず）この値を小さくすると、Auto Scalingで新たに作られたインスタンスがELBに紐付くまでの時間が短くなる。

C. ELBのヘルスチェック機能では、インスタンスを正常と見なすヘルスチェックの成功回数を定義できる。（他の値を変えず）この値を小さくすると、Auto Scalingで新たに作られたインスタンスがELBに紐付くまでの時間が長くなる。

D. Auto Scalingでは、トリガーとなる条件を満たしたときにインスタンスを何台増やすか（減らすか）を定義することができる。

E. Auto Scalingでインスタンスを減らす条件を満たしたときに、どのインスタンスから削除されるかは完全にランダムになるので注意が必要である。

解答は章末（P.84）

3

コンピューティングと関連サービス

3-4

Amazon Elastic Container Service

Amazon Elastic Container Service（以下ECS）は、Dockerコンテナ環境を簡単に用意するサービスです。ECSが登場する前は、AWS上でDockerを導入するには、EC2上にソフトウェアを導入する必要がありました。この導入作業や継続したメンテナンス作業は人の手で行う必要があり、特に多くのコンテナを運用する場合は骨の折れる作業でした。

ECSはDocker環境に必要な設定がすでに入ったEC2を用意し、その管理をサポートします。骨の折れる作業をAWS側に任せることができるため、開発者はアプリケーションの開発に集中できます。

ECSの特徴

ECSに登場する概念について説明します。次の図と照らし合わせながら読み進めてください。

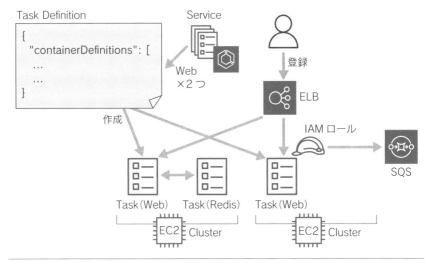

❏ ECSの概要

　まず、EC2インスタンス上で実行されるコンテナのことをTaskと呼びます。また、このEC2インスタンスのことをClusterと呼び、1つのCluster上で複数のTaskを実行できます。Cluster上で動作するTaskの定義はTask Definitionで行います。下記はAWSの公式ドキュメントに掲載されているTask Definitionの例です。

❏ Task Definitionの例

```
{
  "containerDefinitions": [
    {
      "name": "wordpress",
      "links": [
        "mysql"
      ],
      "image": "wordpress",
      "essential": true,
      "portMappings": [
        {
          "containerPort": 80,
          "hostPort": 80
        }
      ],
      "memory": 500,
      "cpu": 10
    },
    {
      "environment": [
        {
          "name": "MYSQL_ROOT_PASSWORD",
          "value": "password"
        }
      ],
      "name": "mysql",
      "image": "mysql",
      "cpu": 10,
      "memory": 500,
      "essential": true
    }
  ],
  "family": "hello_world"
}
```

3

コンピューティングと関連サービス

Taskの役割ごとに定義を用意し、Clusterの上で起動することになります。

Webサーバー用のTaskを用意する場合など、同じTaskを複数用意しELBで負荷分散したい場面があります。そのような場面で用いるのがServiceです。Serviceは「Webサーバー用のTask DefinitionでTaskを4つ起動する」といった指定ができます。もちろん、Auto Scalingを用いて動的にスケーリングする指定も可能です。また、Serviceを利用することで、Taskの更新をブルーグリーンデプロイ形式で行うこともできます。

セキュリティ面の特徴としては、TaskごとにIAMロールを割り当てられることが挙げられます。EC2の場合は、インスタンス単位でしかIAMロールを割り当てられませんでしたが、ECSでは同じCluster（EC2インスタンス）上で起動するTaskごとに別のIAMロールを付与することができます。そのため、次のような権限管理も可能になります。

○ Webサーバー用のTaskには、SQSへのSendMessage権限のみを付与する。
○ 同じCluster上で動くバッチサーバー Taskには、SQSからのReceiveMessageとS3からGetObjectする権限のみを付与する。

▶▶　**重要ポイント**

● EC2インスタンス上で実行されるコンテナのことをTaskと言い、このEC2インスタンスのことをClusterと言う。1つのCluster上で複数のTaskを実行できる。Cluster上で動作するTaskの定義はTask Definitionで行う。

AWSにおけるその他のコンテナサービス

ECS以外にもAWSには下記のコンテナ関連サービスがあります。

○ AWS Fargate
○ Amazon Elastic Kubernetes Service（EKS）
○ Amazon Elastic Container Registry（ECR）

ECSでは、Cluster用のEC2インスタンスが必要でした。そのため、そのEC2インスタンス自体の管理、たとえば、Auto Scalingの設定などは利用者側で意識する必要がありました。AWS FargateはこのEC2を使わずにコンテナを動か

すことができるサービスです。

　現在、ECSでTask定義を作成するときは、起動タイプとしてEC2（従来の ECS）かFargateかを選択することができます。Fargateを選択するとClusterの 管理が必要なくなるので、ECSよりもさらにアプリケーション開発に集中でき るようになります。Fargateには、各タスクに割り当てるCPUとメモリに応じ て利用料が決まるという特徴があります。

　Kubernetesはコンテナ管理の自動化のためのオープンソースプラットフォ ームです。従来、Kubernetesを利用するにはマスター用のEC2インスタンスを 複数台用意し、管理していく必要がありました。Amazon Elastic Kubernetes Service（EKS）は、このマスターをサービスとして提供しています。マスター 用のEC2インスタンスを管理する必要がなくなり、差別化を生む機能の開発に より集中することができるようになります。

　Dockerを用いる場合、そのコンテナイメージをレジストリで管理する必要が あります。このレジストリを自前で運用する場合、レジストリ自体の可用性を 高める設計が必要になります。このレジストリをサービスとして提供するのが、 Amazon Elastic Container Registry（ECR）です。必要だったレジストリの 管理をECRに任せることができます。レジストリへのpush/pull権限をIAMで 管理することも可能です。

AWS Batch

　AWSのコンテナサービスと関連して、AWS Batchの紹介をします。AWS Batchは大規模計算処理時に利用するコンピューティングリソースを効率的に 管理するサービスです。処理の実体であるコンピューティングにはECSを利 用しています。ECSは、EC2タイプとFargateタイプのどちらも利用可能です。 ECSで利用するコンテナイメージは、ECRやDocker Hubを利用します。また、 AWS Bach自身もジョブの管理機能を持ちますが、AWS Step Functionsなどの 他のサービスを利用することもできます。AWS Batchは、一連のバッチ処理を 実行する上でインフラ管理を行うオーケストレーションサービスと言えます。

　日本においてバッチとは定型業務が定期的に実行される処理を指します。「バ ッチ」と聞くと、それを実行するためのタスクスケジューラーやジョブネット の管理の仕組みのことが想定されることが多いでしょう。しかし、AWS Batch

はコンピューティングリソースを管理することを主眼としたサービスです。バッチ実行時にリソースを起動するために、スケジューラーとしての機能やジョブ管理をする機能もありますが、それらはあくまで副次的なものです。AWSにおけるタスクの順序性の制御などは、AWS Step Functionsが得意としています。間違いやすいところなので、注意してください。

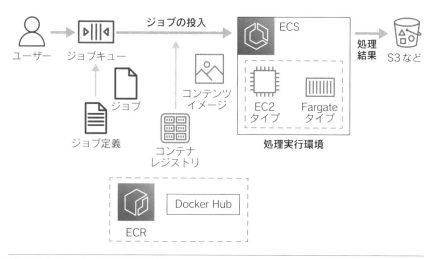

❑ AWS BatchとECSの関係

 ## 練習問題3

あなたはソリューションアーキテクトとして、プログラマ向けの学習サイト構築の支援を行っています。Dockerコンテナを用いて環境を作ることになり、ECSの導入を検討することになりました。

ECSについて誤った説明はどれですか。1つ選択してください。

- A. コンテナはTaskという単位で定義され、Task単位でIAMロールを紐付けて権限管理できる。
- B. TaskはCluster上で稼働するが、Cluster用にEC2インスタンスが必要になる。
- C. Cluster上で稼働するTaskの定義は、Cluster Definitionで定義する。
- D. 同じTaskを複数用意する必要がある場合は、その数をServiceで定義する。

解答は章末（P.84）

3-5

AWS Lambda

　AWS Lambda（以下Lambda、「ラムダ」と読む）はサーバーをプロビジョニングしなくてもプログラムを実行できるコンピューティングサービスで、いわゆるサーバーレスアーキテクチャの中核を担う存在です。EC2をオンプレミス環境と比べたときに、リードタイムが短くなることがメリットの1つだと説明しました。それでもEC2上でソースコードを動かすには、インスタンスを作成し、各種ソフトウェアを導入する必要があります。また、ELBやAuto Scalingの機能を使ってリクエストの負荷分散をする設定をしたり、運用フェーズでEC2にパッチを当てたりといった設計や保守作業は利用者側で行わなければなりません。

　Lambdaを用いるとソースコードの実行環境一式が提供されるため、利用者はソースコードだけ用意すればすぐにプログラムを実行できます。また、リクエストの数に応じて自動的にスケールするので、処理に必要なサーバーの台数を考える必要もありません（同時実行数に上限はありますが、必要があれば申請することで上限を上げることができます）。さらに、サーバーを持たないためパッチ当てといった保守作業を行う必要がなく、利用者はインフラ管理の大部分をクラウド側に任せることができます。そのため、利用者はビジネス的に価値のある機能の実装に開発リソースをつぎ込むことができます。このようにサーバーを持たない構成を取ることで、様々なメリットを享受できます。

　本節では、このLambdaの特徴や代表的な使われ方を紹介していきます。

Lambdaがサポートしているイベントとよく使われるアーキテクチャパターン

　前述のとおり、Lambdaはソースコードをデプロイするだけでプログラムを実行できる環境を提供するサービスです。Lambdaを利用するには、Lambda関数という単位で、実行するプログラムとその実行トリガーとなるイベントを事前に定義します。そして、そのイベントが発生したタイミングでプログラムが実行されます。指定できるイベントの一例として、次のものが挙げられます。

○ S3バケットにオブジェクトが追加されたとき／S3バケットからオブジェクトが
　削除されたとき
○ DynamoDBテーブルが更新されたとき
○ SNS通知が発行されたとき
○ SESがメールを受信したとき
○ API GatewayへのHTTPSリクエストがあったとき
○ CloudWatch Eventsによって定義されたスケジューリング実行

　ここに記載した連携元サービスはごく一部なので、その他のサービスについては下記のドキュメントを参照してください。

📖 他のサービスで AWS Lambda を使用する

URL https://docs.aws.amazon.com/ja_jp/lambda/latest/dg/
　　lambda-services.html

　特に利用されるケースが多いアーキテクチャパターンを図にしてみます。まずはじめにS3トリガーの例です。S3に画像がアップロードされたら、それをトリガーにLambda関数を起動します。Lambda関数は対象となる画像を取得し、サムネイル用の画像を作成し別のS3バケットに追加します。バッチサーバーを常駐させるのではなく、イベント駆動で特定の処理を行うアーキテクチャでLambdaのよさを活かしている例と言えます。

❑ S3に画像がアップロードされたらLambdaでサムネイルを作成する

　続いてAPIサーバーとしてLambdaを利用するパターンです。API GatewayはリクエストのあったURIとHTTPメソッドを組み合わせて、呼び出すLambda関数を変えることができます。呼び出されたLambda関数はビジネスロジックを実行し、必要に応じてDynamoDBとデータをやり取りした上で、API Gateway経由でレスポンスを返します。APIリクエストのピーク時に自動スケールする構成にできるため、このパターンもよく用いられます。

① API 呼び出し ②Lambda キック ③データ取得

❏ API Gatewayと組み合わせてAPIロジックの実行をLambdaで行う

　最後に定期実行パターンです。CloudWatch Eventsと組み合わせることで、「毎時」や「火曜日の18時」といった形でLambdaの実行タイミングを指定できます。たとえば、1時間に1回APIから情報を取得するクローラーとしての利用や、定期的にSlackに何かしらの情報をつぶやくボットを実装する際に利用します。

❏ CloudWatch EventsでLambdaを定期実行し、外部APIを呼び出して情報を収集する

▶▶ **重要ポイント**

● Lambdaを利用するには、Lambda関数という単位で、実行するプログラムとその実行トリガーとなるイベントを事前に定義する。

Lambdaがサポートしているプログラミング言語

　これまで紹介してきたように、様々なアーキテクチャの中核としてLambdaを利用できます。ここではLambda関数の実装例を見ていきます。

　次の例は、AWSが事前に用意しているブループリントと呼ばれる実装サンプルから一部抜粋したものです。boto3というPython用のAWS SDKを用いてS3オブジェクトの情報を取得しています。このようなソースコードを用意し、後述するメモリやタイムアウト値の設定をするだけでLambda上でプログラムを動かすことができます。

❑ Lambda関数の実装例

```
from __future__ import print_function

import json
import urllib
import boto3

s3 = boto3.client('s3')

def lambda_handler(event, context):
  bucket = event['Records'][0]['s3']['bucket']['name']
  key = urllib.unquote_plus( \
    event['Records'][0]['s3']['object']['key'].encode('utf8'))
  try:
    response = s3.get_object(Bucket=bucket, Key=key)
    print("CONTENT TYPE: " + response['ContentType'])
    return response['ContentType']
  except Exception as e:
    print(e)
    print('Error getting object {} from bucket {}. \
      Make sure they exist and your bucket is in the same \
      region as this function.'.format(key, bucket))
    raise e
```

Lambda は、本書執筆時点で、下記のプログラミング言語をサポートしています。

○ Node.js 　○ Python　 ○ Java　　　 ○ C#（.NET Core）
○ Go　　　 ○ Ruby　　 ○ PowerShell

　明確にどの言語が向いている、向いていないというものはありませんが、Pythonでは初回のLambda起動までの時間が短くなる、逆にJavaは初回起動までの時間はかかるが処理速度は速いケースが多いといった特徴があります。そのため、機能要件や非機能要件、開発メンバーの利用経験などを鑑みて言語を選定するとよいでしょう。
　また、利用する言語以外に、下記の項目を設定する必要があります。

○ 割り当てるメモリ量（例：256MB）
○ タイムアウトまでの時間（例：10秒）

○ Lambdaに割り当てるIAMロール

○ VPC内で実行するかVPCの外で実行するか

なお、LambdaのCPUパワーは割り当てたメモリ量によって決まります

Lambdaの課金体系

もう1つ、Lambdaの大きな特徴を挙げるとすると、その課金体系があります。本書執筆時点のx86アーキテクチャのLambdaの利用料を示します。

○ **Lambda関数の実行数**：1,000,000件のリクエストにつき0.20USD
○ **Lambda関数の実行時間**：Lambda関数ごとに割り当てたメモリ量によって単位課金額が決まる

このようにLabmdaの課金体系は、EC2のようにインスタンスが起動している間、常に利用料がかかるモデルではなく、リクエストの数と実行時間によって決まるリクエスト課金モデルになっています。そのため、1時間に数回起動できればいいバッチや、どれくらいリクエストがくるか予想できないAPIなどを構築する際に、コスト最適な構成にできます。

❏ メモリ量と課金額

割り当てた メモリ量	実行時間課金 （USD/1 ミリ秒）
128	0.0000000021
512	0.0000000083
1024	0.0000000167
1036	0.0000000250
2048	0.0000000333

これまで説明したことをまとめると、Lambdaには次の特徴があります。

○ プログラムの実行環境を提供し、インフラの構築や管理にかける時間を減らせる。
○ リクエスト量に応じて自動的にスケールする。
○ リクエスト量や実行時間に応じた課金モデルが採用されている。

試験ガイドを読むと、次の記載があります。

○ AWSクラウド上で構築するアーキテクチャの基本原則に関する知識
○ コスト最適化コンピューティングを設計する方法

このあたりでLambda関連の知識が問われると考えられます。Lambdaの特徴やユースケースを理解して、この分野の問題に解答できる準備をしておきましょう。

練習問題4

　あなたはソリューションアーキテクトとして、社内システムの維持保守および新機能開発を担当しています。現在、外部のクラウドサービスとファイル連携する新案件の設計を行っています。クラウドサービスから定期的にS3バケットにファイルが連携されるので、それをトリガーにバッチ処理で社内システムのデータを更新する必要があります。ファイル連携されるタイミングが読めないので、Lambdaを用いるアーキテクチャを検討することにしました。

　Lambdaに関する下記の記述のうち、正しいものはどれですか。1つ選択してください。

A. Lambdaの実行数が増えることを想定して、Auto Scalingと組み合わせてスケーリングする設計にするのが望ましい。

B. Lambdaは定義したLambda関数の数によって利用料が決まるモデルを採用している。

C. Lambdaから他のAWSサービスに接続する場合は、Lambda関数に適切なIAMロールを割り当てる必要がある。

D. Lambda関数ごとに割り当てるCPUの数を明示的に定義することができる。

解答は章末（P.84）

本章のまとめ

▶▶　**コンピューティングサービス**

- EC2は仮想サーバーを提供する。
- ECSはDockerコンテナの実行環境を提供する。
- Lambdaはサーバーなしでプログラムを実行する環境を提供する。
- EC2を使うとサーバーインスタンスの個数や性能を柔軟に変更できるため、コスト削減や時間短縮が実現できる。
- 入札形式で安く利用できるスポットインスタンスは、インスタンスを一時的に利用したい場合などに検討するとよい。
- 長期間の利用で割引を受けられるリザーブドインスタンスは、システムが安定したときなどに検討するとよい。
- いかに単一障害点を作らないか、という視点は試験で重視されている。

- 高負荷に耐えるためにEC2インスタンスのスペックを上げる対応をスケールアップと呼ぶ。
- スケールアップには限界があり、単一EC2インスタンスでの運用ではそのインスタンスが単一障害点になる可能性がある。
- EC2インスタンスを複数用意して、それらに負荷分散することで高負荷に耐える対応をスケールアウトと呼ぶ。
- ロードバランサーのマネージドサービスであるElastic Load Balancing（ELB）は、スケールアウト時の負荷分散を担う。
- Auto Scalingは、EC2の利用状況に応じて自動的にインスタンスの台数を増減させる機能で、リソースの最適化、耐障害性の向上をもたらす。
- 「いかに単一障害点をなくすか」および「部分部分の障害は起こり得ることを前提として設計する」という思想が大切。
- EC2インスタンス上で実行されるコンテナのことをTaskと言い、このEC2インスタンスのことをClusterと言う。1つのCluster上で複数のTaskを実行できる。Cluster上で動作するTaskの定義はTask Definitionで行う。
- Lambdaを利用するには、Lambda関数という単位で、実行するプログラムとその実行トリガーとなるイベントを事前に定義する。

練習問題の解答

✓ 練習問題1の解答

答え：C

　まず、選択肢AとBのステータスについての記述を見ていきます。Aは「Stopped状態にすればいっさい料金は発生しない」という点が誤りです。Stopped状態では、EC2インスタンスの料金はかかりませんが、それに紐付くEBSの料金は発生します。Bには、Terminated状態にした後に「Running状態に戻して分析活動を再開する」という記述がありますが、Terminateするとインスタンスが削除されるのでRunning状態に戻すことができません。Bも誤りです。

　続いて、インスタンスの利用形態に関する選択肢CとDについてです。Cはスポットインスタンスの説明として正しい記述です。スポットインスタンスは、AWSが余らせているEC2リソースを入札形式で利用する形態です。安価に利用できることが多いのですが、その分需要が増えたときにインスタンスが使えなくなってしまいます。Dの記述は誤りです。リザーブドインスタンスは長期スパンでのインスタンス利用を前提に、インスタンス利用料を減らすことができる利用形態です。

コンピューティングと関連サービス

答え：B、D

　まず、ELBに関する記述について見ていきます。選択肢Aの3つのタイプがあるという点は正しいのですが、L4レイヤーでの負荷分散を担うのはNLB（あるいはCLB）です。ALBはL7レイヤーでの負荷分散を行うため、Aは誤りです。選択肢BとCはヘルスチェックに関する記述です。ヘルスチェックの間隔を短くすれば、一定時間内のヘルスチェックの回数が増えます。ヘルスチェックが成功することが前提となりますが、ELBに紐付くまでの時間は短くなるのでBは正しい記述です。同様に成功の閾値回数を小さくすると、それだけ早く新しいインスタンスがELBに紐付くことになります。よってCは誤りです。

　続いて、Auto Scalingに関する選択肢DとEを見ていきます。Dの記述は正しく、トリガーとなる閾値と合わせてインスタンスの増減数も定義できます。また、閾値を下回ってインスタンス数を減らす場合、終了ポリシーを定義することができます。たとえば、「最も古いインスタンスから削除」「最も新しいインスタンスから削除」などがあります。詳しくは下記のURLを確認してください。Eの記述は誤りとなります。

📖　**スケールイン中に終了するAuto Scalingインスタンスを制御する**

URL　https://docs.aws.amazon.com/ja_jp/autoscaling/ec2/userguide/
as-instance-termination.html

✓ 練習問題3の解答

答え：C

　ECSの基本的な概念や機能を問う問題です。選択肢A、B、Dについては正しい説明をしています。詳細は72ページの図「ECSの概要」を確認してください。

　選択肢Cの記述については誤りです。Taskの振る舞いは、TaskごとにTask Definitionで定義することができます。

✓ 練習問題4の解答

答え：C

　Lambdaの特徴を問う問題です。選択肢に関連するLambdaの特徴を簡単にまとめると、次のようになります。

- Lambdaはリクエスト量が増えると自動的にスケールするモデルになっている。ただし、同時実行数に上限があるので、必要に応じてサポートメニューから上限緩和申請を行う必要がある。
- Lambdaはリクエスト量と実行時間に応じて利用料金が決まるプライシングになっている。
- Lambdaで他のAWSサービス、たとえばS3からファイルを取得する場合は、その権限があるIAMロールをLambda関数に割り当てる必要がある。
- Lambda関数ごとに割り当てるメモリ量を定義できる。このメモリ量に応じてCPUパワーも決定する。

　よって、正しい記述は選択肢Cとなります。

第 4 章

ストレージサービス

本章では、AWSが提供する5つのストレージサービス（EBS、EFS、S3、S3
Glacier、Storage Gateway）について詳細に解説します。さらに、ファイル
サーバーサービスであるFSxについても解説します。データの利用目的や要
件に応じて適切なストレージを選択できることは、ソリューションアーキテ
クトにとって重要なスキルです。

4-1

AWSのストレージサービス

　IoTやビックデータ、機械学習などIT技術の革新に伴い、データ量の増加やデータの取り扱い方法の多様化が進んでいます。それに応じて、ストレージにも様々な種類のものが登場しています。ここでは、AWSが提供するストレージサービスについて説明します。

　データの利用目的、要件に応じて適切なストレージが選択できるようになることもソリューションアーキテクトとして重要なスキルとなるため、各サービスの特徴と違いをしっかりと理解しましょう。

ストレージサービスの分類とストレージのタイプ

　AWSが提供するストレージと関連するサービスは下記のサービスをはじめとして多数あります。ここでは、4つのストレージサービスと、ストレージ関連の3つのサービスの解説を行います。AWSドキュメントの分類ではAWS Snowballもストレージサービスに分類されていますが、本書では、データ転送サービスを解説する10-4節で扱います。

- Amazon EBS
- Amazon S3とAmazon S3 Glacier
- Amazon EFS
- Amazon FSx
- AWS Storage Gateway
- AWS Snowball
- AWS Backup

　ストレージサービスは一般的に「ブロックストレージ」「ファイルストレージ」「オブジェクトストレージ」の3つのタイプに分類できます。

- ブロックストレージ：データを物理的なディスクにブロック単位で管理するストレージです。データベースや仮想サーバーのイメージ保存領域のように、頻繁に更新されたり高速なアクセスが必要とされるたりする用途で使われます。AWSストレージサービスのうち、「Amazon EBS」がブロックストレージのサービスです。

○ ファイルストレージ：ブロックストレージ上にファイルシステムを構成して、デー
　タをファイル単位で管理するストレージです。複数のクライアントからネットワー
　ク経由でファイルにアクセスするといったデータ共有のために使われたり、過去デ
　ータをまとめて保存したりといった用途で使われます。AWSストレージサービス
　のうち、「Amazon EFS」と「Amazon FSx」がファイルストレージのサービスです。

○ オブジェクトストレージ：ファイルに任意のメタデータを追加してオブジェクト
　として管理するストレージです。ファイルの内容をストレージ内で直接操作する
　ことはできず、作成済みのデータをHTTP（S）経由で登録・削除・参照するといっ
　た操作が可能です。更新頻度の少ないデータや大容量のマルチメディアコンテン
　ツを保存する用途で使われます。AWSストレージサービスのうち、「Amazon S3」
　「Amazon S3 Glacier」がオブジェクトストレージのサービスです。

❏ ストレージタイプの比較

	ブロックストレージ	ファイルストレージ	オブジェクトストレージ
管理単位	ブロック	ファイル	オブジェクト
データライフサイクル	追加・更新・削除	追加・更新・削除	追加・削除
プロトコル	SATA、SCSI、FC	CIFS、NFS	HTTP（S）
メタデータ	固定情報のみ	固定情報のみ	カスタマイズ可能
ユースケース	データベース、トランザクションログ	ファイル共有、データアーカイブ	マルチメディアコンテンツ、データアーカイブ

　オブジェクトストレージはクラウドの進展とともに注目されている比較的新
しいストレージサービスです。アプリケーションからの利用を想定したREST
APIを提供しているサービスが多く、サーバーレスアーキテクチャの構成要素
としても重要な役割を担うサービスです。AWSのオブジェクトストレージサ
ービスであるS3も、AWSの中核をなすサービスとして位置づけられており、
AWS内の様々なサービスのバックエンドとしても利用されています。

▶▶ 重要ポイント
● ストレージは、ブロックストレージ、ファイルストレージ、オブジェクトストレー
　ジの3つに分類できる。AWSのサービスの中では、EBSがブロックストレージ、
　EFSとFSxがファイルストレージ、S3とS3 Glacierがオブジェクトストレージ
　である。

4 ストレージサービス

4-2

EBS

Amazon EBSはAWSが提供するブロックストレージサービスです（EBSは Elastic Block Storeの略です）。EC2のOS領域として利用したり、追加ボリュームとして複数のEBSをEC2にアタッチすることもできます。また、第5章で紹介するRDS（Relational Database Service）のデータ保存用にも使用します。

EBSは単一のEC2にのみアタッチ可能なサービスであるため、複数のEC2インスタンスから同時にアタッチするといった使い方はできません。また、EBSは作成時にAZを指定するため、指定したAZに作成されたEC2インスタンスからのみアタッチ可能です。異なるAZのEC2インスタンスにアタッチしたい場合は、EBSのスナップショットを取得して、指定のAZでこのスナップショットからEBSボリュームを作成することでアタッチ可能になります。

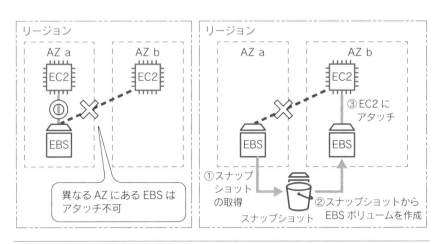

❏ EBS

▶▶　**重要ポイント**

- EBSはブロックストレージサービスで、EC2のOS領域、EC2の追加ボリューム、RDSのデータ保存領域などに使用する。

EBSのボリュームタイプ

　EBSのボリュームタイプはSSDタイプで2種類、HDDタイプで2種類の計4つのタイプがあります。

○　汎用SSD（gp2、gp3）
○　プロビジョンドIOPS SSD（io1、io2、io2 Block Express）
○　スループット最適化HDD（st1）
○　Cold HDD（sc1）

　旧世代のマグネティック（標準）と呼ばれるHDDのストレージタイプもありますが、新規で作成するときはマグネティックタイプは使わずに現行のボリュームタイプから最適なものを選ぶようにしましょう。また、各タイプの性能を最大限発揮するためには3-2節で説明したEBSへのアクセス最適化が可能なEC2インスタンスの利用をお勧めします。

4
ストレージサービス

汎用SSD（gp2、gp3）

　「汎用」という名前が示すとおりEBSの中で最も一般的な、SSDをベースとしたボリュームタイプです。EC2インスタンスを作成する際のデフォルトボリュームタイプとしても利用されています。性能の指標としてIOPSを用い、gp2は3 IOPS/GB（最低100 IOPS）から最大16,000 IOPS/ボリュームまで容量に応じたベースライン性能があります。EBSの利用時間の99%において、ベースライン性能が達成されるように設計されています。また、1TB未満のボリュームには、一時的なIOPSの上昇に対応できるようにバースト機能が用意されており、容量に応じて一定期間3,000 IOPSまで性能を向上させることができます。ベースライン性能やバースト機能を使ってもシステムで必要なIOPSを満たすことができない場合は、次のプロビジョンドIOPSタイプの利用を検討してください。

　gp3は次世代の汎用SSDです。ベースラインのIOPSが、容量によらず3,000と高く設定されています。またプロビジョンドIOPSのように設定でIOPSを追加できますが、上限はgp2と同じ16,000までです。ストレージあたりの単価はgp2より低く、ボリュームあたりの最大スループットは高く設定されており、設計の際はまずgp3から検討するとよいでしょう。

プロビジョンドIOPS SSD (io1、io2、io2 Block Express)

　プロビジョンドIOPSはEBSの中で最も高性能な、SSDをベースとしたボリュームタイプです。RDSやEC2インスタンスでデータベースサーバーを構成する場合など、高いIOPS性能が求められる際に利用します。io1は最大50 IOPS/GB、もしくは、最大64,000 IOPS/ボリュームまで、容量に応じてベースライン性能を利用者が指定することができます。EBSの利用時間の99.9%において、ベースライン性能が達成されるように設計されています。また、スループットもボリュームあたり最大1,000MB/秒まで出るようになっており、IOPS負荷の高いユースケースと、高いスループットが必要なユースケースの両方に適したストレージタイプです。

　io2は次世代のプロビジョンドIOPS SSDです。1GBあたりの単価およびIOPSあたりの単価はio1と同額に設定されており、さらに耐久性がio1の100倍かつ容量あたりの設定可能なIOPSが10倍になっています。結果、少ない容量での高いIOPS設定といったことも可能です。プロビジョンドIOPSを選択する場合は原則io2を選びましょう。

　また、io2よりさらに高い性能を持つio2 Block Expressというボリュームもあります。

スループット最適化HDD (st1)

　スループット最適化HDDは、HDDをベースとしたスループット重視のボリュームタイプです。ログデータに対する処理やバッチ処理のインプット用ファイルなどの大容量ファイルを高速に読み取るようなユースケースに適しています。スループット（MB/秒）を性能指標としており、1TBあたり40MB/秒、最大スループットはボリュームあたり500MB/秒のベースライン性能があります。EBSの利用時間の99%において、ベースライン性能が達成されるように設計されています。

Cold HDD (sc1)

　Cold HDDは4つのストレージタイプの中でストレージとしての性能はそれほど高くはありませんが、最も低コストなボリュームタイプです。利用頻度が低く、アクセス時の性能もそれほど求められないデータをシーケンシャルにア

クセスするユースケースや、アーカイブ領域の用途に適しています。1TBあたり12MB/秒、ボリュームあたり最大250MB/秒のベースライン性能があります。

❏ ボリュームタイプの比較

	汎用SSD（gp3）	プロビジョンドIOPS SSD（io2）	スループット最適化HDD（st1）	Cold HDD（sc1）
ユースケース	EC2のブートボリューム、アプリケーションリソース	I/O負荷の高いデータベースのデータ領域	ログ分析、バッチ処理用大容量インプットファイル	アクセス頻度が低いデータのアーカイブ
ボリュームサイズ	1GB～16TB	4GB～16TB	500GB～16TB	500GB～16TB
最大IOPS/ボリューム*	16,000	64,000	500	250
最大スループット/ボリューム	1,000MB/秒	1,000MB/秒	500MB/秒	250MB/秒
ベースライン性能	3,000 IOPS	指定されたIOPS	1TBあたり40MB/秒	1TBあたり12MB/秒
バースト性能	ボリュームあたり3,000 IOPS	指定されたIOPS	1TBあたり最大250MB/秒	1TBあたり最大80MB/秒
主なパフォーマンス属性	IOPS	IOPS	MB/秒	MB/秒

* ブロックサイズは、gp3/io2の場合16KB、st1/sc1の場合1MB

ベースライン性能とバースト性能

　プロビジョンドIOPS以外のストレージタイプには、ストレージの容量に応じてベースライン性能があることは説明しました。これらのストレージタイプには、ベースライン性能とは異なり、一時的な処理量の増加に対応可能なバースト性能という指標もあります。バースト性能はあくまで一時的な処理量の増加への対応に使われることを想定したものであり、ボリュームのタイプやストレージ容量に応じてバースト可能な時間（バーストバランス）が決まっています。そのため、バースト性能に頼ったサイジングはしないようにしましょう。

▶　**重要ポイント**

● バースト性能は処理量の一時的な増加に対応する能力を示すものなので、これに頼ったサイジングはすべきでない。

4

ストレージサービス

EBSの拡張・変更

　ここでは、一度作成したEBSに対してどういった変更が可能なのかを説明します。これから紹介する変更はマグネティック（旧世代）タイプを除いて、基本的にはすべてオンラインで実施可能です。

✳ 注意点

1. EBSボリュームに対して変更作業を行った場合、同一のEBSボリュームへの変更作業は6時間以上あける必要があります。
2. 現行世代以外のEC2インスタンスタイプで使用中のEBSボリュームに対する変更作業は、インスタンスの停止やEBSのデタッチが必要になる場合があります。

容量拡張

　すべてのタイプのEBSは1ボリュームあたりの最大容量が**16TB**です。ディスク容量が不足したら必要に応じてサイズを何度でも拡張することができます。オンラインで使用中のEBSボリュームを拡張した後は、EC2インスタンス上でOSに応じたファイルシステムの拡張作業（Linuxであればresize2fsやxfs_growfsなど）を別途実施してOS側でも認識できるようにしてください。

✳ 注意点

1. 拡張はできますが縮小はできません。一時的なデータ容量の増加などの要件に対しては、ボリュームの拡張ではなく新規EBSを作成してEC2インスタンスにアタッチし、不要になったらデタッチしてEBSごと削除するといった方法を検討してください。

ボリュームタイプの変更

　先に説明した4つの現行世代タイプ間のタイプ変更が可能です。gp2タイプで作成したがIOPSが不足することが分かったためio1タイプに変更したい、といった要件に対応できます。また、io1タイプで指定したIOPSが足りない場合に追加のプロビジョニングを実施することも可能です。

＊ **注意点**

1. プロビジョンドIOPSタイプで指定したIOPS値は増減のどちらの変更も可能です。
2. IOPSの変更には24時間以上かかる場合があります。変更期間中はボリュームの
   ステータスが「Modifying」になっています。ステータスが「Complete」になれば
   完了です。

可用性・耐久性

　EBSは内部的にAZ内の複数の物理ディスクに複製が行われており、AWS内で
物理的な故障が発生した場合でも利用者が意識することはほとんどありませ
ん。SLAは月あたりの利用可能時間が99.99%と設定されています。

　また、EBSにはスナップショット機能もあるため、定期的にバックアップを
取得することで必要な時点の状態に戻すことが可能です。データのリストアは
スナップショットから新規EBSボリュームを作成します。それをEC2インスタ
ンスにアタッチすることで必要なデータにアクセスできるようになります。

セキュリティ

　EBSにはストレージ自体を暗号化するオプションがあります。暗号化オプ
ションを有効にすると、ボリュームが暗号化されるだけではなく、暗号化され
たボリュームから取得したスナップショットも暗号化されます。暗号化処理は
EC2インスタンスが稼働するホストで実施されるため、EBS間をまたぐデータ
通信時のデータも暗号化された状態となります。

　すでに作成済みのEBSボリュームを暗号化したい場合は、以下の手順で暗号
化が可能です。

1. EBSボリュームのスナップショットを取得する
2. スナップショットを暗号化する
3. 暗号化されたスナップショットから新規EBSボリュームを作成する
4. EC2インスタンスにアタッチしているEBSボリュームを入れ替える

　既存のブートボリュームを暗号化する場合は、スナップショットではなく
AMIを取得して、AMIコピー時に暗号化を実施したのちコピーされたAMIか

らEC2インスタンスを作成することで暗号化が可能です。

 練習問題1

　あなたはソリューションアーキテクトとして、社内システムのAWS移行の支援を行っています。EC2を利用するアーキテクチャ設計を採用したので、続いてEBSについて検討することになりました。

　下記のEBSに関する記述のうち、誤っているものはどれですか。2つ選択してください。

　A. 汎用SSDタイプのEBSをプロビジョンドIOPS SSDタイプに変更できる。

　B. EBSのディスクサイズはオンラインで変更でき、拡張も縮小も可能である。

　C. EBSのディスクサイズをオンラインで変更したとき、Amazon Linuxを使っていればOSレベルでのファイルシステムの拡張作業は必要ない。

　D. EBSは内部的に冗長化することにより、可用性を高くしている。

　E. EBSの暗号化オプションを利用すると、そのボリュームから取得したスナップショットも暗号化される。

解答は章末（P.123）

4-3

EFS

Amazon EFS は、容量無制限で複数の EC2 インスタンスから同時にアクセスが可能なファイルストレージサービスです（EFS とは、Elastic File System の略です）。クライアントから EFS への接続は、一般的な NFS プロトコルをサポートしているため、NFS クライアントさえあれば特別なツールをインストールしたり設定をしたりする必要はありません。amazon-efs-utils ツールを使うと EFS へのマウントに関する推奨オプションが含まれていたり、ファイルシステムにトラブルが発生した場合のトラブルシューティングに役立つログが記録できたりするため、EFS へ接続するクライアントには導入することをお勧めします。

EFS には多種多様なユースケースに対応できるよう、パフォーマンスモードやスループットモードといったモードが用意されています。間違ったモードを選択してしまうと思っていた性能が出ないといったことがあるため、システムに最適なモードの選択ができるようになりましょう。なお、EFS に接続するためには NFS v4 への対応が必要で、Windows インスタンスはデフォルトでは対応していません。

▶ **重要ポイント**

● EFS は、容量無制限で複数の EC2 インスタンスから同時にアクセスが可能なファイルストレージサービス。システムに最適なモードを選択して使う必要がある。

EFSの構成要素

EFS は以下の3つの要素から構成されています。

○ ファイルシステム
○ マウントターゲット
○ セキュリティグループ

EFSはファイルが作成されると自動的に3か所以上のAZに保存される分散ファイルシステムを構成します。作成したファイルシステムにアクセスするために、AZごとにサブネットを指定して**マウントターゲット**を作成します。マウントターゲットを作成するとターゲットポイント（接続FQDN）が1つと各AZのマウントターゲット用IPアドレスが発行されます。EC2からは1つのFQDNでアクセスしますが、内部的には自動的に接続元のEC2インスタンスと同一AZのマウントターゲットIPアドレスが返却されるため、レイテンシーを低くするように設計されています。また、マウントターゲットにはセキュリティグループを指定することができ、EC2からEFSへの通信要件を定義して、不要なアクセスを制限できます。

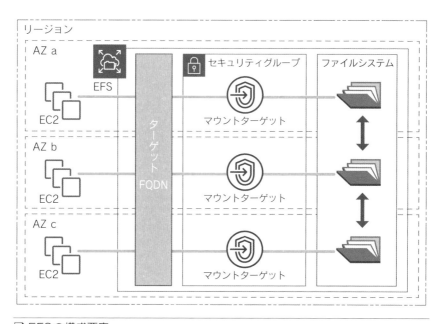

❏ EFSの構成要素

EFSのストレージクラス

　EFSには、後述するS3と同様に複数のストレージクラスがあります。EFSスタンダードと呼ばれる、3つのAZにデータが分散されるタイプと、1つのAZのみに配置するEFS 1ゾーン、保存しているデータへのアクセス頻度が低い場合にコストを抑えることができる低頻度アクセス（IA）、低頻度アクセスと1ゾーンを組み合わせたEFS 1ゾーン-IAの4つです。

　スタンダードが標準のタイプで、残りはコスト削減の検討時に利用するものです。スタンダードに比べて可用性の制約やアクセス頻度が多いときの制約が課されます。ストレージに対する要件に応じて、どのストレージクラスを利用するか検討しましょう。

EFSのパフォーマンスモード

　EFSには汎用パフォーマンスモードと最大I/Oパフォーマンスモードの2つのパフォーマンスモードがあります。ほとんどの場合、汎用パフォーマンスモードを使えば問題ありませんが、数百・数千台といったクライアントから同時にEFSへアクセスがあるようなユースケース（たとえば、ビックデータ解析アプリケーションによる並列処理に使うデータをEFSに置く場合）にも耐えられるように、最大I/Oパフォーマンスモードが用意されていると考えてください。最大I/Oパフォーマンスモードを選択した場合、スループットを最大化する代わりに、各ファイル操作のレイテンシーが汎用パフォーマンスモードよりも少し高くなります。

　どちらのモードを選択するのがよいかを見分ける指標として、CloudWatchのPercentIOLimitというメトリクスが参考になります。汎用パフォーマンスモードを選択してシステムのユースケースに似たアクセスパターンで性能テストを実施し、PercentIOLimitがどのように遷移するかを確認します。性能テスト実施中にPercentIOLimitが長時間高い状態（80%～100%）である場合は、最大I/Oパフォーマンスモードに変更したほうがよい場合があります。パフォーマンスモードはファイルシステムを一度作成すると変更ができないため、本番導入前に入念にテストを実施して、どちらを利用するか検討しましょう。

ストレージサービス

- パフォーマンスモードは後から変更できないので、導入前によく検討しなければならない。CloudWatchのPercentIOLimitメトリクスが参考になる。

EFSのスループットモード

EFSにはパフォーマンスモードとは別に3つのスループットモードが用意されています。「バーストスループットモード」「プロビジョニングスループットモード」「エラスティックスループットモード」です。

○ バーストスループットモード：バーストスループットモードはEFSに保存されているデータ容量に応じてベースラインとなるスループットが設定されており、一時的なスループットの上昇にも耐えられるようなバースト機能を持ったモードのことです。ベースラインのスループットは1GiBあたり50KiB/秒で、バーストスループットは保存されているデータ量に応じてスループットと期間が設定されます。最低バーストスループットは100MiB/秒です。1TiBを超えると、毎日12時間、ストレージの1TiBあたり100MiB/秒までバーストできるバーストクレジットが貯まるように設計されています。

❏ EFSのスループット

ファイルシステムサイズ（GiB）	ベースラインスループット（MiB/秒）	バーストスループット（MiB/秒）	最大バースト期間（分/日）
10	0.5	100	7.2
256	12.5	100	180
512	25.0	100	360
1024	50.0	100	720
1536	75.0	150	720
2048	100.0	200	720
4096	200.0	400	720

○ **プロビジョニングスループットモード**：バーストスループットモードで設定され
ているベースラインスループットを大幅に上回るスループットが必要な場合や、一
時的なバースト時にバーストスループットで定められている最大スループットよ
りも高い性能が必要な場合に、任意のスループット値を指定することができるモー
ドです。容量によらず最大1GiB /秒までのスループットを指定できます。それ以上
のスループットが必要な場合は制限の緩和申請が可能です。

　このモードは、Web配信用のコンテンツやアプリケーション用のデータといっ
た、データサイズはそれほど大きくないが頻繁にアクセスされたり大量のインスタ
ンスから同時にアクセスされるデータをEFSに配置する場合に最適なモードです。

○ **エラスティックスループットモード**：システムのニーズに合わせて、パフォーマン
スを自動的にスケールアップ／スケールダウンするモードです。エラスティックス
ループットモードは、汎用パフォーマンスモード設定時のみ利用可能です。

　どのスループットモードを選択すればよいかを見分ける指標として、
CloudWatchの BurstCreditBalance というメトリクスが参考になります。ク
レジットバランスをすべて使い切ってしまったり、常に減少傾向である場合は
プロビジョニングスループットモードを選択するようにしましょう。スルー
プットモードはEFS運用中にも変更することができます。

　プロビジョニングスループットで指定するスループット値は増減どちらも可
能です。スループットモードの変更、およびプロビジョニングスループットモ
ードでのスループット値の削減は、前回の作業から24時間以上間隔をあける必
要があります。

　また、エラスティックスループットは、予測が困難なスパイクや予測不可能
なワークロードなどに最適なスループットモードになります。

4 ストレージサービス

▶▶　**重要ポイント**

● スループットモードの選択には、CloudWatchのBurstCreditBalanceメトリク
スが参考になる。

練習問題2

　複数のEC2インスタンスから同一ファイルへの参照処理が頻繁に発生するシステムでEFSを使っていますが、スループットが足りず性能劣化が起こっています。

　性能を改善するための対策として正しいものを1つ選んでください。

　　A. CloudWatchのPercentIOLimitを確認したところ、頻繁に100%近い状態になっていることが確認できたため、最大I/Oパフォーマンスモードへの変更を検討する。

　　B. CloudWatchのBurstCreditBalanceを確認したところ、クレジットバランスを使いきっていることが確認できたため、スループットモードをプロビジョニングスループットモードに変更することを検討する。

　　C. ファイルの保存先を別のストレージサービスであるS3へ移行することを検討する。

　　D. ファイルの保存先を別のストレージサービスであるEBSへ移行することを検討する。

解答は章末（P.123）

4-4

S3 と S3 Glacier

　Amazon S3 は非常に優れた耐久性を持つ、容量無制限のオブジェクトストレージサービスです（S3とは、Simple Storage Service を意味します）。ファイルストレージとの違いとしては、ディレクトリ構造を持たないフラットな構成であることや、ユーザーが独自にデータに対して情報（メタデータ）を付与できることが挙げられます。

　S3 の各オブジェクトにはREST（Representational State Transfer）などのHTTP（S）をベースとしたWeb APIを使ってアクセスします。利用者がデータを保存するために利用するだけではなく、EBSスナップショットの保存場所として使われるなどAWSのバックエンドサービスにも使われていて、AWSの中でも非常に重要なサービスとして位置づけられています。柔軟性に優れたサービスであるため、アイデア次第で使い方は無限に考えられますが、主なユースケースとしては以下が挙げられます。

- ○ データバックアップ
- ○ ビックデータ解析用などのデータレイク
- ○ ETL（Extract／Transform／Load）の中間ファイル保存
- ○ Auto Scaling構成されたEC2インスタンスやコンテナからのログ転送
- ○ 静的コンテンツのホスティング
- ○ 簡易的なKey-Value型のデータベース

　「大量／大容量」「長期間保存したい」「なくなると困る」といったデータを扱う場合には、まずはS3が使えないかを検討するところからスタートしましょう。

▶▶　**重要ポイント**

- ● S3は、非常に優れた耐久性を持つ、容量無制限のオブジェクトストレージサービスで、様々な用途に利用できる。

S3の構成要素

　ここでは、S3を構成する要素について説明します。ファイルストレージとの違いは、ディレクトリ構造を持たないフラットな構成であることや、メタデータとしてユーザーが独自にデータに対して情報を付与することができる点があります。

○　バケット：オブジェクトを保存するための領域です。バケット名はアカウントやリージョンに関係なくAWS内で一意にする必要があります。

○　オブジェクト：S3に格納されるデータ本体です。各オブジェクトにはキー（オブジェクト名）が付与され、「バケット名＋キー名＋バージョンID」で必ず一意になるURLが作成されます。このURLをWeb APIなどで指定してオブジェクトを操作します。バケット内に格納できるオブジェクト数に制限はありませんが、1つのオブジェクトサイズは最大5TBまでです。

○　メタデータ：オブジェクトを管理するための情報です。オブジェクトの作成日時やサイズなどシステム定義メタデータだけではなく、アプリケーションで必要な情報をユーザー定義メタデータとして保持することができます。

S3の耐久性と整合性

　S3に保存されたデータは、複数のAZ、さらにAZ内の複数の物理的なストレージに複製することで高い耐久性を維持しています。データの複製方式として、S3は結果整合性方式を採用してきました。そのため、データの保存後、複製が完全に終わるまでの間にデータを参照すると、参照先によっては保存前の状態が表示されることもありました。しかし、2020年12月以降は強い一貫性がサポートされ、新規オブジェクトの作成や上書き更新後にも、常に一貫したデータが参照できるようになっています。

ストレージクラス

　S3は高い耐久性がありますが、その中にも用途に応じた複数のストレージクラスが用意されています。耐久性と可用性は設計上の性能で、可用性はSLAが設定されています。またS3の中に、アーカイブ用途のストレージクラスとして

S3 Glacierがあります。元々は独立したサービスとして開発されましたが、S3のストレージクラスとして統合されました。現時点では、S3 Glacierには3つのストレージクラスがあり、それぞれ特徴を持っています。

○ **S3標準**：デフォルトのストレージクラスです。低レイテンシーと高スループットを兼ね備えた、S3の性能が最も発揮されるクラスです。
  - ○ **耐久性**：99.999999999%
  - ○ **可用性**：99.99%
○ **S3標準–低頻度アクセス（S3標準–IA）**：標準ストレージに比べて格納コストが安価なストレージクラスです。参照頻度が低いデータ向けに設定されたクラスであるため、データへのアクセスは随時可能なものの、データの読み出しに関する費用が高めに設定されています。アクセスするときには高速なアクセスが必要だがそれほど頻繁にはアクセスしない、といったデータを保存するときに最適なクラスです。
  - ○ **耐久性**：99.999999999%
  - ○ **可用性**：99.9%
○ **S3 1ゾーン–低頻度アクセス（S3 1ゾーン–IA）**：S3標準–IAと同じく低頻度アクセスを前提としており、かつ単一のAZ内でのみでデータを複製するストレージクラスです。耐久性としては高い性能を発揮しますが、AZ単位での障害が発生した場合にデータの復元ができない可能性があります。それ以外は標準–IAと同等のサービス仕様です。可用性は若干下がりますが、非推奨となった低冗長化ストレージクラスの後継と考えられます。
  - ○ **耐久性**：99.999999999%
  - ○ **可用性**：99.5%
○ **S3 Intelligent-Tiering**：アクセス頻度に基づいて自動的にデータを最も費用帯効果の高いストレージクラスに移動します。運用負荷が小さく、コストパフォーマンスが高いのが特徴です。
  - ○ **耐久性**：99.999999999%
  - ○ **可用性**：99.99%
○ **S3 Glacier Instant Retrieval**：アーカイブ用途の、低コストでの保管が可能なストレージクラスです。S3 Glacierの3つのクラスの中では唯一、ミリ秒単位でのデータ取り出しが可能です。S3低頻度アクセスとの違いは、データの保管費用はより低く、データの取り出し費用はより高いことです。データ量と取り出し頻度をもとに、最もコストが低くなるストレージクラスを選ぶのがポイントとなります。

4

ストレージサービス

- ○ **耐久性**：99.999999999%
- ○ **可用性**：99.9%
- ○ S3 Glacier Flexible Retrieval：かつて「S3 Glacier」と呼ばれていたもので、最初のGlacierとして設計されたストレージクラスです。S3 Glacier Instant Retrievalよりさらにデータ保管の費用は低くなりますが、データの取り出しに数分から数時間のアクセス時間が必要となります。
  - ○ **耐久性**：99.999999999%
  - ○ **可用性**：99.99%
- ○ S3 Glacier Deep Archive：S3の最も低コストのストレージクラスです。その分、データの取り出し時間も最も遅く設定されており、最大で12時間以内に復元できるように設計されています。コンプライアンス要件などで5年以上にもわたる長期の保存が義務付けられているデータの格納に最適です。
  - ○ **耐久性**：99.999999999%
  - ○ **可用性**：99.99%

ライフサイクル管理

　S3に保存されたオブジェクトはその利用頻度に応じてライフサイクルを定義することができます。ライフサイクル設定では「移行アクション」と「有効期限アクション」の2つのアクションを選択できます。

○ 移行アクション：データの利用頻度に応じて、ストレージクラスを変更するアクションです。たとえば、オブジェクト作成当初はアクセス頻度が高いが、一定期間経過すると利用頻度や重要度が低くなり、最後にはアーカイブとして保存しておくといったライフサイクルに応じて最適なストレージクラスへ移行することができます。

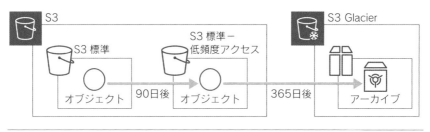

❏ 移行アクション

○ **有効期限アクション**：指定された期限を超えたオブジェクトをS3から削除するアクションです。利用期間が決まっているオブジェクトや一時的に作成されたオブジェクトなどを定期的に整理することができます。S3は容量無制限のストレージサービスではありますが、保存容量に応じて従量課金されるサービスであるため、不要なデータは定期的に削除することでコスト削減にも貢献できます。

❑ 有効期限アクション

バージョニング機能

　バージョニング機能を有効にすると、1つのオブジェクトに対して複数のバージョンを管理することができます。バージョニングはバケット単位で有効・無効を指定できます。バージョニングされたオブジェクトは差分管理ではなく、新・旧オブジェクトの両方を保存し、バージョンIDで区別されるため、各バージョンを合計した保存容量が必要になります。

オブジェクトロック

　S3には、オブジェクトロックと呼ばれる保護機能が用意されています。一定期間または無期限でオブジェクトが削除または上書きされることを防ぎます。この保護機能は、誤った操作を防ぐ目的と、法定対応などで一定期間データが変更されていないことを保証する目的で利用されます。
　オブジェクトロックには、一定期間の保護を目的としたリテンションモードと、保護期間を設定しないリーガルホールドの2種類があります。リテンションモードには、さらにガバナンスモードとコンプライアンスモードがあります。なおオブジェクトロックの設定は、バケットに対して行います。

リテンションモード

　リテンションモードのうち、ガバナンスモードを設定すると、特別なアクセス許可を持たない限りは、オブジェクトのバージョンの上書きや削除、ロック設定の変更ができなくなります。設定の変更には、s3:BypassGovernance Retention という権限が必要です。

　コンプライアンスモードは、設定するとAWSアカウントのrootユーザーを含め、誰も対象のオブジェクトのバージョンの上書き・削除ができなくなります。また、ガバナンスモードと異なりロック設定の変更はできず、保護期間が明けるまで待つしかありません。

リーガルホールド

　リーガルホールドを設定すると、オブジェクトの上書きや削除ができなくなります。リテンションモードとの違いは、保持期間の設定がない点です。リーガルホールドの解除は、s3:PutObjectLegalHold権限を持つユーザーが行えます。

MFA Delete

　オブジェクトロック以外にも、S3にはいくつかデータ保護のための仕組みがあります。その一つに、MFA（Multi-Factor Authentication）Deleteがあります。MFA Deleteを有効にすると、データ削除時にMFAのワンタイムパスワードを入力することが必要になり、誤った操作によるデータ消失を防ぎます。なお、MFA Deleteを有効化できるのはバケット所有者（ルートアカウント）のみです。

アクセスポイント

　S3のバケットへのアクセス制御は、主にバケットポリシーで行います。バケットポリシーは非常に柔軟な設定が可能で、複数の拠点やユーザーからのアクセス制御を記述することが可能です。一方で、記述は複雑になり、設定したそれぞれのポリシーの整合性を考慮する必要があります。間違えた設定をすると、いっさいアクセスできなくなるといった危険性もはらんでいます。

　S3の**アクセスポイント**を利用すると、1つのバケットに対して複数のアクセスポイントを設置可能で、アクセスポイントごとにアクセス制御の設定ができます。このため、バケットのアクセス制御を簡略化できます。なお、アクセスポイントの制御方法には、IAMポリシーの利用やVPC IDによる制限、パブリックアクセスの管理があります。

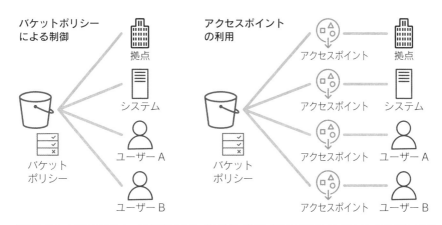

❑ バケットポリシーとアクセスポイント

EC2インスタンスからのアクセス経路

　AWSのアーキテクチャ設計の力を磨く上でお勧めなのが、違うサービスを利用しながら同じ機能を持つ設計を考えて、それぞれのメリットとデメリットを踏まえたうえで、要件に最適なものは何かを検討するという方法です。ここでは、EC2からS3へアクセスするルートについて考えてみましょう。EC2からS3へのルートは、トリッキーなものを除くと、次の4つがあります。

○ インターネットゲートウェイ
○ NATゲートウェイ
○ VPCエンドポイント（ゲートウェイタイプ）
○ PrivateLink（インターフェイスタイプ）

　インターネットゲートウェイを使うパターンは、インスタンスがパブリックセグメントに配置され、かつパブリックIPが付与されている必要があります。

セキュリティの面では、アタックサーフェスと呼ばれる攻撃対象領域を最小限にするという観点から、できるだけ避けたい構成です。

その対策として、NATゲートウェイの活用があります。NATゲートウェイを利用することにより、インスタンスにはパブリックIPの付与が不要となり、プライベートネットワークに配置しても利用できます。一方で、インスタンスからは、NATゲートウェイ経由でインターネットのどこへもアクセス可能となってしまいます。インスタンスからS3のみへの通信に限定するといった要件があった場合に、対応は困難になります。

VPCエンドポイントのゲートウェイタイプもしくはPrivateLinkのインターフェイスタイプを利用すると、インスタンスからS3のみへの通信制御は容易にできます。ゲートウェイタイプは、S3のエンドポイントが仕様上パブリックIPになるため、プライベートサブネットの通信をネットワークACLでプライベートIPの範囲のみにするという制御はできなくなります。インターフェイスタイプを利用すればそういった制限はなくなるのですが、ゲートウェイタイプよりも通信料などのコストが高くなります。

それぞれの設計パターンにメリットとデメリットがあります。どの設計が優れているということは原則的にはなく、要件に応じて適切な設計ができるかというのがソリューションアーキテクトに求められる能力です。そのために、AWSの機能をしっかりと把握して、設計の引き出しを増やしていきましょう。

Webサイトホスティング機能

S3では、静的なコンテンツに限ってWebサイトとしてホスティングする環境を作成できます。静的コンテンツのリリースは通常のS3の利用と同様に、S3バケットへ保存することで行えます。

Ruby、Python、PHP、Perlなど、サーバー側の動的なコンテンツに関してはS3をWebサイトホスティングとして使用することはできません。動的なコンテンツのWebホスティングを行うには、EC2で独自にWebサーバーを作成するなどの方法があります。

独自ドメインでS3 Webサイトホスティングする場合の注意点

　S3のWebサイトホスティングを設定すると自動的にドメイン（FQDN）が作成されます。そのサイトに独自ドメイン（たとえば、www.example.com）でアクセスしたい場合は、Route 53などのDNSにCNAME情報を設定することで可能になります。この際、バケット名とドメイン名を一致させる必要があります。www.example.comでアクセスしたい場合はバケット名もwww.example.comで作成してください。S3の前段にCloudFrontを配置する場合は、バケット名とドメイン名を合わせる必要はありません。そのため、S3とCloudFrontを組み合わせて使うことが一般的です。

❏ バケット名とドメイン名を一致させる

S3のアクセス管理

　S3のアクセス管理にはバケットポリシー、ACL、IAMでの制御の3つが挙げられます。それぞれの方法がどの単位で制御をすることができるかは以下のとおりです。

❏ S3のアクセス管理の比較

	バケットポリシー	ACL	IAM
AWSアカウント単位の制御	○	○	×
IAMユーザー単位の制御	△	×	○
S3バケット単位の制御	○	○	○
S3オブジェクト単位の制御	○	○	○
IPアドレス・ドメイン単位の制御	○	×	○

バケットポリシーはバケット単位でアクセスを制御し、そのバケットに保存されるオブジェクトすべてに適用されるので、バケットの用途に応じた全体的なアクセス制御をするときに有効です。ACLはオブジェクト単位で公開・非公開を制御する場合に使用します。IAMでの制御はユーザー単位でS3のリソースを制御する場合に使用します。

バケットポリシーのIAMユーザー制御はIAMユーザーの名称と一致したバケットのみを利用させるといった少し特殊なユースケースでできる制御方法であるため、IAMユーザーに対する制限を行う場合はIAMのポリシーを利用しましょう。

▶▶ **重要ポイント**

- S3のアクセス管理にはバケットポリシー、ACL、IAMを用いる。IAMユーザーに対する制限はバケットポリシーでも可能ではあるが、IAMのポリシーを使ったほうがよい。

署名付きURL

署名付きURLは、アクセスを許可したいオブジェクトに対して期限を指定してURLを発行する機能です。バケットやオブジェクトのアクセス制御を変更することなく特定のオブジェクトに一時的にアクセス許可させたい場合に非常に有効です。なお、この機能はユーザー制御ではないため、署名付きURLを知っていれば期間中は誰でもアクセスができる点には注意が必要です。

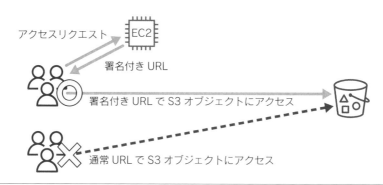

❏ 署名付きURL

▶▶　**重要ポイント**

- 署名付きURLは、特定のオブジェクトへのアクセス許可を一時的に与える。この期間中、URLを知っていれば当該オブジェクトには誰もがアクセスできる。この点に注意すべき。

データ暗号化

　S3に保存するデータは暗号化ができます。暗号化の方式としてサーバー側での暗号化とクライアント側での暗号化の2種類から選択できます。サーバー側での暗号化は、データがディスクに書き込まれるときに暗号化され、読み出されるときに復号されます。クライアント側での暗号化は、AWS SDKを使ってS3に送信する前にデータを暗号化します。復号時は、クライアント側で暗号化されたデータのメタデータからどのキーで復号するのか判別してオブジェクトを復号します。

ブロックパブリックアクセス

　前述のとおり、S3のバケット内のオブジェクトは、インターネット上に公開することが可能です。一方で操作ミスや知識不足から意図しない公開をすることにより、データ漏洩や不正アクセスのリスクが発生します。ブロックパブリックアクセスは、S3バケット内のオブジェクトへの不適切な公開アクセスを防ぐための設定で、次の4つがあります。

○ BlockPublicAcls：パブリックアクセスを許可する新しいACLの追加を禁止
○ IgnorePublicAcls：既存のパブリックアクセスACLによるアクセスを無視（ブロック）
○ BlockPublicPolicy：パブリックアクセスを許可する新しいバケットポリシーの追加を禁止
○ RestrictPublicBuckets：既存のパブリックアクセスバケットポリシーによるアクセスの制限（ブロック）

それぞれの設定を有効にすることにより、制限が追加されます。設定はそれぞれ独立しており、どれか1つのみを有効にすることも、すべてを有効にすることも可能です。なお、2023年4月より、ブロックパブリックアクセスが有効な状態がデフォルトになっています。

S3へのアップロード

これまでデータの取得を主眼にS3の機能を解説してきました。ここでは、データをS3に保存する際のアップロードに関する機能を2つ紹介します。

マルチパートアップロード

マルチパートアップロード機能は、単一のオブジェクトを分割してアップロードする機能です。パートごとに並列にアップロードすることにより、ネットワーク問題が発生した際にも最小限の影響での再開や、アップロードの一時停止などが行えるようになります。特に大きなファイルを扱う際のメリットが大きいです。

S3 Transfer Acceleration

S3 Transfer Accelerationは、遠隔地のS3へのデータ転送をサポートする機能です。日本から海外リージョンのS3バケットに転送する場合、回線の十分な帯域と安定性がないとアップロードに時間がかかります。S3 Transfer AccelerationはCloudFrontのエッジロケーションを活用しており、ユーザーは最寄りのエッジロケーションにアップロードします。エッジロケーションから海外のS3バケットへは、大きな帯域を持つAWSの安定したバックボーン回線を利用してデータが転送されます。

S3 SelectとS3 Glacier Select

S3は、最大5TBまでのオブジェクトが作成可能です。大きなオブジェクトをそのまま利用すると、データ転送の通信量が大きくなりパフォーマンスがよくありません。そういった際に有効なサービスとして、S3 SelectとS3 Glacier Selectがあります。

　このサービスは、1つのオブジェクトに対してSQLの構文を利用して、オブジェクト内のデータの一部を抽出して転送します。これにより必要なデータ転送量が削減され、パフォーマンスが向上します。通信量の削減によるパフォーマンス向上が必要なときに利用を検討してください。

　S3をSQLで操作するサービスという点では、Athenaも同様の機能を持ちます。S3 Select／S3 Glacier SelectとAthenaを比較すると、単一のオブジェクトを対象とするか複数のオブジェクトに対して動作するかの違いが大きいです。

 ## 練習問題3

　あなたは不動産を管理するWebサービスを開発するエンジニアです。システムに必要なファイルの保管先としてS3を利用できないか検討を進めています。

　下記のS3に関する記述のうち、誤っているものはどれですか。

A. ライフサイクル管理を利用することで、一定の期間が経過したオブジェクトを自動的に削除することができる。

B. 署名付きURLを設定することで、一定の期間、特定の利用者のみにアクセス権を与えることができる。

C. バケットポリシーの設定は、そのバケット内のオブジェクトすべてに適用される。

D. Webサイトホスティング機能を独自ドメインで利用する場合、必ずバケット名とドメイン名を合致させる必要がある。

解答は章末（P.123）

4

ストレージサービス

4-5

FSx

ここまでEBS、EFS、S3、S3 Glacierなどのストレージサービスを紹介してきました。最後に、Amazon FSxというファイルストレージサービスを紹介をします。その後、FSxを含む各種ストレージサービスとストレージタイプとの関連を整理します。それぞれのサービスがどのタイプに属するのかをマッピングして、ストレージの章のまとめとします。

Amazon FSx

Amazon FSxはフルマネージドなファイルストレージです。Windows向けでビジネスアプリケーションなどで利用されるAmazon FSx for Windowsファイルサーバーと、ハイパフォーマンスコンピューティング向けのAmazon FSx for Lustre、ストレージソリューションを提供するNetApp社のONTAPが利用可能なAmazon FSx for NetApp ONTAP、OpenZFSベースのAmazon FSx for OpenZFSの4種類のストレージがあります。ここでは、FSxのサービスインとともに登場した2つのサービスを紹介します。

FSx for Windowsファイルサーバー

FSx for Windowsファイルサーバーは、名前のとおりWindows用のサービスで、フルマネージドなWindowsのファイルサーバーとして使えます。Windows Server上に構築されているので、Windowsで利用できるユーザークォータ、エンドユーザーファイルの復元、Microsoft Active Directory（AD）統合などの幅広い機能が利用可能です。FSx for Windowsは単一のサブネットにエンドポイントとなるENIを配置し、そのエンドポイントにはSMBプロトコルを介してアクセスできます。ENIにはセキュリティグループを適用できるので、それを利用してネットワークに関連する制限を加えることができます。

フルマネージドサービスなので、Windows Updateや各種パッチ当てなどの

114

メンテナンスはAWS側で行われます。ストレージサイズやスループットなどは、指定・変更が可能です。

FSx for Lustre

FSx for Lustreはフルマネージドな分散ファイルシステムで、S3とシームレスに統合できます。ENIを利用したエンドポイントを作るといった点や、フルマネージドサービスという点ではFSx for Windowsと同様ですが、FSx for Windowsよりも特徴的なアーキテクチャを持ちます。

FSx for Lustreはファイルシステム作成時にS3のバケットと関連付けをします。そしてS3上のファイルをインデックスし、あたかも自前のファイルのように見せます。初回アクセス時はS3からデータを取得するので時間がかかりますが、2回目以降はキャッシュを利用するので高速にアクセスできます。

FSx for Lustreは、高速なデータアクセスが必要な機械学習やビッグデータ処理など、ハイパフォーマンスコンピューティングで利用されます。

なお、LustreはLinux用のサービスで、利用の際は専用のクライアントソフトをインストールする必要があります。インストール後は通常のNASのようにマウントして利用できます。

ストレージタイプとAWSサービスのマッピング

最後に、ストレージタイプとAWSサービスをマッピングして、まとめておきます。

❏ ストレージタイプとAWSサービス

ストレージタイプ	サービス名	概要
オブジェクトストレージ	S3	ネットワーク経由で利用するオブジェクトストレージ
	S3 Glacier	S3のストレージクラスの一部に取り込まれたアーカイブ用ストレージ
ブロックストレージ	EBS	不揮発性のブロックストレージ
	EC2のインスタンスストア	揮発性のブロックストレージ
ファイルストレージ	EFS	NASのように複数のインスタンスからマウントできる。主にLinux用
	FSx	for Windows、for Lustreなど4種類がある

練習問題4

複数のオンプレミスの機器で実行していた機械学習処理をAWS上のEC2インスタンスで実行するように移行します。この機械学習処理には高性能ストレージが必要で、複数のサーバーから参照系の処理と書き込みの処理が並行して行われます。できるだけ、既存の処理の変更をしたくありません。AWSのどのストレージサービスを利用すればよいでしょうか。

A. S3
B. FSx for Windows
C. FSx for Lustre
D. EBS

解答は章末（P.124）

4-6

Storage Gateway

　AWS Storage Gateway はオンプレミスにあるデータをクラウドへ連携させるための受け口を提供するサービスです。Storage Gateway を使って連携されたデータの保存先は、先に説明した S3 や S3 Glacier といった、耐久性が高く低コストなストレージです。また、詳細は後述しますが、Storage Gateway のキャッシュストレージとして EBS が使用されています。

　このように、Storage Gateway はサービスとして独自のストレージを持っているわけではなく、これまで説明してきたストレージを組み合わせて利用します。そうすることで、オンプレミスと AWS 間のデータ連携を容易にするためのインターフェイスを提供します。

　オンプレミスとのハイブリッド環境において参照頻度が高いデータはオンプレミスの高速ストレージに保存し、参照頻度が低いデータやバックアップデータは Storage Gateway を利用してクラウドに保管するといった使い分けもできるため、利用目的を明確にすることで、大容量のデータを効率的に管理することができます。

　Storage Gateway は VM Ware や Hyper-V の仮想アプライアンスとしてイメージが提供されており、オンプレミス環境に該当のハイパーバイザーがすでに存在する場合は簡単に導入できます。また、EC2 インスタンスの Storage Gageway 用 AMI も用意されているため、AWS 上にゲートウェイを配置する構成も可能です。

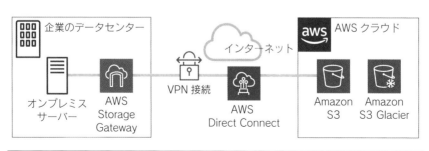

❏ オンプレミス配置

EC2
インスタンス
AWS
Storage Gateway
Amazon
S3
Amazon
S3 Glacier

❏ AWS配置

- Storage Gatewayは、オンプレミスにあるデータをクラウドへ連携させるためのインターフェイスを提供するサービス。独自のストレージを持たず、S3、S3 Glacier、EBSなどを利用する。

Storage Gatewayのタイプ

　Storage Gagewayには、ファイルゲートウェイ、ボリュームゲートウェイ、テープゲートウェイの3種類のゲートウェイタイプが用意されています。ボリュームゲートウェイには、さらにキャッシュ型ボリュームと保管型ボリュームの2つのボリューム管理方法があります。データの参照頻度や実データの配置場所の違いなどの要件によって最適なゲートウェイを選択しましょう。

ファイルゲートウェイ

　ファイルゲートウェイは、S3をオンプレミスサーバーからNFSマウントして、あたかもファイルシステムのように扱うことができるタイプのゲートウェイです。作成されたファイルは非同期ではありますが、ほぼリアルタイムでS3にアップロードされます。アップロードされたファイルは1ファイルごとにS3のオブジェクトとして扱われるため、保存されたデータにS3のAPIを利用してアクセスすることも可能です。保管後のデータに対してS3のWeb APIでアクセスするようなユースケースでは有用なゲートウェイタイプです。もし、単純なNFSサーバーとしてのユースケースであれば、EFSなど、別のサービスを検討しましょう。なお、注意点として、データの書き込みや読み込みの速度がローカルディスクに比べて遅いことが挙げられます。

❑ ファイルゲートウェイの構成

ボリュームゲートウェイ

　ボリュームゲートウェイは、データをS3に保存することはファイルゲートウェイと同じですが、各ファイルをオブジェクトとして管理せずに、S3のデータ保存領域全体を1つのボリュームとして管理します。そのため、S3に保存されたデータにS3のAPIを利用してアクセスすることはできません。

　オンプレミスサーバーからこのタイプのゲートウェイへの接続方式はNFSではなく、iSCSIになります。ボリュームはスナップショットを取得することができるため、スナップショットからEBSを作成し、EC2インスタンスにアタッチすることでスナップショットを取得した時点までのデータにアクセスすることができるようになります。

○ キャッシュ型ボリューム：頻繁に利用するデータはStorage Gateway内のキャッシュディスク（EBS）に保存して高速にアクセスすることを可能とし、すべてのデータを保存するストレージ（プライマリストレージ）としてS3を利用するタイプのボリュームゲートウェイです。データ量が増えたとしてもローカルディスクを拡張する必要はなく、効率的に大容量データを管理することができます。キャッシュ上に存在しないデータにアクセスする場合はS3から取得する必要があるため、データの読み込み速度がシステム上問題になる場合には適しません。

　キャッシュ型ボリュームゲートウェイでは、キャッシュボリュームとアップロードバッファ用にストレージを使用します。オンプレミスの場合は仮想アプライアンスが実行される環境にあるストレージを利用し、AWSにStorage Gatewayを構成する場合にはEBSを利用します。キャッシュボリュームは頻繁に使用するデータに高速にアクセスできるようにするためのもので、アップロードバッファボリュームはS3にアップロードするデータを一時的に保管する目的で使用します。

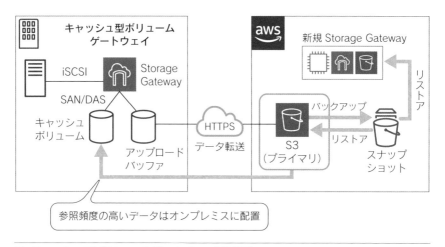

❏ キャッシュ型ボリュームゲートウェイの構成

○ **保管型ボリューム**：すべてのデータを保存するストレージ（プライマリストレージ）としてローカルストレージを利用し、データを定期的にスナップショット形式でS3へ転送するタイプのボリュームゲートウェイです。S3へ転送されたスナップショットはEBSとしてリストア可能なため、必要に応じてEC2インスタンスにアタッチすることでデータを参照できます。すべてのデータがローカルストレージに保存されるため、データへのアクセス速度はStorage Gateway導入によって変化することはありません。オンプレミスのデータを定期的にクラウドへバックアップする用途に適しています。

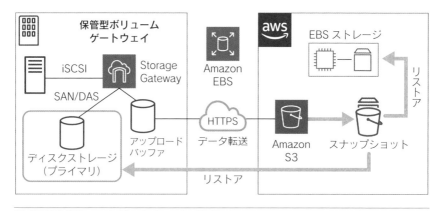

❏ 保管型ボリュームゲートウェイの構成

テープゲートウェイ

テープゲートウェイは、テープデバイスの代替としてS3やS3 Glacierにデータをバックアップするタイプのゲートウェイです。物理のテープカートリッジを入れ替えたり遠隔地にオフサイト保存するといったことをする必要がなくなります。サードパーティ製のバックアップアプリケーションと組み合わせることができるため、すでにバックアップにテープデバイスを利用している場合は、比較的簡単にStorage Gatewayへの移行が可能です。

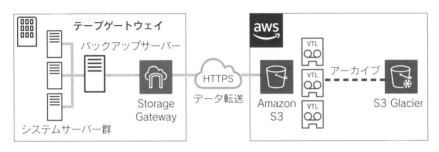

❏ テープゲートウェイの構成

Storage Gatewayのセキュリティ

Storage Gatewayのセキュリティ要素には次の3つがあります。

○ CHAP認証：クライアントからStorage GatewayにiSCSIで接続する際に、CHAP認証を設定することができます。CHAP認証を設定することで、不正なクライアントからのなりすましや、通信の盗聴といった脅威に対するリスクを軽減できます。

○ データ暗号化：Storage GatewayではAWS KMS（Key Management Service）を使ってデータの暗号化が可能です。暗号化されるタイミングはデータ保管時であるため、S3に保存されるタイミングで暗号化されます。また、暗号化されたボリュームから取得したスナップショットも同じキーを使用して暗号化されています。

○ 通信の暗号化：オンプレミス環境からStorage Gatewayを経由してS3にデータが転送される際にはHTTPSが使用されるため、通信時のデータ内容は暗号化されます。

4

ストレージサービス

練習問題5

オンプレミス環境でデータ保存用のストレージを構成しています。現在のファイルアクセス性能を変えることなく、DRの観点からバックアップ目的でストレージのデータをクラウドに保存したいと考えています。そこでStorage Gatewayの利用を検討していますが、どのゲートウェイタイプが最適ですか。

  A. ファイルゲートウェイ
  B. キャッシュ型ボリュームゲートウェイ
  C. 保管型ボリュームゲートウェイ
  D. テープゲートウェイ

解答は章末（P.124）

本章のまとめ

▶▶ **ストレージサービス**

- ストレージは、ブロックストレージ、ファイルストレージ、オブジェクトストレージの3つに分類できる。AWSのサービスの中では、EBSがブロックストレージ、EFSとFSxがファイルストレージ、S3とS3 Glacierがオブジェクトストレージである。

- EBSはブロックストレージサービスで、EC2のOS領域、EC2の追加ボリューム、RDSのデータ保存領域などに使用する。

- EFSは、容量無制限で複数のEC2インスタンスから同時にアクセスが可能なファイルストレージサービス。システムに最適なモードを選択して使う必要がある。

- EFSのパフォーマンスモードは後から変更できないので、導入前によく検討しなければならない。CloudWatchのPercentIOLimitメトリクスが参考になる。

- EFSのスループットモードの選択には、CloudWatchのBurstCreditBalanceメトリクスが参考になる。

- S3は、非常に優れた耐久性を持つ、容量無制限のオブジェクトストレージサービスで、様々な用途に利用できる。

- S3のアクセス管理にはバケットポリシー、ACL、IAMを用いる。IAMユーザーに対する制限はバケットポリシーでも可能ではあるが、IAMのポリシーを使ったほうがよい。

- 署名付きURLは、特定のオブジェクトへのアクセス許可を一時的に与える。この期間中、URLを知っていれば当該オブジェクトには誰もがアクセスできる。この点に注意すべき。
- Storage Gatewayは、オンプレミスにあるデータをクラウドへ連携させるためのインターフェイスを提供するサービス。独自のストレージを持たず、S3、S3 Glacier、EBSなどを利用する。

練習問題の解答

✓ 練習問題1の解答

答え：B、C

　EBSの各機能について詳細を問う問題です。まず、Aのボリュームタイプの変更はEBSを作った後でも可能なので、正しい記述となります。Bのディスクサイズについてですが、オンラインで変更できることは正しいです。しかし、EBSのディスクサイズは（オンライン／オフライン問わず）拡張のみでき、縮小することはできません。よって、Bの記述は誤りです。Cについてですが、Amazon Linuxを使っていても、ファイルシステムの拡張は必要です。Cも誤りとなります。Dの記述は正しく、EBSはAWS側で内部的に冗長化されています。Eも正しい記述で、暗号化オプションを設定したEBSボリュームからスナップショットを取得すると、それも暗号化された状態になります。

✓ 練習問題2の解答

答え：B

　EFSには利用目的に応じて複数のモードを選択することができます。今回の問題で課題となっているのはスループットになるため、「スループットモード」の変更による改善を検討します。

　AはI/O性能に問題が発生した場合の改善として実施する対策です。C、Dは別のストレージを検討するという選択肢になりますが、今回の利用目的からするとS3はスループットを改善するための手段としては最適ではなく、EBSは複数のEC2インスタンスからアクセスすることができないため要件を満たすことができません。したがって、正解はBとなります。

✓ 練習問題3の解答

答え：B

　S3の各機能について詳細に問う問題です。この設問にあがっている機能はどれもS3の主たる機能です。できれば実際に利用して、細かいところまで押さえておくようにしてください。この問題については、A、C、Dについては正しい記述になります。Bの署名付きURLについては、期間を絞ってアクセス権限を付与するという点は正しいのですが、「特定の利用者のみにアク

セス権を与える」ことはできない点に注意が必要です。よってこの問題の正解はBとなります。

✓ 練習問題4の解答

答え：C

　複数の機器から読み書きされるために、EBSは適しません。EBSマルチアタッチを利用したとしても、参照系は複数のインスタンスから同時にできますが、書き込みもあるので不適格です。よってDは不正解です。AのS3については、処理中の入出力部分がS3に適した形であれば選択肢としてはありえます。ただし、今回はオンプレミスからの移行かつ、処理をできるだけ変えないことを求められています。よって不正解です。

　最後に残ったのがBとCのFSxです。FSx for WindowsはWindows向けのファイルサーバーサービスです。FSx for Lustreは高速でスケーラブルで共有可能なストレージサービスです。機械学習用のストレージに最適です。よって答えはCです。これ以外のストレージサービスとしては、EFSも考えられます。EFSはFSx for LustreのようにSageMakerから機械学習処理のストレージとして利用されることもあります。ただし、書き込み性能はそれほど高くないため、利用する際は事前に検証しましょう。

✓ 練習問題5の解答

答え：C

　Storage Gatewayが提供するゲートウェイタイプから最適なタイプを選択できるかを問う問題です。今回の問題のポイントは「ファイルアクセス性能を変えない」点と「DRの観点からのバックアップ」を目的としている点です。性能を劣化させないためにはプライマリのデータソースがオンプレミスに存在するタイプを選択する必要があります。この時点で、AのファイルゲートウェイとBのキャッシュ型ボリュームゲートウェイは不正解となります。残りの選択肢はCかDになります。どちらもバックアップの目的として利用可能なゲートウェイタイプですが、「DRの観点からのバックアップ」として利用する場合、保管型ボリュームゲートウェイが最適なタイプとなります。

第 5 章

データベースサービス

データベースのアーキテクチャやデータモデルには様々なものがあります。AWSでも、RDS、Redshift、DynamoDB、ElastiCache、Neptuneなどのデータベースサービスが提供されています。それぞれの特徴を理解して、要件に合う最適なサービスを選択することがソリューションアーキテクトには求められます。本章では、利用頻度の高い4種類について詳細に解説します。

5-1

AWSのデータベースサービス

システムの構成要素としてデータベースはなくてはならない存在です。1998年以降、データベースにも複数のアーキテクチャやデータモデルが登場しており、AWSでも様々なデータベースサービスが提供されています。ソリューションアーキテクトとしてそれぞれのサービスの特徴を理解し、最適なサービスを選択できる力を身に付けましょう。

データベースの2大アーキテクチャ

AWSが提供するデータベースサービスは以下のとおりです。

❏ AWSのデータベースサービス

データベースのタイプ		AWSのサービス
リレーショナル		Amazon Aurora、Amazon RDS、Amazon Redshift
NoSQL	キー値	Amazon DynamoDB
	インメモリ	Amazon ElastiCache、Amazon MemoryDB for Redis
	ドキュメント	Amazon DocumentDB
	ワイドカラム	Amazon Keyspaces
	グラフ	Amazon Neptune
時系列		Amazon Timestream
台帳		Amazon QLDB

アーキテクチャの分類方法は様々ですが、ここではリレーショナルデータベースとNoSQLデータベースという2つのアーキテクチャについて説明します。

リレーショナルデータベース

リレーショナルデータベース(RDB)は「関係データベース」とも呼ばれます。データを表(テーブル)形式で表現し、各表の関係を定義・関連付けすることでデータを管理するデータベースです。RDBの各種操作にはSQL(Structured Query Language:構造化問合せ言語)を使用します。人間にとっても理解しやすく親しみやすいデータ管理方法です。RDBは、データベースの主要なアーキテクチャとして多くのシステムで利用されています。AWSのデータベースサービスのうちAurora、RDS、RedshiftがRDBのサービスです。

RDBの主なソフトウェアとしては、Oracle、Microsoft SQL Server、MySQL、PostgreSQLなどが挙げられます。

NoSQLデータベース

RDBのデータ操作で使用するSQLを使わないデータベースアーキテクチャの総称として、NoSQLデータベースという言葉が登場しました。NoSQLデータベースの中にも様々なデータモデルが存在します。RDBと比較したときの特徴としては、「柔軟でスキーマレスなデータモデル」「水平スケーラビリティ」「分散アーキテクチャ」「高速な処理」が挙げられます。RDBが抱えるパフォーマンスとデータモデルの問題に対処することを目的に作られた新しいアーキテクチャです。AWSのデータベースサービスのうちDynamoDB、ElastiCache、MemoryDB for Redis、DocumentDB、Keyspaces、NeptuneがNoSQLデータベースのサービスです。

NoSQLデータベースの主なソフトウェアとしては、次のものが挙げられます。

○ Redis、Memcached(Key-Valueストア)
○ Cassandra、HBase(カラム指向データベース)
○ MongoDB、CouchDB(ドキュメント指向データベース)
○ Neo4j、Titan(グラフ指向データベース)

RDBとNoSQLデータベースの得意・不得意を理解する

　これまでのシステムは、データベースと言えばシステムの中にRDBが1つあり、保持しておく必要があるデータはすべてその中に格納するという構成が大半を占めていました。新たに登場したNoSQLデータベースは、RDBを完全に置き換えるものではありません。1つのシステムの中でどちらか一方だけを使うのではなく、アプリケーションのユースケースに応じて複数のデータベースを使い分けるという考え方を持つようにしましょう。

　以降の節では、AWSが提供するデータベースサービスの特徴とユースケースについて説明します。

▶▶　**重要ポイント**

- AWSが提供するデータベースサービスのうちAurora、RDS、RedshiftがRDB（リレーショナルデータベース）。
- AWSが提供するデータベースサービスのうちDynamoDB、ElastiCache、MemoryDB for Redis、DocumentDB、Keyspaces、NeptuneがNoSQLデータベース。

5-2

RDS

Amazon RDS（Relational Database Service）は、AWS が提供するマネージ
ド RDB サービスです。MySQL、MariaDB、PostgreSQL、Oracle、Microsoft SQL
Server などのオンプレミスでも使い慣れたデータベースエンジンから好きなも
のを選択できます。さらに 2014 年には、Amazon Aurora という、AWS が独自に
開発した、クラウドのメリットを最大限に活かした新しいアーキテクチャのデ
ータベースエンジンも提供されています。バックアップやハードウェアメンテ
ナンスなどの運用作業、障害時の復旧作業は AWS が提供するマネージドサー
ビスを利用することで、複雑になりがちなデータベースの運用を、シンプルか
つ低コストに実現できます。運用の効率化は RDS を使う大きなメリットの 1 つ
です。

RDS では複数のデータベースエンジンを利用できますが、それぞれのエンジ
ンで提供されている機能のうち、RDS では使用できない機能もあります。RDS
を利用する場合は機能制限をよく確かめてください。アプリケーションの仕様
上 RDS では使えない機能が必要な場合は、EC2 インスタンスにデータベースエ
ンジンをインストールして使うなどの検討が必要になります。

DB インスタンスは EC2 と同じく、複数のインスタンスタイプから適正なス
ペックのものを選択できますが、データベースエンジンによっては選択できる
インスタンスタイプが限定されることもあるので注意してください。

各データベースエンジンの機能のサポートについては、次のドキュメントを
参照してください。

📖 MySQL
URL https://docs.aws.amazon.com/ja_jp/AmazonRDS/latest/UserGuide/
CHAP_MySQL.html

📖 MariaDB
URL https://docs.aws.amazon.com/ja_jp/AmazonRDS/latest/UserGuide/
CHAP_MariaDB.html

📖 PostgreSQL

`URL` https://docs.aws.amazon.com/ja_jp/AmazonRDS/latest/UserGuide/
CHAP_PostgreSQL.html

📖 Oracle

`URL` https://docs.aws.amazon.com/ja_jp/AmazonRDS/latest/UserGuide/
CHAP_Oracle.html

📖 Microsoft SQL Server

`URL` https://docs.aws.amazon.com/ja_jp/AmazonRDS/latest/UserGuide/
CHAP_SQLServer.html

▶▶ **重要ポイント**

- RDSはマネージドRDBサービスで、最大のメリットは運用の効率化。オンプレミスでも使い慣れたデータベースエンジンから好きなものを選択できる。AWS独自のAuroraも選択可能。

RDSで使えるストレージタイプ

　RDSのデータ保存用ストレージには、4-2節で紹介したEBSを利用します。EBSの中でもRDSで利用可能なストレージタイプは、「汎用SSD」「プロビジョンドIOPS SSD」「マグネティック」の3つです。マグネティックは過去に作成したDBインスタンスの下位互換性維持のために利用可能となっています。新しいDBインスタンスを作成するときには基本的にSSDを選択しましょう。プロビジョンドIOPSは高いIOPSが求められる場合や、データ容量と比較してI/Oが多い場合に利用を検討します。

　ストレージの容量は64TB（Microsoft SQL Serverは16TB）まで拡張が可能です。拡張はオンライン状態で実施可能ですが、拡張中は若干のパフォーマンス劣化が見られるため、利用頻度が比較的少ない時間帯に実施しましょう。

RDSの特徴

　RDSを使うことのメリットに運用の効率化・省力化が挙げられます。それら
を実現するために、RDSには便利な機能が数多く提供されています。ここでは、
よく使われる主な機能について説明します。

マルチAZ構成

　マルチAZ構成とは、1つのリージョン内の2つのAZにDBインスタンスをそ
れぞれ配置し、障害発生時やメンテナンス時のダウンタイムを短くすることで
高可用性を実現する仕組みです。DBインスタンス作成時にマルチAZ構成を選
択するだけで、後はすべてAWSが自動でDBの冗長化に必要な環境を作成して
くれます。本番環境でRDSを利用するときはマルチAZ構成を推奨します。

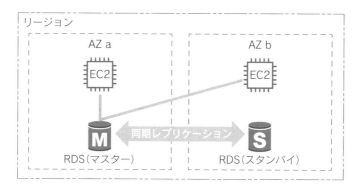

❏ マルチAZ構成

　マルチAZ構成は非常に有用な仕組みですが、利用時に意識しておくべき点
が2つあります。

○ **書き込み速度が遅くなる**：2つのAZ間でデータを同期するため、シングルAZ構成
　よりも書き込みやコミットにかかる時間が長くなります。本番環境でマルチAZ構
　成を利用する場合は、性能テスト実施時にマルチAZ構成にした状態でテストをし
　ましょう。AWSのコストを抑えるために開発環境はシングル構成にして、その環
　境を使って性能テストを実施したために本番のマルチAZ構成だと想定した性能
　が出なかった、ということもあります。

○ **フェイルオーバーには60〜120秒がかかる**：フェイルオーバーが発生した場合、RDSへの接続用FQDNのDNSレコードが、スタンバイ側のIPアドレスに書き換えられます。異常を検知してDNSレコードの情報が書き換えられ、新しい接続先IPアドレスの情報が取得できるようになるまではDBに接続することができません。アプリケーション側でDB接続先IPアドレスのキャッシュを持っている場合は、RDSフェイルオーバー後にアプリケーションからRDSに接続できるようになるまで、120秒以上の時間がかかることもあります。

リードレプリカ

リードレプリカとは、通常のRDSとは別に、参照専用のDBインスタンスを作成することができるサービスです。2020年以降、すべてのデータベースエンジンでリードレプリカが利用できるようになっています。一方で、OracleとSQL Serverについては、利用方法や利用できるライセンス種別に制約があります。

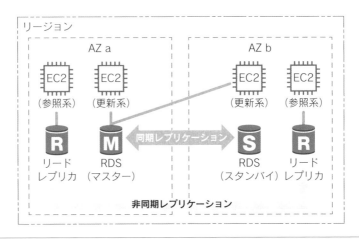

❏ リードレプリカ

リードレプリカを作成することで、マスターDBの負荷を抑えたり、読み込みが多いアプリケーションにおいてDBリソースのスケールアウトを容易に実現することが可能です。たとえば、マスターDBのメンテナンス時でも参照系サービスだけは停止したくないという場合に、アプリケーションの接続先をリードレプリカに変更した状態でマスターDBのメンテナンスを実施します。

　マスターとリードレプリカのデータ同期は、非同期レプリケーション方式である点は覚えておく必要があります。そのため、リードレプリカを参照するタイミングによっては、マスター側で更新された情報が必ずしも反映されていない可能性があります。しかし、リードレプリカを作成しても、マルチAZ構成のスタンバイ側へのデータ同期のようにマスターDBのパフォーマンスに影響を与えることはほとんどありません。

▶▶　**重要ポイント**

- マスターとリードレプリカのデータ同期は非同期レプリケーション方式なので、タイミングによっては、マスターの更新がリードレプリカに反映されていないことがある。

バックアップ／リストア

○ 自動バックアップ：バックアップウィンドウと保持期間を指定することで、1日に1回自動的にバックアップ（DBスナップショット）を取得してくれるサービスです。バックアップの保持期間は最大35日です。バックアップからDBを復旧する場合は、取得したスナップショットを選択して新規RDSを作成します。稼働中のRDSにバックアップのデータを戻すことはできません。削除するDBインスタンスを再度利用する可能性がある場合は、削除時に最終スナップショットを取得するオプションを利用しましょう。

○ 手動スナップショット：任意のタイミングでRDBのバックアップ（DBスナップショット）を取得できるサービスです。必要に応じてバックアップを取得できますが、手動スナップショットは1リージョンあたり100個までという取得数の制限があります。RDS単位ではなくリージョン単位の制限であることに注意してください。また、シングルAZ構成でスナップショットを取得する場合、短時間のI/O中断時間があることも要注意です。この仕様は自動バックアップでも同じです。マルチAZ構成の場合はスタンバイ側のDBインスタンスからスナップショットを取得するため、マスターのDBインスタンスには影響を与えません。この点からも、本番環境でRDSを使うときはマルチAZ構成を推奨します。

○ データのリストア：RDSにデータをリストアする場合は、自動バックアップ、および手動で取得したスナップショットから新規のRDSを作成します。スナップショット一覧から戻したいスナップショットを選択するだけで、非常に簡単にデータをリストアできます。

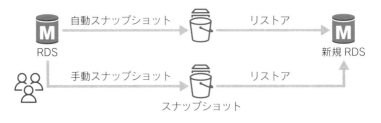

❑ データのリストア

○ ポイントインタイムリカバリー：直近5分前から最大35日前までの任意のタイミングの状態のRDSを新規に作成することができるサービスです。戻すことができる最大日数は自動バックアップの取得期間に準じます。そのため、ポイントインタイムリカバリーを使用したい場合は自動バックアップを有効にする必要があります。

セキュリティ

データベースには個人情報などの重要な情報や機微な情報を格納することもあるため、セキュリティには特に注意を払う必要があります。ここでは、RDSが実装する2つのセキュリティサービスについて説明します。

○ ネットワークセキュリティ：RDSはVPCに対応しているため、インターネットに接続できないAWSのVPCネットワーク内で利用可能なサービスです。DBインスタンス作成時にインターネットからの接続を許可するオプションもありますが、デフォルトではオフになっています。また、EC2と同様、セキュリティグループによる通信要件の制限が可能です。EC2や他のAWSサービスからRDSまでの通信も、各データベースエンジンが提供するSSLを使った暗号化に対応しています。

○ データ暗号化：RDSの暗号化オプションを有効にすることで、データが保存されるストレージ（リードレプリカ用も含む）やスナップショットだけではなく、ログなどのRDSに関連するすべてのデータが暗号化された状態で保持されます。このオプションは途中から有効にすることができません。すでにあるデータに対して暗号化を実施したい場合は、スナップショットを取得してスナップショットの暗号化コピーを作成します。そして、作成された暗号化スナップショットからDBインスタンスを作成することで既存データの暗号化がなされます。

Amazon Aurora

Amazon Aurora は、本節の冒頭で説明したように、AWS が独自に開発した、クラウドのメリットを最大限に活かしたアーキテクチャを採用した新しいデータベースエンジンです。2014年のサービスイン当初はMySQLとの互換性を持つエディションのみでしたが、2017年10月にPostgreSQLとの互換性を持つ新しいエディションの提供が始まっています。ここではAuroraの特徴について説明します。

Auroraの構成要素

Auroraでは、DBインスタンスを作成すると同時にDBクラスタが作成されます。DBクラスタは、1つ以上のDBインスタンスと、各DBインスタンスから参照するデータストレージ（クラスタボリューム）で構成されます。Auroraのデータストレージは、SSDをベースとしたクラスタボリュームです。クラスタボリュームは、単一リージョン内の3つのAZにそれぞれ2つ（計6つ）のデータコピーで構成され、各ストレージ間のデータは自動的に同期されます。また、クラスタボリューム作成時に容量を指定する必要がなく、Aurora内に保存されるデータ量に応じて最大128TBまで自動的に拡縮します。

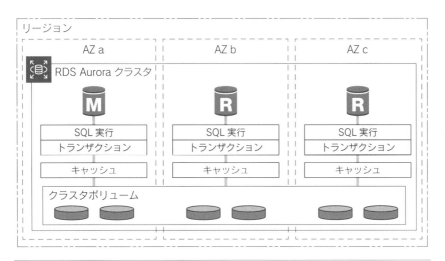

❏ Auroraの構成要素

Auroraレプリカ

Auroraは他のRDSと異なりマルチAZ構成オプションはありません。しかし、Auroraクラスタ内に参照専用のレプリカインスタンスを作成することができます。他のRDSのリードレプリカとの違いは、Auroraのプライマリインスタンスに障害が発生した場合にレプリカインスタンスがプライマリインスタンスに昇格することでフェイルオーバーを実現する点です。

エンドポイント

通常、RDSを作成すると接続用エンドポイント（FQDN）が1つ作成され、そのFQDNを使ってデータベースに接続します。Auroraには、次の4種類のエンドポイントがあります。

○ クラスタエンドポイント：Auroraクラスタのうち、プライマリインスタンスに接続するためのエンドポイントです。クラスタエンドポイント経由で接続した場合、データベースへのすべての操作（参照・作成・更新・削除・定義変更）を受け付けることができます。

○ 読み取りエンドポイント：Auroraクラスタのうち、レプリカインスタンスに接続するためのエンドポイントです。読み取りエンドポイント経由で接続した場合、データベースに対しては参照のみを受け付けることができます。Auroraクラスタ内に複数のレプリカインスタンスがある場合は、読み取りエンドポイントに接続することで自動的に負荷分散が行われます。

○ インスタンスエンドポイント：Auroraクラスタを構成する各DBインスタンスに接続するためのエンドポイントです。接続したDBインスタンスがプライマリインスタンスである場合はすべての操作が可能です。レプリカインスタンスである場合は参照のみ可能となります。特定のDBインスタンスに接続したいという要件の場合に使用します。

○ カスタムエンドポイント：Auroraクラスタを構成するインスタンスのうち、任意のインスタンスをグルーピングしてアクセスする場合に使います。たとえば、読み取りエンドポイントだとレプリカインスタンス全体にアクセスが分散されますが、カスタムエンドポイントを使って、レプリカインスタンスをWebサービス用とバッチ処理用に分けることで、バッチで実行する負荷の高い参照処理がWebサービスの参照に影響を与えないような構成をとることができます。

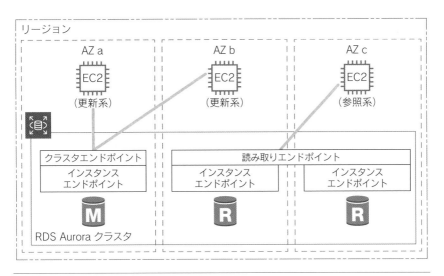

❏ エンドポイント

 練習問題1

あなたはソリューションアーキテクトとして、社内基幹システムのAWS移行を推進しています。現在、業務データをRDSに格納するアーキテクチャを検討しています。下記のRDSに関する記述の中で、誤っているものはどれですか。

A. リードレプリカを利用することで、DBレイヤーの負荷分散を行うことができる。

B. マルチAZ構成にすることで、可用性が上がるだけでなく書き込み性能の向上も期待できる。

C. 手動でスナップショットを取る際に、マスター/スタンバイな構成にしておくとI/O瞬断が発生しない。

D. RDSインスタンスごとにセキュリティグループを割り当てることで、通信制限をかけることができる。

解答は章末(P.157)

5

データベースサービス

5-3

Redshift

　Amazon Redshift は、AWSが提供するデータウェアハウス向けのデータベースサービスです。大量のデータから意思決定に役立つ情報を見つけ出すために必要な環境をすばやく安価に準備できます。これまで一般的に提供されてきたデータウェアハウスの導入コストと比較して10分の1〜100分の1程度で始めることができるため、データウェアハウスを活用したビックデータ解析の導入障壁を一気に下げたサービスです。

　Redshift は PostgreSQL との互換性があるため、pgsql コマンドで接続できる他、様々な BI ツールが Redshift との接続をサポートしています。

▶▶ **重要ポイント**

- Redshift はデータウェアハウス向けのデータベースサービスで、大量のデータから意思決定に役立つ情報を見つけ出すために必要な環境をすばやく安価に構成できる。

Redshiftの構成

　Redshift の大きな特徴としては、複数ノードによる分散並列実行が挙げられます。1つの Redshift を構成する複数のノードのまとまりを Redshift クラスタと呼びます。クラスタは1つのリーダーノードと複数のコンピュートノードから構成されます。複数のコンピュートノードをまたがずに処理が完結できる分散構成をいかに作れるかが、Redshift を使いこなすポイントになります。

○ リーダーノード：SQLクライアントやBIツールからの実行クエリを受け付けて、クエリの解析や実行プランの作成を行います。コンピュートノードの数に応じて最適な分散処理が実行できるようにする、いわば司令塔のような役割です。また、各コンピュートノードからの処理結果を受けて、レスポンスを返す役割も担います。リーダーノードは各クラスタに1台のみ存在します。

○ **コンピュートノード**：リーダーノードからの実行クエリを処理するノードです。各コンピュートノードはストレージとセットになっています。コンピュートノードを追加することでCPUやメモリ、ストレージといったリソースを増やすことができ、Redshiftクラスタとしてのパフォーマンスが向上します。

○ **ノードスライス**：Redshiftが分散並列処理をする最小の単位です。コンピュートノードの中でさらにリソースを分割してスライスという単位を構成します。ノード内のスライス数はコンピュートノードのインスタンスタイプによって異なります。

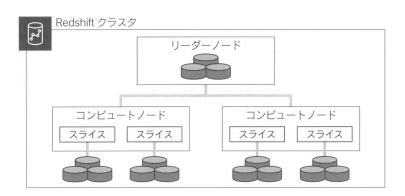

❑ Redshiftの構成

▶▶ **重要ポイント**

● 複数のコンピュートノードをまたがずに処理が完結できる分散構成をいかに作れるかが、Redshiftを使いこなすポイント

Redshiftの特徴

列指向型（カラムナ）データベース

　データウェアハウスでは、大量のデータに対して集計処理を実行することがメインとなります。データウェアハウスの最大のボトルネック要因はデータI/Oです。そのため、必要なデータに効率的にアクセスできる仕組みはパフォーマンスの観点から非常に重要です。列指向型（カラムナ）データベースは、集計処理に使われるデータをまとめて（列単位で）管理し、ストレージからのデー

タ取得を効率化します。結果として、大容量のデータに対して集計処理を実行する場合に優れたパフォーマンスを発揮します。

多くの圧縮エンコード方式への対応

データI/Oのボトルネックを発生させないための方法として、取得するデータ量を削減するアプローチもあります。Redshiftは9種類の圧縮エンコード方式に対応しています。また、列ごとに圧縮エンコード方式が指定可能なため、データの性質に合った方式を選択することで効率的なデータ圧縮を実現します。各テーブルの列内に存在するデータは似たようなデータであることが多いため、列指向型データベースと組み合わせることでディスクI/Oをさらに軽減することが期待できます。

ゾーンマップ

Redshiftではブロック単位でデータが格納されます。1ブロックの容量は1MBです。ゾーンマップとは、そのブロック内に格納されているデータの最小値と最大値をメモリに保存する仕組みです。この仕組みを活用することで、データ検索条件に該当する値の有無を効率的に判断でき、データが存在しない場合はそのブロックを読み飛ばして処理を高速化します。

柔軟な拡張性

Redshiftの柔軟な拡張性を実現している仕組みはMPP（Massively Parallel Processing）とシェアードナッシングの2つです。これら2つの仕組みを利用してRedshiftクラスタを構成することで大量データの効率的な集計処理を実現しています。

○ MPP：1回の集計処理を複数のノードに分散して実行する仕組みです。この仕組みがあることで、ノードを追加（スケールアウト）するだけで分散並列処理のパフォーマンスを向上させることができます。

○ シェアードナッシング：各ノードがディスクを共有せず、ノードとディスクセットで拡張する仕組みです。複数のノードが同一のディスクを共有することによるI/O性能の劣化を回避するために採用されています。

ワークロードの管理機能

Redshiftでは、多種多様なデータ解析要求を効率的に処理するための管理（Workload Management、WLM）機能が用意されています。Redshiftのパラメータグループにある wlm_json_configuration パラメータでクエリの実行に関する定義が可能です。

✳ クエリキューの定義

実行するクエリの種類に応じて専用のキューを作成します。各キューで定義可能なプロパティ例は次の表のとおりです。たとえば、長時間実行を要する単発のクエリ（①）と、実行時間は短いけれども定期的に実行するクエリ（②）がある場合、①の処理が②の実行に影響を与えないようにキューを分けるなどの使い方をサポートします。

❏ プロパティ例

プロパティ	定義内容
short_query_queue	機械学習を用いて自動的に実行時間が短いクエリを検出し、優先的に実行するかどうかを指定します。
max_execution_time	short_query_queueをTrueにした場合、実行時間が短いと判断する基準の時間を指定します。
query_concurrency	キュー内で同時実行可能なクエリ数を定義します。この数字以上のクエリが発生した場合はキューの中で待機して順次実行されます。
user_group	クエリを実行するユーザーによってキューを分ける場合に指定します。複数ユーザーを指定する場合はカンマで区切ります。
user_group_wild_card	user_groupにワイルドカード文字を利用可能にするかどうかを指定します。
query_group	実行するクエリに応じてキューを分ける場合に指定します。
query_group_wild_card	query_groupにワイルドカード文字を利用可能にするかどうかを指定します。
query_execution_time	クエリが実行され始めてからキャンセルされるまでの時間を指定します。タイムアウトした場合、実行条件に一致する別のキューがあればそのキューで再度クエリが実行されます。条件に一致するキューがない場合は実行がキャンセルされます。
memory_percent_to_use	キューに割り当てるメモリの割合を指定します。
rules	クエリ実行時のCPU利用率やデータの取得件数など、主に高負荷・大容量データ処理に関するクエリにおいて、特定の条件に該当した場合のクエリの扱いについて定義します。たとえば、「テーブル結合の結果該当データが○億件を超えた場合は処理を停止する」などです。

5

データベースサービス

Redshift Spectrum

Redshift Spectrumは、S3に置かれたデータを外部テーブルとして定義できるようにし、Redshift内にデータを取り込むことなくクエリの実行を可能にする拡張サービスです。かつてRedshiftを使う上では以下のような課題がありましたが、それらを解決するソリューションとして登場しました。

○ S3からRedshiftへのデータロード（COPY）に時間がかかる。
○ データの増加に伴いRedshiftクラスタのストレージ容量を拡張する必要があるが、CPUやメモリも追加されてしまいコスト高になる。

Redshift内のデータとS3上のデータを組み合わせたSQLの実行も可能なため、アクセス頻度の低いデータをS3に置いてディスク容量を節約する、複数のRedshiftクラスタからS3上のデータを共有するなどが可能になりました。

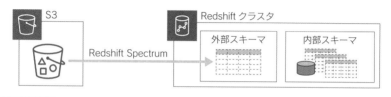

❏ Redshift Spectrum

 練習問題2

あなたは営業支援のための社内システムを運用するエンジニアです。これまでの利用データを分析するために、Redshiftの導入ができないかを検討しています。

Redshiftに関する記述の中で、誤っているものを選んでください。

  A.必要なデータに効率よくアクセスするために、列指向のアーキテクチャを採用している。

  B.ブロックに格納されているデータの最小値／最大値がメモリに保存される仕組みがあり、検索性能の向上に寄与している。

  C.1つの集計処理を複数のノードに分散して実行する仕組みが備わっている。

  D.各ノードがディスクを共有するので、ノードのスケールアウトだけでは性能が上がらないことがある。

解答は章末（P.157）

5-4

DynamoDB

Amazon DynamoDBは、AWSが提供するマネージドNoSQLデータベースサービスです。テーブルやインデックスを作成する際に、読み取り・書き込みに必要なスループットを指定してリソースを確保することで、安定した性能を担保する仕組みになっています。データを保存するディスク容量も必要に応じて拡縮することができます。また2018年11月より、トランザクション機能にも対応しています。

このように、DynamoDBは拡張性に非常に優れたKey-Value型のデータベースです。以下のようなシステムのアプリケーション用データベースとして利用するとメリットを発揮します。

○ 高い信頼性と拡張性を必要とするシステム
○ スループットが増減するようなピーク帯のあるシステム
○ 大量のデータを蓄積して高速な検索が可能なシステム
○ 広告やゲームなどのユーザー行動履歴を管理するシステム
○ Webアプリケーションの永続的セッションデータベース

▶▶ **重要ポイント**

● DynamoDBはマネージドNoSQLデータベースサービスで、拡張性に優れたKey-Value型のデータベースを提供する。

DynamoDBの特徴

高可用性設計

DynamoDBは単一障害点（Single Point Of Failure、SPOF）を持たない構成となっているため、サービス面での障害対応やメンテナンス時の運用を考える

必要がほとんどありません。また、DynamoDB内のデータは自動的に3つのAZ に保存される仕組みになっているため、非常に可用性が高いサービスだと言えます。

■ スループットキャパシティ

　本節の冒頭にも書きましたが、DynamoDBを利用する場合、テーブルやインデックスを作成する際に読み取りと書き込みに必要なスループットを指定します。このスループットキャパシティはいつでもダウンタイムなく変更できます。スループットキャパシティは読み取りと書き込みそれぞれ個別に、キャパシティユニットを単位として指定します。

○ Read Capacity Unit（RCU）：読み取りのスループットキャパシティを指定する指標です。1RCUは、最大4KBの項目に対して、1秒あたり1回の強力な整合性のある読み取り性能、あるいは1秒あたり2回の結果的に整合性のある読み取り性能を担保することを表します。

○ Write Capacity Unit（WCU）：書き込みのスループットキャパシティを指定する指標です。1WCUは、最大1KBの項目に対して、1秒あたり1回の書き込み性能を担保することを表します。

　スループットキャパシティの変更は、増加させるのに制限はありません。ただし、減少については1日9回までという制限があるので注意してください。

✳ スループットキャパシティの自動スケーリング
　負荷の状況に応じてスループットキャパシティを自動的に増減することができます。1日のうちでスループットに変化がある場合に指定することで、常時高スループットなキャパシティを確保しておく必要がなくなるため、コストメリットがあります。EC2のAuto Scalingと同様、急激なスループットの上昇に即座に対応できるわけではないため、事前にスパイクが発生することが分かっている場合は手動でキャパシティを拡張して対処する必要があります。

データパーティショニング

DynamoDBはデータをパーティションという単位で分散保存します。1つのパーティションに対して保存できる容量やスループットキャパシティが決まっているため、データの増加や指定したスループットのサイズによって最適化された状態を保つようにパーティションを拡張します。この制御はDynamoDB内部で自動的に行われるため、利用者が意識することはありません。

プライマリキーとインデックス

DynamoDBはKey-Value型のデータベースであるため、格納されるデータ項目はキーとなる属性とその他の情報によって構成されます。プライマリキーはデータ項目を一意に特定するための属性で、「パーティションキー」単独のものと、「パーティションキー＋ソートキー」の組み合わせで構成されるもの(複合キーテーブル)の2種類があります。パーティションキーだけでは一意に特定することができない場合に、ソートキーと組み合わせてプライマリキーを構成します。

また、プライマリキーはインデックスとしても利用され、データ検索の高速化に役立ちます。しかし、プライマリキーだけでは高速な検索要件を満たすことができない場合もあります。その場合にはセカンダリインデックスを作成することで高速な検索を可能にします。セカンダリインデックスには「ローカルセカンダリインデックス(LSI)」と「グローバルセカンダリインデックス(GSI)」の2種類があります。

○ ローカルセカンダリインデックス (LSI)：プライマリキーはテーブルで指定したパーティションキーと同じで、別の属性をソートキーとして作成するインデックスのことを指します。元テーブルと同じパーティション内で検索が完結することから「ローカル」という名前が付けられています。LSIは複合キーテーブルにのみ作成できます。

○ グローバルセカンダリインデックス (GSI)：プライマリキーとは異なる属性を使って作成するインデックスのことを指します。GSIはテーブルとは別のキャパシティユニットでスループットを指定します。

5

データベースサービス

セカンダリインデックスは便利ですが、Key-Value型のデータベースの使い方の本質ではありません。作成した分だけデータ容量を確保する必要があったり、別のキャパシティユニットが必要であったりとコストの追加も必要になります。複数のセカンダリインデックスを作成する必要がある場合は、RDBへの変更などの構成見直しも含めて検討する必要があります。

テーブル

パーティションキー	ソートキー	属性1	属性2	属性3	属性4

ローカルセカンダリインデックス

パーティションキー	属性3	ソートキー

パーティションキー	属性2	ソートキー	属性1

グローバルセカンダリインデックス

属性1	属性2	パーティションキー

属性2	属性3	ソートキー	属性4

❏ LSIとGSI

期限切れデータの自動メンテナンス(Time to Live、TTL)

DynamoDB内の各項目には有効期間を設定でき、有効期間を過ぎたデータは自動的に削除されます。データは即時削除されるわけではなく、有効期間が切れてから最大48時間以内に削除されます。自動メンテナンスによるデータ削除操作はスループットキャパシティユニットを消費しないため、この機能を有効活用することで過去データのメンテナンスを効率的に実施できます。

DynamoDB Streams

DynamoDBに対して行われた直近24時間の追加・更新・削除の変更履歴を保持する機能です。DynamoDBを使ったアプリケーションの利用履歴を把握できることはもちろんのこと、データが変更されたタイミングを検知できるため、変更内容に応じた処理をリアルタイムで実行するなどの仕組みを構築できます。

強い一貫性を持った参照（Consistent Read）

　DynamoDBは結果整合性のデータモデルを採用したデータベースです。しかしこのオプションを有効にすると、参照のリクエストがあった時点よりも前に書き込まれているデータがすべて反映された状態のデータを元に参照結果を返すようになります。このオプションを利用するとRCUは2倍消費される点には注意が必要です。セカンダリインデックスと同様、Key-Value型データベースの本来の仕様ではないため、このオプションを使うのか、それともRDBに構成を変更するほうがよいのかを検討する必要があります。

DynamoDB Accelerator（DAX）

　DynamoDBの前段にキャッシュクラスタを構成する拡張サービスです。DynamoDBはもともとミリ秒単位での読み取りレスポンスを実現しますが、DAXを利用すると毎秒数百万もの読み取り処理でもマイクロ秒単位での応答を実現します。性能が格段に向上することはもちろんのこと、DynamoDBに対して直接読み取り操作を実施する回数が減少するため、RCUの確保を抑え、コスト削減にも大きく貢献します。

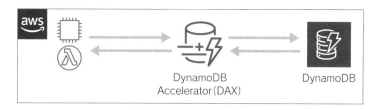

❏ DAX

練習問題3

あなたはWebサービスを開発しているエンジニアです。現在、データの保管先を検討していますが、その候補の1つとしてDynamoDBに関して調査を進めています。

下記のDynamoDBに関する記述の中で、正しいものはどれですか。

A. パーティションキーとソートキーを組み合わせたものをテーブルのプライマリキーとして定義できる。

B. ローカルセカンダリインデックスは、テーブルのプライマリキーとは異なるパーティションキーを指定してインデックスを作成できる。

C. 読み取りキャパシティはいつでも変更できるが、書き込みキャパシティの場合はダウンタイムが発生する。

D. DynamoDB Acceleratorを利用するとDynamoDBの前でキャッシュを行うためレスポンス性能が上がるが、DynamoDBの読み取りキャパシティを多く使うのでコスト面でのトレードオフを検討する必要がある。

解答は章末（P.157）

5-5

ElastiCache

Amazon ElastiCache は、AWS が提供するインメモリ型データベースサービスです。高頻度で参照するデータや検索に時間がかかるデータセットをメモリ上に保持することでシステムのパフォーマンス向上に寄与します。ElastiCache は Memcached と Redis の2種類のエンジンをサポートしています。用途に応じて最適なエンジンを選択しましょう。

- ○ Memcached：KVS（Key-Valueストア）型インメモリデータベースのデファクトスタンダードとして広く利用されているエンジンです。非常にシンプルなデータ構造で、データ処理パフォーマンスの向上に特化したキャッシュシステムです。データの永続性機能はないため、メンテナンスや障害による再起動が行われた場合、すべてのデータが消去されます。以下の用途の場合はMemcachedを選択しましょう。
    - ○ シンプルなキャッシュシステムを利用したい。
    - ○ 万が一データが消えたとしてもシステムの動作に大きな影響を与えない（なくても動く）。
    - ○ 必要なキャッシュリソースの増減が頻繁で、スケールアウト／スケールインをする必要がある。
- ○ Redis：KVS型インメモリデータベースであることはMemcachedと同じですが、Memcachedよりも多くのデータ型が扱え、キャッシュ用途だけではなくメッセージブローカーやキューを構成する要素としても利用されています。また、ノード間のレプリケーション機能やデータ永続性機能といった可用性面も考慮された機能が実装されています。以下の用途の場合はRedisを選択しましょう。
    - ○ 文字列、リスト、セット、ストアドセット、ハッシュ、ビットマップなど、多様なデータ型を使いたい。
    - ○ キーストアに永続性を持たせたい。
    - ○ 障害発生時に自動的にフェイルオーバーしたり、バックアップ／リストアなどの可用性がほしい。

以降では Memcached と Redis に分けて、ElastiCache の特徴を説明します。

▶▶ **重要ポイント**

● ElastiCacheはインメモリ型データベースサービスで、高頻度で参照するデータ
や検索に時間がかかるデータセットをメモリ上に保持することで、システムのパ
フォーマンス向上に寄与する。

Memcached版ElastiCacheの特徴

クラスタ構成

Memcachedクラスタは、最大40のElastiCacheインスタンスで構成されま
す。クラスタ内に保存されるデータは各インスタンスに分散されます。クラス
タを複数インスタンスで作成するときは、可用性を考慮して複数のAZにElasti
Cacheインスタンスを作成するようにしましょう。クラスタを作成すると2種
類のアクセス用エンドポイントが作成されます。

❏ Memcached版ElastiCacheのアクセス用エンドポイント

エンドポイントの種類	利用用途
ノードエンドポイント	クラスタ内の各ノードに個別にアクセスするためのエンドポイント。特定のノードにのみ必ずアクセスしたい場合に使用する。
設定エンドポイント	クラスタ全体に割り当てられるエンドポイント。クラスタ内のノードの増減を管理し、クラスタの構成情報を自動的に更新する。アプリケーションからElastiCacheサービスに接続するときは、このエンドポイントを使用する。

スケーリング

Memcachedクラスタでは「スケールアウト」「スケールイン」「スケールアッ
プ」「スケールダウン」の4つのスケーリングから必要に応じてリソースを調整
できます。

○ **スケールアウトとスケールイン時の注意点**：Memcachedクラスタのデータはクラ
スタ内の各ノードで分散して保存されることは先ほど説明したとおりです。そのた

め、ノード数を増減させた場合、正しいノードにデータが再マッピングされるまでの間、キャッシュミスが一時的に増加することがあります。

○ **スケールアップとスケールダウン時の注意点**：Memcachedクラスタをスケールアップ／スケールダウンするときは、新規のクラスタを作成する必要があります。Memcachedにはデータ永続性がないため、クラスタを再作成した場合、それまで保持していたデータはすべて削除されます。

Redis版ElastiCacheの特徴

クラスタ構成

　Redis版では、クラスタモードの有効／無効に応じて冗長化の構成が変わります。どちらの場合もマルチAZ構成を作成することができるため、マスターインスタンスが障害状態になったときにはスタンバイインスタンスがマスターインスタンスに昇格します。このように冗長構成が可能な点がMemcached版ElastiCacheとの大きな違いです。

○ クラスタモード無効：クラスタモードが無効の場合、キャッシュデータはすべて1つのElastiCacheインスタンスに保存されます。また、同じデータを持つリードレプリカを最大5つまで作成できます。1つのマスターインスタンスとリードレプリカのまとまりをシャードと呼びます。

○ クラスタモード有効：クラスタモードが有効の場合、最大500のシャードにデータを分割して保存する構成が可能です。リードレプリカは1つのシャードに対して最大5つまで作成できます。データを分散することでRead/Writeの負荷分散構成を作成することが可能です。

❏ クラスタモード無効／有効の比較

	クラスタモード無効	クラスタモード有効
シャード	1	最大500
リードレプリカ数	最大5台	最大5台（シャードあたり）
データの分散化（シャーディング）	×	○
リードレプリカの追加／削除	○	○
シャードの追加／削除	×	△（Redis 3.2.10以降○）
エンジンアップグレード	○	○
レプリカのプライマリ昇格	○	×
マルチAZ	○（オプション）	○（必須）
バックアップ／復元	○	○

　Redis版ElastiCacheのアクセス用エンドポイントは次の表のとおりです。

❏ Redis版ElastiCacheのアクセス用エンドポイント

エンドポイントの種類	利用用途
ノードエンドポイント	クラスタ内の各ノードに個別にアクセスするためのエンドポイント。特定のノードにのみ必ずアクセスしたい場合に使用する。クラスタモードが有効／無効どちらの場合でも使える。
プライマリエンドポイント	書き込み処理用のElastiCacheインスタンスへアクセスするためのエンドポイント。クラスタモードが無効の場合に使用する。
設定エンドポイント	クラスタモードが有効の場合は、この設定エンドポイントを使ってElastiCacheクラスタに対するすべての操作を行うことが可能。

スケーリング

　Redis版ElastiCacheのクラスタモードは、当初は構築後の「リードレプリカの追加／削除」「シャードの追加／削除」「エンジンバージョン」の変更ができないといった制約がありました。最近では、このあたりの制約は解消されています。一方で、スケーリング中には処理の大部分がオフラインとなるので、スケーリングは依然、計画立てて行う必要があります。

CPU使用率

　Redisはシングルスレッドなので、1コアで動作します。たとえば4コアのインスタンスタイプを使用していても1コアしか使われないので、CPU使用率は

25%が最大値です。この点には注意しましょう。Redis 6でマルチスレッドに対応しているので、やがてRedis版ElastiCacheでも改善される可能性はあります。

データ暗号化

Redis 3.2.6および4.0.10以降では、RedisクライアントとElastiCache間の通信とElastiCache内に保存するデータの暗号化をサポートしています。Memcached版では2022年5月以降通信の暗号化には対応しましたが、データ保管の暗号化には対応していません。

 ## 練習問題4

あなたは人材募集サイトのエンジニアです。最近、システムのレスポンスが遅くなる時間があるというクレームが入りました。調査をしてみると、DBレイヤーへの負荷が集中していることが分かりました。あなたは、データの一部をインメモリキャッシュでキャッシュすることが打開策にならないかと考えており、ElastiCacheの導入を検討しています。

下記のElastiCacheに関する記述の中で、誤っているものはどれですか。

A. Memcached版ElastiCacheでは、複雑なデータ型を取り扱うことはできない。

B. Memcached版ElastiCacheでスケールアップするには、新しいクラスタを作成する必要があり、これまでのキャッシュはすべて削除される。

C. Redis版ElastiCacheでクラスタモードを用いると、リードレプリカの追加ができないことがあることに注意が必要である。

D. Redis版ElastiCacheはCPUコア数の多いインスタンスタイプを選ぶとマルチスレッドで動作する。

解答は章末（P.158）

5

データベースサービス

5-6

その他のデータベース

　実際に利用頻度が多いのは、RDS、Redshift、DynamoDB、ElastiCacheですが、それ以外のデータベースサービスについても概要だけ説明しておきます。どういった用途のときに選択肢として考えるのかだけでも押さえておきましょう。

Amazon Neptune

　Amazon Neptuneは、フルマネージドのグラフデータベースサービスです。グラフデータベースは、「ノード」「エッジ」「プロパティ」の3つの要素によって構成されていて、ノード間の「関係性」を表します。データ構造はネットワーク型になり、FacebookやX（旧Twitter）のソーシャルグラフのような繋がりの関係を表現するのに適しています。それ以外にも、経路検索や購入履歴からのレコメンデーションなどにも利用されます。

Amazon DocumentDB

　Amazon DocumentDBは、MongoDB互換のフルマネージドなドキュメントデータベースのサービスです。互換データベースなので内部的な構造はAWSが独自に再構築したものと推測されていますが、インターフェイス面でMongoDBと互換性があり、サーバー上で独自に構築したMongoDBをDocumentDBに移行することもできます。

Amazon Keyspaces

　Amazon Keyspacesは、Apache Cassandra互換のフルマネージドなデータベースサービスです。サービスとしての特徴はDocumentDB同様に、AWSがマネージドな互換データベースを出していることにあります。データベースの特

徴としては、Cassandraは列指向データと行指向データの両方の特徴を兼ね備えているので、検索性も高く任意のデータをまとめて取ってくるといったことも得意としています。

Amazon Timestream

Amazon Timestreamは、フルマネージドな時系列データベースサービスです。時系列データベースとは、時系列データを扱うことに特化したデータベースです。時系列データとは、サーバーのメモリやCPUなどの利用状況の推移や、あるいは気温の移り変わりなど、時間的に変化した情報を持つデータのことを言います。これらのデータをリレーショナルデータベースの千倍の速度で、かつ低コストに処理・分析できるように設計されています。IoTやサーバーモニタリング用途に最適です。

Amazon QLDB

Amazon QLDB（Quantum Ledger Database）は、フルマネージドな台帳データベースのサービスです。台帳データベースとは変更履歴などをすべて残し、かつその履歴を検証可能な状態にするものです。企業の経済活動や財務活動を履歴として記録する必要がある場合に適したサービスです。同様の用途として、Hyperledger FabricやEthereumなどのブロックチェーンフレームワークが活用されることがありますが、そのインフラの管理には手間がかかります。QLDBを活用することにより、同様の機能を得ることができます。

Amazon MemoryDB for Redis

Amazon MemoryDB for Redisは、Redis互換のフルマネージドなインメモリデータストアサービスです。ElastiCacheのRedis版との大きな違いは、データの耐久性です。MemoryDBでは、データの永続化を可能としています。それ以外にも、スケーラビリティやパフォーマンス面の向上が図られています。

5

データベースサービス

練習問題 5

厳重なコンプライアンスが定められたシステムを構築します。このシステムでは、データベースの変更履歴をすべて残し、さらにその履歴が正しいのか検証できる必要があります。最小限の労力で実現するには、どのデータベースを使えばよいでしょうか。

    A. Amazon Neptune

    B. Amazon DocumentDB

    C. Amazon Keyspaces

    D. Amazon QLDB

解答は章末（P.158）

本章のまとめ

▶▶ **データベース**

- AWSが提供するデータベースサービスのうちAurora、RDS、RedshiftがRDB（リレーショナルデータベース）。
- AWSが提供するデータベースサービスのうちDynamoDB、ElastiCache、MemoryDB for Redis、DocumentDB、Keyspaces、NeptuneがNoSQLデータベース。
- RDSはマネージドRDBサービスで、最大のメリットは運用の効率化。オンプレミスでも使い慣れたデータベースエンジンから好きなものを選択できる。AWS独自のAuroraも選択可能。
- Redshiftはデータウェアハウス向けのデータベースサービスで、大量のデータから意思決定に役立つ情報を見つけ出すために必要な環境をすばやく安価に構成できる。
- DynamoDBはマネージドNoSQLデータベースサービスで、拡張性に優れたKey-Value型のデータベースを提供する。
- ElastiCacheはインメモリ型データベースサービスで、高頻度で参照するデータや検索に時間がかかるデータセットをメモリ上に保持することでシステムのパフォーマンス向上に寄与する。

練習問題の解答

✓ 練習問題1の解答

答え：B

　RDSにおける各機能の詳細について問う問題です。Aのリードレプリカを導入することで、参照系のリクエストをマスターDBではなくリードレプリカで受けることができます。それによって負荷の分散ができるため、Aの記述は正しいです。

　Cの記述も正しいです。シングル構成にした場合は瞬断が発生してしまいますが、マスター／スタンバイ構成であればスタンバイ側からスナップショットを取得するので、瞬断が発生しません。

　Dについても正しい記述です。セキュリティグループを設定できるので、たとえば「このセキュリティグループが付与されたEC2インスタンスからしか接続を許さない」という設定も可能になります。

　最後にBが誤りになります。マルチAZのマスター／スタンバイ構成にした場合、AZ間でデータ同期が行われます。AZ間の通信は遅くないとはいえ、AZ内に比べれば時間がかかります。可用性は上がりますが、性能が向上することはありません。よって、この問題の正解はBになります。

✓ 練習問題2の解答

答え：D

　Redshiftに関する記述の正否を問う問題です。Aの記述は正しく、Redshiftはカラムナ型のアーキテクチャを採用しています。

　Bも正しく、ゾーンマップという仕組みになります。データが存在しないことが分かればブロックを読み飛ばせるので、処理を高速化することができます。

　Cも正しい記述です。内部で分散処理を行い、複数のコンピュートノードで処理を実行しています。

　最後のDが誤りです。ノードごとにディスクを持つことで性能を向上させるシェアードナッシングという仕組みが提供されています。よってこの問題の正解はDとなります。

✓ 練習問題3の解答

答え：A

　DynamoDBの詳細を問う問題です。Aの記述は正しく、2つのキーを組み合わせたテーブルを作成することが可能です。よって正解はAとなります。

　残りの記述についても、どこが誤りかを見ていきましょう。Bのローカルセカンダリインデックスは、パーティションキーについてはテーブルと同じものを指定する必要があり、ソートキーはテーブルとは別にすることができます（グローバルセカンダリインデックスは、テーブルと異なるパーティションキーを指定することができます）。

Cについては、読み取りキャパシティだけでなく、書き込みキャパシティもダウンタイムなしにいつでも変更できます。

DのDynamoDB Acceleratorですが、DynamoDBの前でキャッシュするため、レスポンス性能も上がるだけでなく読み取りキャパシティを減らせるメリットがあります。

答え：D

ElastiCacheでは、MemcachedとRedisを利用することができます。この問題はそれらの特徴に関するものです。

まずAとBのMemcached版に関する記述について見ていきます。Memcachedはシンプルなデータを扱うのに向いているので、Aの記述は正しいです。また、Memcachedにはデータを永続化する機構がないため、失っても問題のないデータのみをキャッシュ対象にする必要があります。スケールアップ時に新しいクラスタを作成した場合もデータが失われることに注意する必要があります。よってBの記述も正しいです。

続いて、Redis版に関するCとDの記述についてです。まず、クラスタモードを採用した場合は、インスタンスタイプの変更ができないなどの制約が一部のバージョンに存在します。この制約の中には、リードレプリカの追加／削除ができないことも含まれます。よって、Cの記述は正しいです。

最後にDの記述ですが、Redisはシングルスレッドで動作するアーキテクチャを採用しています。そのため、CPUコア数の多いインスタンスタイプを選んでもマルチスレッドになることはありません。よってDの記述が誤りで、この問題の正解となります。

答え：D

データベースの選択の問題です。この問題の要件は、変更履歴を残した上で、それが検証可能な状態であることが必要だということです。このような仕組みは台帳データベースと呼ばれます。一般的なリレーショナルデータベースで作り込むことも可能ですが、アプリケーション的な作り込みが必要で非常に手間がかかります。また、Hyperledger Fabric、Ethereumなどのブロックチェーンフレームワークを利用して台帳を作ることも可能ですが、ブロックチェーンネットワークを構築・維持するための労力が必要です。

正解はDのQLDBです。QLDBは台帳データベースと呼ばれ、登録・更新された履歴データを長期間保持します。また、その履歴の正しさを検証するための機能を備えています。

AのNeptuneはグラフデータベースのサービス、BのDocumentDBはAWSにより管理されたMongoDBです。CのKeyspacesは、同じくAWSにより管理されたCassandraです。

第 6 章
ネットワーキングと
コンテンツ配信

本章ではまず、静的コンテンツをキャッシュし、オリジンサーバーの代わり
に配信するCDNサービスであるCloudFrontを取り上げます。CloudFront
を使うことで、サーバーの負荷を下げながら安定したサービス提供が実現
できます。次に、ドメイン管理機能と権威DNS機能を持つサービスである
Route 53を取り上げます。Route 53をうまく使いこなせば、可用性やレス
ポンスを高めることができます。最後は、ネットワークのパフォーマンスを
最適化するGlobal Acceleratorです。これによって、レイテンシーの改善な
どが図れます。

6-1

CloudFront

Amazon CloudFront は、HTML ファイルや CSS、画像、動画といった静的コンテンツをキャッシュし、オリジンサーバーの代わりに配信する CDN （Contents Delivery Network）サービスです。

AWS には世界中に 400 を超えるエッジロケーションと 13 のリージョン別エッジキャッシュがあり、CloudFront を使うと、利用者から最も近いエッジロケーションからコンテンツを高速に配信することができます。

画像や動画など、ファイルサイズが大きなコンテンツへのアクセスのたびにオリジンサーバーが処理すると、サーバーの負荷が高くなります。サーバーの負荷が高くなるとサービスの安定した提供ができず、利用者にも不便をかけてしまいます。CloudFront を使うことで、サーバーの負荷を下げながら安定したサービス提供ができるため、サービスの提供者・利用者のどちらにもメリットがあるシステムを構築できます。

CloudFront のバックエンド

CloudFront は CDN であるため、元となるコンテンツを保持するバックエンドサーバー（オリジンサーバー）が必要です。オリジンサーバーとしては、ELB、EC2、そして S3 の静的ホスティングに加えて、API Gateway、AWS Elemental MediaPackage チャネル、AWS Elemental MediaStore コンテナなども利用可能です。また、オンプレミスのサーバーを指定することも可能なため、今のシステム構成を変更することなく CloudFront を導入することで、イベントなどによる一時的なアクセス増に備えるといった使い方もできます。

また、URL のパスに応じて異なるオリジンサーバーを指定することで 1 つのドメインで複数のサービスを提供できます。そのため、ドメイン名の統一など、企業の Web ガバナンス戦略にも役立ちます。

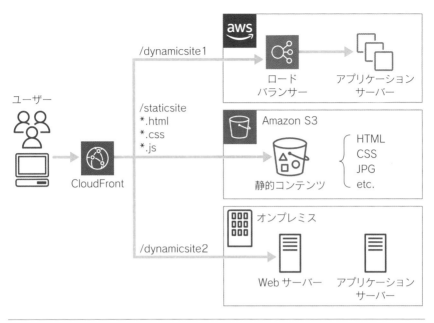

❑ CloudFrontのバックエンド

ディストリビューションの挙動の設定

　CloudFrontの管理の単位はディストリビューションと呼ばれます。ディスト
リビューションの設定項目としては、先ほど紹介したバックエンドであるオリ
ジンの設定や、キャッシュルールなどがあります。これ以外にのみ、多くの設定
項目があります。

- ○ **オブジェクトの自動圧縮**：通信量の削減に貢献
- ○ **ビューワーの設定**：HTTP/HTTPSの選択やHTTPメソッドの制限（GET, HEAD など）
- ○ **アクセス制限**：署名付きURL/Cookieでの制限
- ○ **WAFの利用の選択**：AWS WAFとの連携
- ○ **エッジロケーションの選択**：全世界、北米と欧州のみなど
- ○ **カスタムSSL証明書の設定**：AWS Certificate Managerの証明書を利用

キャッシュルール

CloudFrontでは、拡張子やURLパスごとにキャッシュ期間を指定することができます。頻繁にアップデートされる静的コンテンツ（HTMLなど）はキャッシュ期間を短くし、あまり変更されないコンテンツ（画像・動画）は長くする、といった設定ができます。また、動的サイトのURLパスは、キャッシュを無効化することでCloudFrontをネットワーク経路としてだけ利用することも可能です。CDNはキャッシュの扱いがとても重要です。キャッシュの強制的な削除運用なども含めて、必要なキャッシュが適切に使われるように注意しましょう。

Lambda@Edge

Lambda@Edgeは、CloudFrontとLambdaを組み合わせたサービスです。CloudFrontが稼働するエッジロケーションで、Lambdaの関数を実行することができます。距離的にユーザーにより近いエッジロケーションでLambdaを動かすことにより、ユーザー体験の向上などに寄与する様々な工夫をすることができます。代表的なユースケースには次のようなものがあります。

○ セキュリティと認証
○ オリジンのコンテンツを書き換え
○ エッジ側での動的Webアプリケーションの提供

CloudFrontでは、基本的には静的コンテンツの配信しかできません。そこにLambda@Edgeを活用することにより、動的な操作を加えることができます。もっとも、動的といってもバックエンド処理のようなほぼ無制限に何でもできるといった類のものではなく、配信されたコンテンツ／ヘッダーに手を加えるという程度のものです。しかし、それだけでもできることはたくさんあります。どういったことができるか、ユースケースを確認しながら、活用方法を考えてみましょう。

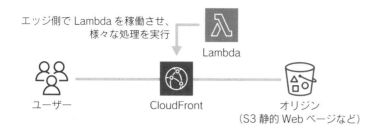

エッジ側で Lambda を稼働させ、
様々な処理を実行

Lambda

ユーザー　　　　　　　CloudFront　　　　　　　　オリジン
　　　　　　　　　　　　　　　　　　　　　　（S3 静的 Web ページなど）

❏ バックエンド

▶▶　**重要ポイント**

- CloudFrontは、静的コンテンツをキャッシュし、オリジンサーバーの代わりに配信するCDNサービス。
- CloudFrontのバックエンドサーバーには、ELB、EC2、S3の静的ホスティング、オンプレミスのサーバーを利用できる。
- CloudFrontでは、拡張子やURLパスごとにキャッシュ期間を指定できる。

 練習問題1

　あなたはソリューションアーキテクトとして、カスタマー向けのサポートサイトの構築を担当しています。最近、画像や動画によるサポートを行っていることもあり、Webサーバーの負荷が高くなる傾向があります。あなたはCloudFrontを導入し、この問題の解消を提案しようと考えています。

　CloudFrontに関する説明のうち、誤ったものはどれですか。

　A. CloudFrontのオリジンサーバーにはオンプレミスのサーバーも指定できる。

　B. オリジンサーバーを複数用意し、URLのパスによって振り分けることができる。

　C. 頻繁にアップデートされる静的コンテンツはキャッシュ期間を長くする設計が推奨される。

　D. コンテンツアップデート後、エンドユーザーにすぐに新しいコンテンツを提供したい場合はキャッシュクリア運用を検討する必要がある。

解答は章末（P.173）

6

ネットワーキングとコンテンツ配信

6-2

Route 53

　Amazon Route 53は、ドメイン管理機能と権威DNS機能を持つサービスです。WebコンソールやAPIから、簡単にドメイン情報やゾーン情報を設定・管理できます。Route 53は単にドメインやDNS情報を管理するだけではなく、ネットワークトラフィックのルーティングや接続先のシステム状況に応じた接続先の変更など、オプション機能も持っています。うまく使いこなすことで、可用性やレスポンスを高めることができます。

▶▶　**重要ポイント**
● Route 53は、ドメイン管理機能と権威DNS機能を持つサービス。

ドメイン管理

　Route 53で新規ドメインの取得や更新などの手続きができます。このサービスを利用することで、ドメインの取得からゾーン情報の設定まで、Route 53で一貫した管理が可能になります。ドメインの年間利用料は通常のAWS利用料の請求に含まれるため、別途支払いの手続きをすることも不要です。また、自動更新機能もあるので、ドメインの更新漏れといったリスクも回避できます。

権威DNS

　DNSとは、ドメイン名とIPアドレスを変換（名前解決）するシステムです。権威DNSとは、ドメイン名とIPアドレスの変換情報を保持しているDNSのことで、変換情報を保持していないDNS（キャッシュDNS）と区別するときに使います。Route 53は権威DNSなので、保持しているドメイン名以外の名前解決をリクエストしても応答しません。キャッシュDNSは、別に用意する必要があります。

ホストゾーンとレコード情報

　ホストゾーンとは、レコード情報の管理単位を表します。通常はドメイン名です。たとえば、「example.com」のレコード情報を管理する場合のホストゾーンは「example.com」となります。レコード情報は、「www.example.com は IP アドレスが192.168.0.100である」といった、ドメイン（またはサブドメイン）名とIPアドレスを変換するための情報です。

　レコード情報にはAレコード、MXレコード、CNAMEレコードといった種類がありますが、Route 53で特徴的なレコードとしてAliasレコードがあります。Aliasレコードは、レコード情報に登録する値として、CloudFrontやELB、S3などのAWSリソースFQDNを指定できます。CNAMEでも同じような登録は可能ですが、CNAMEとの違いの1つとして、Zone Apex も登録できることが挙げられます。

　Zone Apexとは、最上位ドメイン（Route 53の場合はホストゾーン名）のことです。たとえば、「example.com」をS3のWebサイトホスティングサービスにアクセスする独自ドメインとして利用したい場合、Route 53以外のDNSではCNAMEレコードの仕様上登録ができません。しかしRoute 53であれば、Aliasレコードを使って登録できます。

トラフィックルーティング

　Route 53にゾーン情報を登録する際、名前解決の問い合わせに対してどのように応答するかを決める8種類のルーティングポリシーがあります。要件や構成に応じて適切なトラフィックルーティングを指定することで、可用性や応答性の高いシステムを構築することができます。

○ シンプルルーティングポリシー：特殊なルーティングポリシーを使わない標準的な1対1のルーティングです。

○ フェイルオーバールーティングポリシー：アクティブ／スタンバイ方式で、アクティブ側のシステムへのヘルスチェックが失敗したときにスタンバイ側のシステムへルーティングするポリシーです。本番システム障害時にSorryサーバーのIPアドレスをセカンダリレコードとして登録しておくと、自動的にSorryコンテンツを表示させることができます。

○ 位置情報ルーティングポリシー：ユーザーの位置情報に基づいてトラフィックを
ルーティングする際に使用します。このルーティングポリシーを使うことで、日本
からのアクセスは日本語のコンテンツが配置されたWebサーバーに接続する、と
いった制御ができます。

○ 地理的近接性ルーティングポリシー：リソースの場所に基づいてトラフィックを
ルーティングし、必要に応じて、ある場所のリソースから別の場所のリソースにト
ラフィックを移動する際に使用します。地理的近接性ルーティングポリシーは、後
述のトラフィックフローを前提とします。

○ レイテンシールーティングポリシー：複数箇所にサーバーが分散されて配置され
ている場合に、遅延が最も少ないサーバーにリクエストをルーティングします。特
定サーバーだけ高負荷になった場合にリクエストを分散することができます。

○ 複数値回答ルーティングポリシー：1つのレコードに異なるIPアドレスを複数登
録して、ランダムに返却されたIPアドレスに接続します。ヘルスチェックがNGに
なったIPアドレスは返却されないため、正常に稼働しているサーバーに対しての
みアクセスを分散させることができます。

○ 加重ルーティングポリシー：指定した比率で複数のリソースにトラフィックをル
ーティングする際に使用します。拠点をまたがってリソースの異なるサーバーが
配置されている場合にリクエスト比率を調整する、といったことができます。また、
ABテストのために新サービスをリリースしたサーバーに一定割合のユーザーを誘
導したい、といった場合にも使えます。

○ IPベースルーティングポリシー：クライアントのIPアドレスに基づいてトラフィ
ックをルーティングする際に使用します。位置情報およびレイテンシーベースに比
べて、より利用者に特有の情報に基づいてルーティングを最適化できます。

ルーティングポリシーは、信頼性やパフォーマンスなど、何を重視するかで使
い分ける必要があります。それぞれの特徴をしっかりと把握しておきましょう。

トラフィックフロー

ルーティングポリシーを組み合わせることで様々なルーティング環境を構築
できますが、各レコード間の設定が複雑になることがあります。トラフィック
フローはそれらの組み合わせをビジュアル的に分かりやすく組み合わせるため
のツールを使って定義できます。

DNSフェイルオーバー

DNSフェイルオーバーは、Route 53が持つフォールトトレラントアーキテクチャです。フォールトトレラントアーキテクチャとは、システムに異常が発生した場合でも被害を最小限度に抑えるための仕組みのことを指します。たとえば、稼働中のシステムに障害が発生してWebサイトの閲覧ができなくなったとき、一時的に接続先をSorryサーバーに切り替えたいといった要件があった場合、Route 53のDNSフェイルオーバー機能を使用することで簡単に要件を満たすことができます。

DNSフェイルオーバーはヘルスチェックの結果により発動します。Route 53には3種類のヘルスチェックの種類があります。これらもしっかり把握しておきましょう。

📖 Amazon Route 53 ヘルスチェックの種類

URL https://docs.aws.amazon.com/ja_jp/Route53/latest/
DeveloperGuide/health-checks-types.html

 練習問題2

あなたはソリューションアーキテクトとして、ECサイトの企画から開発・保守までをサポートしています。ある日、事業開発メンバーからサイトのABテストを実施したいという相談を受けました。現在のサイトは名前解決にRoute 53を用いているので、あなたはRoute 53のルーティングポリシーを用いた方法を提案しようと考えました。

下記のうち、今回の要求に合うルーティングポリシーはどれですか。

A. 加重ルーティングポリシー

B. レイテンシールーティングポリシー

C. フェイルオーバールーティングポリシー

D. シンプルルーティングポリシー

解答は章末（P.173）

6
ネットワーキングとコンテンツ配信

6-3

Global Accelerator

AWS Global Acceleratorは、ネットワークパフォーマンス最適化サービスです。インターネットトラフィックをAWSグローバルネットワークを通じて効率的にルーティングすることで、通信のレイテンシーの改善や、静的IPアドレスによるエントリーポイントの提供、アプリケーションの保護などが可能となります。

通信のレイテンシーの改善

　一般的に、インターネット経由のアクセスの場合、複数のISPを経由しての通信となります。経路はそれぞれのISPに依存しており、目的地に最短の経路で繋がるわけではありません。Global Acceleratorを利用すると、自身が利用しているISPから最短のアクセスポイントに接続し、その後はAWSのネットワークを経由して通信します。AWS内の通信では最適化された経路が選択されるため、高速な通信を実現できます。

インターネット経由のアクセス

Global Accelerator を利用したアクセス

❏ Global Acceleratorによるレイテンシーの改善

▶▶ **重要ポイント**

● Global Acceleratorを利用すると、最適化されたAWSネットワークを経由して
通信が行われるため、レイテンシーが改善される。

静的IPアドレスによるエントリーポイントの提供

　Global Acceleratorは2つの静的IPアドレスを提供します。このIPアドレス
を利用して、バックエンドのアプリケーションにアクセスできます。バックエ
ンド側（オリジン）には、Network Load Balancer、Application Load Balancer、
Elastic IP、EC2インスタンスを選ぶことができます。また、最大10のリージョ
ンを利用可能です。バックエンドの配信の選択は、様々なアルゴリズムで最適
化することが可能です。

　DNS名のみならず静的IPアドレスも提供する理由は、クライアントがDNS
のキャッシュをすることを回避するためです。なお、DNS名での接続も可能で
す。

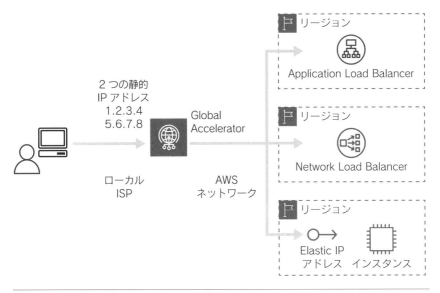

❏ 静的IPアドレスによるエントリーポイントの提供

6

ネットワーキングとコンテンツ配信

▶▶ **重要ポイント**

- Global Acceleratorは、クライアントによるDNSのキャッシュを回避するために、2つの静的IPアドレスを提供する。これらを使ってバックエンドのアプリケーションにアクセスできる。

CloudFrontとの使い分け

AWSのグローバルネットワークとエッジロケーションを利用したサービスという点で、Global AcceleratorにはCloudFrontと似た部分があります。CloudFrontとGlobal Acceleratorの使い分けについては次の表を参考にしてください。アーキテクチャ上の主な相違点としては、Global Acceleratorはオリジンまでのアクセスを最適化するものであり、CloudFrontはできるだけエッジロケーションでレスポンスを返すようにするものであるという点が挙げられます。

❑ Global AcceleratorとCloudFrontとの比較

	Global Accelerator	CloudFront
対応プロトコル	TCP/UDP	HTTP/S
キャッシュ機能	なし	あり
オリジン	NLB、ALB、EC2、EIP	HTTP/Sのレスポンスを返すもの

▶▶ **重要ポイント**

- Global AcceleratorとCloudFrontはどちらもグローバルネットワークとエッジロケーションを利用するサービスだが、Global Acceleratorはオリジンまでのアクセスを最適化するもので、CloudFrontはできるだけエッジロケーションでレスポンスを返すようにするもの。この違いに留意して使い分ける。

練習問題3

　あなたはソリューションアーキテクトとして、世界中から利用されるアプリケーションの開発・保守までをサポートしています。アプリケーションは会計システムで、都度顧客情報を元に計算して表示しています。顧客の地域によっては通信遅延によりレスポンスが遅いとの不満が発生しています。現在の構成・アプリケーションを大幅に変更することなく、利用者の通信遅延を解決するにはどうすればよいですか。

　下記の中から今回の要求に合う対策を選択してください。

- A. Amazon CloudFrontを利用して、すべての顧客データをキャッシュして遅延を減らす。
- B. AWS Global Acceleratorを使用して、ユーザーからアプリケーションへの通信を最適化し、遅延を減らす。
- C. 複数のリージョンにデータを複製し、顧客が最も近いリージョンからデータを取得できるようにする。
- D. インスタンスタイプを変更して、計算能力を向上させる。

解答は章末（P.173）

6

ネットワーキングとコンテンツ配信

171

本章のまとめ

▶ CloudFront

- CloudFrontは、静的コンテンツをキャッシュし、オリジンサーバーの代わりに配信するCDNサービス。
- CloudFrontのバックエンドサーバーには、ELB、EC2、S3の静的ホスティング、オンプレミスのサーバーを利用できる。
- CloudFrontでは、拡張子やURLパスごとにキャッシュ期間を指定できる。

▶ Route 53

- Route 53は、ドメイン管理機能と権威DNS機能を持つサービス。
- Route 53には7種類のルーティングポリシーがあり、これらを組み合わせることで様々なルーティング環境を構築できる。
- Route 53には、障害時の被害を最小限度に抑えるためのフォールトトレラントアーキテクチャとして、DNSフェイルオーバー機能がある。

▶ Global Accelerator

- Global Acceleratorを利用すると、最適化されたAWSネットワークを経由して通信が行われるため、レイテンシーが改善される。
- Global Acceleratorは、クライアントによるDNSのキャッシュを回避するために、2つの静的IPアドレスを提供する。これらを使ってバックエンドのアプリケーションにアクセスできる。
- Global AcceleratorとCloudFrontはどちらもグローバルネットワークとエッジロケーションを利用するサービスだが、Global Acceleratorはオリジンまでのアクセスを最適化するもので、CloudFrontはできるだけエッジロケーションでレスポンスを返すようにするもの。この違いに留意して使い分ける。

練習問題の解答

✓ 練習問題1の解答

答え：C

　CDNとしてCloudFrontを導入し、オリジンサーバーの負荷を軽減する方法を検討しています。Aの記述は正しく、サイトのオリジンサーバーがオンプレミスでも、前段にCloudFrontを挟むことができます。

　Bの記述も正しく、EC2インスタンスとオンプレミスのサーバー間で振り分けを行うことも可能です。

　Dも正しい記述です。誤った画像をアップロードしていた場合、オリジンサーバー側の更新作業だけではなく、CDN側のキャッシュクリアも行わないと、利用者がキャッシュされた誤った画像を取得してしまう可能性があります。

　最後にCですが、頻繁にアップデートされるコンテンツは、キャッシュ期間を短くしてオリジンサーバー側の反映をすぐに取り込む設計が推奨されます。よってCは誤りで、この問題の答えとなります。

✓ 練習問題2の解答

答え：A

　ABテストを行う際のRoute 53ルーティングポリシーに関する問題です。正解はAの加重ルーティングポリシーです。このポリシーを用いると、ルーティング対象のサーバー群にルーティングする比率を指定できます。たとえば、全リクエストの5%のみを新しいサーバーに振り分ける、といった定義が可能です。

　ルーティングポリシーはRoute 53の代表的な機能ですので、他のポリシーについても特徴やユースケースを押さえておいてください。

✓ 練習問題3の解答

答え：B

　エッジロケーションでデータをキャッシュできないケースでの、通信遅延を最小化する問題です。AのCloudFrontは、エッジにキャッシュしても効果がないので不正解です。Cは通信遅延は解消できるものの、現状の構成・アプリケーションを大幅に変更する必要があるので不正解です。Dのインスタンスタイプは、通信遅延に対しては効果がないので不正解です。

　Global Acceleratorは、AWSのネットワークを利用することにより通信を最適化して通信遅延を最小にします。世界中からアクセスされ、エッジ側でキャッシュできないシステムに最適です。

6

ネットワーキングとコンテンツ配信

AWS 認定資格を全部取得する（通称「全冠」について）

　AWS認定試験を受け続けて、すべてに合格する強者も世の中にはいます。2023年8月現在では12種類の試験があり「12冠」あるいは「全冠」と非公式に呼ばれています。また、2023年3月時点でAWSのパートナー企業（APN）に所属している上で12冠を取った人たちは、『2023 APN ALL AWS Certifications Engineer』として表彰されています。その数は579人です。その後も全冠取得者は続々と増え続けているようですし、パートナー企業以外でコンプリートしている人も当然いると思います。そのあたりを考えると、実は相当数の全冠達成者がいるのかもしれません。

　そんな話をしていると全冠を取ることに意味があるのか、また、目指さないといけないのかという疑問が出てくるでしょう。筆者の考えとしては、個人として業務を遂行する上ではほとんど意味はないが、目指したこと、またその過程で身に付けた知識は無駄ではないと考えています。

　組織としてAWSを使った業務をする上では、すべてに詳しい人が2〜3人しかいないよりは、ある一定以上の力量を持ったメンバーがそれぞれ複数いてチームになっているほうが業務の遂行能力は高いと考えています。また業務を通じて自然と全冠になる力量が身につくのであれば、それに越したことはないでしょう。しかし、AWSの認定試験がカバーする範囲は非常に広く、通常の業務でその範囲すべての知識が必要になることはありません。また、必要になるような場合は分業を検討したほうがよいです。つまりAWSの業務をしているだけで自然と全冠の実力がつくことはなく、狙って全冠を取る必要があります。

　先に業務上、全冠は必要ないと言ったものの、全冠を持っている人が身のまわりにいると非常にありがたいです。その人はAWSのサービスを俯瞰的に見て適切なサービスアーキテクチャを考えられる力を持っています。筆者の所属する会社にも複数人の全冠達成者がいますが、彼らに相談できる態勢を作ることにより、組織がAWSを扱う力を飛躍的に伸ばすことができます。そういった意味で、全冠達成者は引く手あまたということは間違いないですね。

第7章
アイデンティティと ガバナンス

本章ではアカウント管理に関連する各種サービスを取り上げます。AWSで用いられるアカウントの概要を説明したのち、複数のアカウントを一元的に管理するAWS Organizationsや、リソースへのアクセスを制御するためのIAMなどについて詳しく説明します。本章の内容はセキュリティとガバナンスを担保するために必須の知識となります。

7-1

AWSのアカウント

　本章ではアカウント管理に関連する各種サービスを取り上げますが、それらの基礎となるアカウントそのものについて、まずは説明します。

アカウントの種類

　AWSには「AWSアカウント」と「IAMユーザー」と呼ばれる2種類のアカウントがあります。AWSアカウントは、AWSへサインアップする際に作成されるアカウントです。このアカウントを持つユーザーは、AWSのすべてのサービスをネットワーク上のどこからでも利用可能なため、ルートユーザーとも呼ばれます。

　これに対してIAMユーザーは、AWSを利用する各利用者向けに作成されるアカウントです。IAMユーザーは初期状態では存在しません。AWSアカウントでログインしたユーザーが必要に応じてIAMユーザーを作成します。

AWSアカウント

　AWSアカウントのユーザーはルートユーザーとも呼ばれ、AWSの全サービスに対してネットワーク上のどこからでも操作できる権限を持っています。非常に強力なアカウントであるため、取り扱いには十分注意する必要があります。AWSでシステムを構築・運用する場合、AWSアカウントを利用することは極力避け、IAMユーザーを利用してください。また、ルートユーザーにIPアドレス制限をするといった、利用シーンを制限する方法がありません。そのため、多要素認証（Multi-Factor Authentication、MFA）の設定などをしておくことを強くお勧めします。

IAMユーザー

IAMユーザーは、AWSの各利用者がWebコンソールにログインして操作するときや、APIを利用してAWSを操作するときなどに使用します。各IAMユーザーに対して、操作を許可する（しない）サービスが定義できます。各IAMユーザーの権限を正しく制限することで、AWSをより安全に使用できます。たとえば、EC2インスタンスをStart/Stopする権限だけを与えて、Terminateはできないユーザーを作成したり、ネットワーク（セキュリティグループやVPC、Route 53など）に関する権限のみを持つネットワーク管理者用IAMユーザーを作成したりできます。

IAMユーザーの管理はセキュリティの要になります。VPCやEC2、S3をどんなにセキュアに保って管理していても、IAMユーザーの管理が杜撰であれば、簡単にAWS自体を乗っ取られてしまいます。IAMユーザーは、それくらい重要なものだと心得てください。

IAMにはユーザー管理以外にも様々な機能があります。7-3節で詳しく説明します。

▶▶ **重要ポイント**

- AWSアカウントは非常に強い権限を持つのでこのアカウントの利用は極力避け、IAMユーザーを使用する。IAMユーザーの権限を適切に制御することは、AWSシステムのセキュリティの要となる。

7

アイデンティティとガバナンス

7-2

AWS Organizations

　AWS Organizationsは、複数のAWSアカウントをグループ化し、アカウント群の管理を一元的に行うサービスです。グループにまとめることで、複数のアカウントの請求を束ねて請求書を1枚にまとめたり、それぞれのアカウントで利用できるAWSサービスに制限をかけたりできます。

　現在では、企業でのAWSの利用形態としてはマルチアカウントが一般的になっており、多数のアカウントに対してセキュリティとガバナンスをどのように実現するかが課題です。AWSアカウントを一元管理できるAWS Organizationsは、AWSのマルチアカウントを運用する上で必須のサービスです。

AWS Organizationsの機能

　AWS Organizationsは、複数のAWSアカウントを階層的に管理できます。組織内には、請求アカウントでもある管理アカウントが1つ存在します。その下に、組織単位（Organization Unit、OU）と呼ばれる論理グループを複数作成することができ、さらには階層構造を作ることも可能です。OUを使って論理的なグループを作ることで、用途に応じてアカウントを管理することができます。

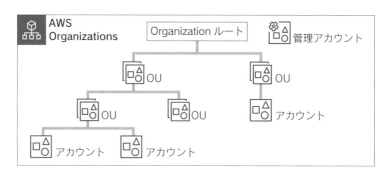

❏ AWS Organizationsの階層構造

　AWS Organizationsでは他にも様々な機能が提供されていますが、ここでは次の3つを紹介します。

○ 請求の一元管理
○ サービスコントロールポリシー (SCP)
○ AWS CloudFormation StackSetsとの連携

請求の一元管理

　AWS Organizationsを利用すると、複数のAWSアカウントの利用料を一括で支払うことができます。AWSのサービスの中には、S3のように利用量に応じた段階的な課金テーブルが設定されているものがあり、利用量が増えるほど低コストで利用できます。請求をまとめることにより、個々のアカウントの利用量ではなく組織全体の利用量をもとに料金が計算されるようになります。その結果、多くの場合、利用料が安くなります。

サービスコントロールポリシー (SCP)

　サービスコントロールポリシー (Service Control Policies、SCP) は、組織のAWSアカウントに対する特定の権限や操作の許可／拒否を管理するための機能です。IAMポリシーに似ていますが、アカウント内のIAMユーザーやIAMロールではなく、アカウントレベルで権限を設定します。つまり、SCPで制限された機能は、アカウント内のIAMユーザーやIAMロールで権限を付与しても使えません。また、そのアカウントのルートユーザーですら制限されます。

AWS CloudFormation StackSetsとの連携

　AWS CloudFormation StackSets は、AWS CloudFormationテンプレートを使用して、リソースの作成と管理を一元化するための機能です。StackSetsはAWS Organizationsと連携することを前提としており、Organizations内の複数のAWSアカウントに、CloudFormationを実行できます。使い方としては、組織内で共通に適用する必要があるセキュリティ設定などをCloudFormationのテンプレートとしておき、StackSetsを利用してアカウント作成時に自動的に実行させるといったことができます。
　組織内全体のみならず、特定のOUのみといった適用の仕方もできます。その

場合は、対象のOUに所属したタイミングで、自動的にCloudFormationを発動させるといったことも可能です。また、逆にOUから離脱したら、その設定を取り消すことも可能です。マルチアカウント運用をする上で、セキュリティとガバナンスを担保するための必須機能の1つとも言えます。

> ▶▶ **重要ポイント**

- AWS Organizationsは複数のAWSアカウントをグループ化し、アカウント群の管理を一元的に行うサービスで、マルチアカウントを運用するのに不可欠。
- AWS Organizationsを使って請求を1つにまとめることで、コストダウンできる可能性がある。
- サービスコントロールポリシー（SCP）は、IAMユーザーやIAMロールではなく、アカウントに対して権限の管理を行う。
- AWS OrganizationsとAWS CloudFormation StackSetsを連携させることで、権限の管理を自動化できる。この機能は、セキュリティとガバナンスを担保するために必須とも言える。

 練習問題1

あなたの会社では、複数の部門で独自にAWSアカウントを使用しています。現在のアカウント管理は煩雑であり、コスト管理とセキュリティの統制を効率的に行いたいと考えています。

次のうち、最も効率的に実現する方法はどれですか。

- A. 各部門のAWSアカウントにAWS CloudTrailとAWS Configを設定し、管理部門のAWSアカウントにAWSの利用履歴と利用料を集約する。
- B. AWS Organizationsを使用して、すべての部門のAWSアカウントを1つの組織に統合する。あわせて、AWS IAMアイデンティティセンターを導入する。
- C. 新規にAWSアカウントを作成し、そのアカウントに各部門が保有するAWSアカウントのリソースを移行する。移行後は、各部門のアカウントを廃止する。
- D. 各部門のAWSアカウントのIAMユーザーをすべて禁止し、代わりにIAMロールを作成する。新規にAWSアカウントを作成し、そこに全利用者分のIAMユーザー作成し、そこからのみ各部門のAWSアカウントを利用できるようにする。

解答は章末（P.193）

7-3

IAM

AWS IAM（AWS Identity and Access Management）は、AWSリソースへのアクセスを制御するサービスです。AWS上のシステムをどんなに堅牢に作っていても、IAMの設定が杜撰で権限を奪われると、攻撃者はシステムを自由にコントロールできます。システムを守る上で非常に重要な機能なので、基本的な機能と権限制御の考え方はしっかりと理解しておきましょう。

IAMを使った権限付与の流れ

IAMの主要機能としては、IAMポリシー、IAMユーザー、IAMグループ、IAMロールの4つがあり、これらのIAM機能を用いてユーザーに権限を付与するまでの流れは次のようになります。

1. AWSサービスやAWSリソースに対する操作権限をIAMポリシーとして定義する。
2. IAMポリシーをIAMユーザーやIAMグループ、IAMロールにアタッチする。
3. IAMユーザーまたはIAMグループに属するIAMユーザーとしてマネジメントコンソールにログインすると、付与された権限の操作を行うことができる。

このあと各機能について詳しく説明していきますが、上記の流れを念頭に置いて読み進めてみてください。

▶▶　**重要ポイント**
- IAMはAWSリソースへのアクセスを制御するサービスで、システムのセキュリティを維持するために大きな役割を担っている。

IAMポリシー

IAMポリシーは、Action（どのサービスの）、Resource（どういう機能や範囲を）、Effect（許可／拒否）という3つの大きなルールに基づいて、AWSの各サービスを利用する上での様々な権限を設定します。このように作成されたIAMポリシーを後述のIAMユーザー、IAMグループ、IAMロールに付与することで、各IAMユーザーの制御を行います。

インラインポリシーと管理ポリシー

IAMでは、ユーザーやグループ、ロールに付与する権限をオブジェクトとして管理することが可能で、これをポリシーと呼びます。ポリシーには、管理（マネージド）ポリシーとインラインポリシーがあります。

インラインポリシーは、対象ごとに作成・付与するポリシーで、複数のユーザーやグループに同種の権限を付与することには向いていません。

これに対して管理ポリシーは、1つのポリシーを複数のユーザーやグループに適用することができます。管理ポリシーには、AWS管理ポリシーとカスタマー管理ポリシーの2種類があります。AWS管理ポリシーはAWSが用意しているポリシーで、管理者権限やPowerUser、あるいはサービスごとのポリシーなどがあります。これに対してカスタマー管理ポリシーはユーザー自身で管理するポリシーです。ポリシーの記述方法自体はインラインポリシーと同じですが、個別のユーザー／グループ内に閉じたポリシーなのか共有できるかの違いがあります。なおカスタマー管理ポリシーは、最大過去5世代までのバージョンを管理することができます。変更した権限に誤りがあった場合、即座に前のバージョンの権限に戻すといったことが可能です。

使い分け方としては、AWS管理ポリシーで基本的な権限を付与し、カスタマー管理ポリシーでIPアドレス制限などの制約を行います。インラインポリシーについては、管理が煩雑になるので基本的には使わないという方針でよいでしょう。ただし、一時的に個別のユーザーに権限を付与するときに利用するといった方法が考えられます。

インラインポリシー　　　　　　　　　　管理(マネージド)ポリシー

ユーザー A　　　　　ポリシー A

ユーザー X　　　　　ポリシー B

ユーザー Y　グループ Z　ポリシー A

ユーザー Z　　　　　ポリシー C

ロール A　　　　　　ポリシー C

ユーザー A　　　　　ポリシー A

ユーザー X　　　　　ポリシー B

ユーザー Y　グループ Z

ユーザー Z

ロール A　　　　　　ポリシー C

❏ インラインポリシーと管理ポリシーの違い

▶　　**重要ポイント**

● インラインポリシーは、対象ごとに個別に適用する。
● 管理ポリシーは、複数のユーザーやグループにまとめて適用する。
● AWS管理ポリシーはAWSによって用意されたポリシーで、カスタマー管理ポリシーはユーザー自身が管理するポリシー。

IAMユーザーとIAMグループ

　ユーザーとは、AWSを利用するために各利用者に1つずつ与えられる認証情報(ID)です。これまで説明してきたIAMユーザーと同義と考えてください。ここでの利用者には、人だけではなく、APIを呼び出したりCLIを実行したりする主体も含まれます。IAMユーザーの認証方法は次の2とおりです。

○ **ユーザー IDとパスワード**：Webコンソールにログインするときに使用します。多要素認証(MFA)を組み合わせることをお勧めします。

○ **アクセスキーとシークレットアクセスキー**：CLIやAPIからAWSのリソースにアクセスする場合に使用します。

一方、グループは、同じ権限を持ったユーザーの集まりです。グループは
AWSへのアクセス認証情報は保持しません。認証はあくまでユーザーで行い、
グループは認証されたユーザーがどういった権限（サービスの利用可否）を持
つかを管理します。グループの目的は、権限を容易かつ正確に管理すること
です。複数のユーザーに同一の権限を個別に与えると、権限の付与漏れや過剰付
与など、ミスが発生する確率が高くなります。

　ユーザーとグループは多対多の関係を持つことができるので、1つのグルー
プに複数のユーザーが属することはもちろん、1人のユーザーが複数のグルー
プに属することもできます。しかし、グループを階層化することはできないの
で、グループに一定の権限をまとめておき、ユーザーに対して必要なグループ
を割り当てます。

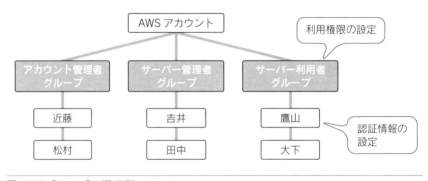

❏ IAMグループの構成例

IAMロール

　IAMロールは、永続的な権限（アクセスキー、シークレットアクセスキー）を
保持するユーザーとは異なり、一時的にAWSリソースへのアクセス権限を付
与する場合に使用します。たとえば以下のような使い方をする場合は、ロール
を定義して必要なAWSリソースに対するアクセス権限を一時的に与えること
で実現できます。ロールの考え方は少し複雑ですが、上手に使いこなすことが
できれば非常に便利です。

○ AWSリソースへの権限付与：EC2インスタンス上で稼働するアプリケーションに一時的にAWSのリソースへアクセスする権限を与えたい（EC2インスタンス作成時にロールを付与することで可能）。

○ クロスアカウントアクセス：複数のAWSアカウント間のリソースを1つのIAMユーザーで操作したい。

○ IDフェデレーション：社内のAD（Active Directory）サーバーに登録されているアカウントを使用して、AWSリソースにアクセスしたい。

○ Web IDフェデレーション：FacebookやGoogleのアカウントを使用してAWSリソースにアクセスしたい。

ここでは、ポピュラーなEC2インスタンスにロールを付与して、インスタンス内のアプリケーションからAWSリソースにアクセスする方法を説明します。具体的な使用例として、EC2インスタンス上で稼働するアプリケーションからSESを使ってメール送信する場合を想定します。

1. まず最初にIAMロールを作成します。ロール作成時にEC2インスタンスだけがそのロールを取得できるロールタイプ（Amazon EC2ロール）を選択します。そして、ロールに対して必要な権限（AmazonSESFullAccess）を付与します。
2. 次に、作成したロールをEC2インスタンスに関連付けます。
3. 2.で作成したEC2インスタンス上でSESを使ったメール送信プログラムを稼働させます。アクセスキーとシークレットアクセスキーは、SimpleEmailServiceクラスのオブジェクト生成時にインスタンスに関連付けられたロールから一時的に取得するため、不要です。
4. SESへのアクセス権限をロールから一時的に取得したアプリケーションは、メールを配信することができるようになります。

このように、インスタンスにロールを関連付けることで、プログラムや設定ファイルに認証情報（アクセスキー、シークレットアクセスキー）を記述する必要がなくなり、セキュリティの向上が見込まれます。

7

アイデンティティとガバナンス

| ①ロールの作成 | ②EC2 インスタンスと
ロールの関連付け | ③SES への一時的な
アクセス権限を
インスタンスから取得 | ④SES から
メール送信 |

❏ IAMロールの利用イメージ

 練習問題2

あなたは社内の勤怠管理システムをAWSに移行する案件に携わっています。まず、AWSのユーザーや権限の管理ルールを策定することにしました。

AWSのユーザーや権限管理について正しい記述はどれですか。

A. ルートユーザーにはMFAを設定した上で、通常の作業で利用することが望ましいとされている。

B. 複数のIAMユーザーに紐付けるポリシーはインラインポリシーとして定義すると管理が煩雑にならない。

C. EC2インスタンスの役割(Webサーバー、バッチサーバーなど)にIAMグループを作成し、インスタンスを紐付ける設計が望ましい。

D. IAMユーザーのアクセスキー、シークレットアクセスキーをEC2インスタンスに埋め込むよりも、EC2インスタンスにIAMロールを付与するほうがよりセキュアな設計になる。

解答は章末(P.193)

7-4

IAMアイデンティティセンター

AWS IAMアイデンティティセンターはAWS Single Sign-Onの後継のサービスで、シングルサインオン（SSO）とユーザーのアクセス管理を中心としたサービスを提供します。利用者は、連携するAWSアカウントや関連するリソースに一度ログインするとシームレスに利用できます。また管理者も、AWSアカウントごとのユーザー管理が不要となり、セキュリティ、ガバナンスの観点からもメリットがあります。

ここでは、IAMアイデンティティセンターの主な機能の概要と、ソリューションアーキテクトとして特に押さえておきたい各アカウントのIAMロールとの連携を解説します。

IAMアイデンティティセンターの主な機能

IAMアイデンティティセンターはAWS Organizationsと統合して利用し、複数AWSアカウントのコンソールをSSOでログインできるようにします。また、AWSアカウントのみならず、対応しているアプリケーションへのSSOアクセスも提供します。

IAMアイデンティティセンターのIDソース

IDソースとは、認証に使う認証情報の保存先です。IAMアイデンティティセンターには、以下の3つの選択肢があります。

○ IDセンターディレクトリ：デフォルトのIDソース。ユーザーとグループを作成し、AWSアカウントやアプリケーションを割り当てる。

○ Active Directory：AWS Managed Microsoft AD – AWS Directory Serviceを認証情報として利用できる。

○ 外部IDプロバイダー：OktaやAzure Active Directory（Azure AD）などの外部IDプロバイダー（IdP）でユーザーを管理できる。

権限セットとIAMロール

認証されたユーザーが、そのユーザーに割り当てられたリソースを使える仕組みを認可と呼びます。AWSアカウントの認可は、IAMロールとそれに紐付けられたIAMポリシーによって実現されます。

IAMアイデンティティセンターは、そのIAMロール自体も管理しています。管理の仕組みとして、権限セットと呼ばれる、IAMロールの雛形を作成します。その上でユーザーとAWSアカウントを紐付け、対象のAWSアカウントに権限セットを元にしたIAMロールを作成します。

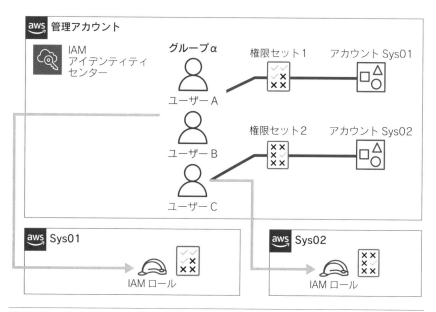

❏ 権限セットとIAMロールの関係

▶▶ **重要ポイント**

● AWS IAMアイデンティティセンターはシングルサインオン（SSO）を提供するサービスで、これによってAWSアカウントやアプリケーションのアクセスを一元的に管理できる。

練習問題3

あなたの会社では、複数のAWSアカウントを使用しています。AWSアカウントが増えるに従って、ユーザー管理が煩雑になってきています。認証と認可を組織で一元管理するには、次のどの方法がよいでしょうか。なお、会社内のAWSアカウントは、1つのAWS Organizationsに所属しているものとします。

A. AWS Managed Microsoft ADで認証したユーザーが、AWSアカウントを利用できるようにする。

B. IDプロバイダーとしてOktaを利用する。Oktaが認証したユーザーに対して、SAMLによるフェデレーションでIAMロールと紐付ける。

C. AWS IAMアイデンティティセンターを導入する。AWSアカウントで利用するIAMロールは、権限セットを元に定義し、対象ユーザーとAWSアカウントを紐付ける。

D. 新規にAWSアカウントを用意し、そこにAWSを利用するすべての利用者用のIAMユーザーを作成する。それぞれのAWSアカウントにIAMロールを作成し、スイッチロールして利用する。

解答は章末（P.194）

7

アイデンティティとガバナンス

7-5

AWS Directory Service

AWS Directory Serviceは、Microsoft Active Directory（AD）と互換性のあるマネージドディレクトリを提供するAWSのサービスです。ユーザーなどのリソース情報を管理するディレクトリサービスであり、認証と承認を一元管理する用途などで利用されます。

AWS Directory Serviceは、主に4つの機能により構成されています。

○ AWS Managed Microsoft AD：フル機能のMicrosoft Active Directoryを提供するマネージドサービスで、Windowsベースのワークロードやアプリケーションにとって重要な機能を提供します。ユーザーは、ディレクトリのツリーとトラスト関係を作成することもできます。

○ Simple AD：Samba 4ベースでMicrosoft ADと互換性のあるスタンドアロンのマネージドディレクトリサービスです。小規模な環境や簡単なディレクトリニーズに適しています。

○ AD Connector：既存のオンプレミスのMicrosoft ADをAWSクラウドに連携するためのディレクトリゲートウェイです。

○ Amazon Cloud Directory：ハイスケールで高性能なディレクトリデータを保存し、複数の階層間でデータを整理しクエリできるサービスです。

AWS上でADを構築する場合は、AWS Managed Microsoft ADから検討するとよいでしょう。ただし、オンプレミスのADを、信頼関係などを結ばずに手軽に使いたい場合はAD Connectorが候補となります。

練習問題4

　あなたは、企業のアーキテクトとしてAWSに移行するプロジェクトを担当しています。既存のオンプレミスActive DirectoryとAWS環境との間でシームレスな認証と管理を提供するサービスはどれですか。

　　A. AWS Identity and Access Management（IAM）

　　B. AWS Certificate Manager

　　C. AWS Directory Service

　　D. Amazon Cognito

解答は章末（P.194）

7

アイデンティティとガバナンス

本章のまとめ

▶ AWS アカウントと AWS Organizations

- AWSアカウントは非常に強い権限を持つのでこのアカウントの利用は極力避け、IAMユーザーを使用する。IAMユーザーの権限を適切に制御することは、AWSシステムのセキュリティの要となる。
- AWS Organizationsは複数のAWSアカウントをグループ化し、アカウント群の管理を一元的に行うサービスで、マルチアカウントを運用するのに不可欠。
- AWS Organizationsを使って請求を1つにまとめることで、コストダウンできる可能性がある。
- サービスコントロールポリシー（SCP）は、IAMユーザーやIAMロールではなく、アカウントに対して権限の管理を行う。
- AWS Organizations と AWS CloudFormation StackSetsを連携させることで、権限の管理を自動化できる。この機能は、セキュリティとガバナンスを担保するために必須とも言える。

▶ IAM と IAM アイデンティティセンター

- IAMはAWSリソースへのアクセスを制御するサービスで、システムのセキュリティを維持するために大きな役割を担っている。
- インラインポリシーは、対象ごとに個別に適用する。
- 管理ポリシーは、複数のユーザーやグループにまとめて適用する。
- AWS管理ポリシーはAWSによって用意されたポリシーで、カスタマー管理ポリシーはユーザー自身が管理するポリシー。
- AWS IAMアイデンティティセンターはシングルサインオン（SSO）を提供するサービスで、これによってAWSアカウントやアプリケーションのアクセスを一元的に管理できる。

練習問題の解答

✓ 練習問題1の解答

答え：B

　企業におけるマルチアカウント運用に関する問題です。AWS Organizationsを使用すると、AWSアカウントの管理以外に、コスト管理やセキュリティ統制も一元的に行うことができます。また、SSOの仕組みを導入可能となるので、ユーザー管理もしやすくなります。よって正解はBです。

　Aの方法で、監査証跡の一元管理が可能です。しかし、アカウント作成のたびに設定が必要になるなど手間がかかります。Organizationsを利用すると、そのあたりを自動的に行う設定も可能です。Cの方法は、リスクを増大させます。AWSアカウントは利用用途や利用者に応じて用意し、独立性を高めるべきです。

　Dの方法は、ログインの一元管理をすることで統制をかける方法です。一定の効果はありますが、強制力に乏しく手間もかかります。SSOの仕組みを使って実現すべきです。

✓ 練習問題2の解答

答え：D

　AWSのユーザー管理や権限管理に関する問題です。まず、ユーザーにはルートユーザーとIAMユーザーの2種類があります。ルートユーザーはすべての権限を持つ非常に強力なユーザーです。そのため、ログインには多要素認証（MFA）を必須とする設定をした上で、通常の作業ではルートユーザーを利用しないことがベストプラクティスとされています。よってAは誤りです。

　通常の作業はIAMユーザーを利用して行いますが、どのサービスの何の操作権限を与えるかはIAMポリシーで定義します。インラインポリシーはIAMユーザーごとに直接設定するポリシーなので、複数のユーザーに使うには向いていません。複数のユーザーに割り当てる場合は管理ポリシーを作成しましょう。よってBも誤りです。

　権限は利用者（ユーザー）だけではなく、AWSリソースに対しても与えることができます。たとえば、EC2インスタンスにS3の操作権限を与える場合は、次の2とおりの方法があります。

　IAMユーザーのアクセスキー、シークレットアクセスキーを発行し、EC2インスタンスの環境変数などに埋め込む（EC2インスタンスはIAMユーザーと同等の権限を所有することになる）

　IAMロールを作成し、EC2に割り当てる（EC2インスタンスはIAMロールに割り振られた権限を所有することになる）

　後者のほうが管理するキーがないのでよりセキュアだと言えます。よってDは正しい記述になります。Cの記述ですが、インスタンスに紐付けるのはIAMグループではなく、IAMロールです。IAMグループは、IAMユーザーをグルーピングし、権限を付与するための機能です。よってCの記述は誤りです。以上から、この問題の正解はDとなります。

7 アイデンティティとガバナンス

✓ 練習問題3の解答

答え：C

　企業におけるマルチアカウント運用の認証・認可の管理に関する問題です。AWS IAMアイデンティティセンターを使用すると、認証のみならず認可についても一元管理できるようになります。権限セットを使うことにより、AWSアカウントに対してIAMロールを作っていくことができます。よって正解はCです。

　Aの方法で、直接AWSアカウントをコントロールすることはできません。AWSのリソースの制御には、必ずIAMが介在します。BとDの方法は、認証の一元管理は可能です。しかし、AWSアカウント内で、それぞれIAMロールの設定が必要です。SSOの仕組みを使って実現すべきです。なお、認証部分のIDソースにOktaを利用し、認可を含むAWSの全体管理にAWS IAMアイデンティティセンターを利用するといった組み合わせはよく見られます。

✓ 練習問題4の解答

答え：C

　AWS Directory Serviceは、AWSクラウドでMicrosoft Active DirectoryやLinux/UNIX系ディレクトリサービスなどのディレクトリベースの認証と管理を提供するサービスです。この中の機能の1つであるAD Connectorは、オンプレミスのActive DirectoryとAWS環境とを連携させ、シームレスなユーザー認証とリソース管理を可能にします。そのため、選択肢Cが正解となります。

　選択肢AのIAMはAWSリソースのアクセス管理を提供しますが、オンプレミスのActive Directoryとのシームレスな連携は提供しません。選択肢BのAWS Certificate Managerは、公開鍵インフラストラクチャ（PKI）の証明書を管理するサービスであり、Active Directoryとの連携はできません。選択肢DのAmazon Cognitoはユーザー認証とユーザーデータ同期を提供しますが、これもオンプレミスのActive Directoryとのシームレスな連携はできません。

第 8 章

セキュリティサービス

この章では、AWSのセキュリティ関係のサービスを解説します。今日セキュリティは、どこの組織においてもトップクラスのプライオリティを持つ要素です。AWSのセキュリティに対する考え方を知った上で、具体的なサービス・機能を把握していきましょう。

8-1

セキュリティの基礎

責任共有モデル

　AWSのセキュリティを考える上で基本となるのが責任共有モデルです。**責任共有モデル**とは、セキュリティとコンプライアンスにおいて、AWSが責任を持つ部分と利用者が責任を持つ部分の境界線の定義です。簡単に言うと、データセンターや回線などの物理設備や、サーバー・ストレージ・ネットワーク機器などのハードウェア、その上で構築された基本的なサービスについてはAWSが責任を持ちますが、それを利用して構築されたシステムの責任は利用者自身が持つということです。

利用者側の責任範囲	• システム、データの管理
	• ミドルウェア、アプリケーションの設定 • 認証、アクセス制御
	• OS、ネットワーク、ファイアウォールなどの設定・暗号化 • ネットワークの保護

AWS側の責任範囲	**基本的なサービス** • コンピュート、ストレージ、データベース、ネットワーク
	ハードウェア • サーバー、ストレージ、ネットワーク機器
	物理的な設備とそのセキュリティ • データセンター、回線

❏ AWSの責任共有モデル

　AWS上でシステムを作る場合は、この責任共有モデルを前提とします。また、試験で問いに答える際も、この前提に立脚し、利用者側としてなすべきことを考えることが重要です。

セキュリティの3要素

ISO/Inspector 27000には、情報セキュリティの定義がされています。そこでは、情報の機密性、完全性、可用性を維持することと説明されています。

○ **機密性**：権限を持っている人だけが必要な情報にアクセスでき、利用できること
○ **完全性**：提供される情報が、正しいことを保証すること
○ **可用性**：必要とされるときに、サービスや情報にアクセスできること

可用性についても、セキュリティの範疇であることを意外に思う方はいるかもしれません。しかし、正しく情報を伝えるという本来の目的を考えると、可用性もセキュリティの範疇です。本章で紹介していくAWSのセキュリティサービス群も、機密性・完全性・可用性の3つの観点でシステムを維持するためにあることが理解できるでしょう。

AWSのセキュリティサービスの実装例

AWSには、様々なセキュリティ関連サービスが存在します。数多くあるのですべての機能を把握して使いこなすのはなかなか難しいですが、どのレイヤーの何を守るためのサービスなのかを把握することが理解の助けとなります。

AWSのセキュリティサービスの中では、暗号化鍵の管理サービスであるAWS Key Management Service（KMS）が中心となります。本章では、KMSを詳しく解説した上で、Webサービスを構築する際に利用頻度の高いAWS Certificate Manager、その他のセキュリティサービスと紹介していきます。

8

セキュリティサービス

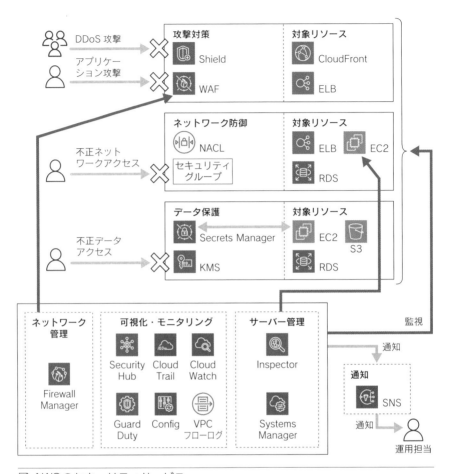

❏ AWSのセキュリティサービス

8-2

KMSとCloudHSM

機密性の高いデータを運用するには、暗号化の施策が必要になります。その際に重要になるのが、暗号化や復号のための鍵の管理です。AWS Key Management Service（KMS）やAWS CloudHSMは、暗号化鍵の作成と管理のためのサービスです。アーキテクチャを検討する上でも、試験対策としても重要なサービスとなります。また、より上位のプロフェッショナルやスペシャリティの試験を受ける場合は、出題頻度がより高まります。それほど重要なサービスです。

KMSとCloudHSMの違い

AWSには鍵管理のサービスとして、KMSとCloudHSMがあります。Cloud HSMは、VPC内で専有のハードウェアを利用して鍵を管理するサービスです。これに対してKMSは、AWSが管理するマネージドサービスです。両者の大きな違いは、信頼の基点（Roots Of Trust）をユーザーに置くのか、AWSに置くのかにあります。

❏ CloudHSMとKMSの違い

	CloudHSM	KMS
専有性	VPC内の専有ハードウェアデバイス	AWSが管理するマルチテナント
可用性	ユーザー自身が管理	AWS側が高可用性・耐久性を設計
信頼の基点	ユーザーが管理	AWSが管理
暗号化機能	共通鍵および公開鍵	共通鍵
コスト	ほぼ固定費	従量課金

CloudHSMは専有ハードウェアを用いるため、初期コストも月次の固定費も必要です。そのため、よほど大規模なシステムや特定の規制・法令に準拠する目的以外では、利用するケースはなかなかないでしょう。実際に使うケースはKMSのほうが圧倒的に多くなると思います。

試験対策として、両者の違いと使い分けを理解しておけば十分です。アーキテクチャ設計のポイントとしては、秒間100を超える暗号化リクエストがある、あるいは公開鍵暗号化を使いたい場合にはCloudHSMを利用し、それ以外にはKMSを使うという形になるでしょう。

▶▶　**重要ポイント**

- ● AWSの鍵管理サービスにはKMSとCloudHSMがある。
- ● CloudHSMは、VPC内で専有のハードウェアを利用して鍵を管理するサービスで、相当に大規模なシステムに用いる。
- ● KMSは、AWSが管理するマネージドサービスで、多くの場合、CloudHSMではなくこちらを用いる。

KMSの機能

　KMSはデータの暗号化や復号に使う鍵を管理するサービスです。暗号化に使う鍵（データキー）を生成するAPIや、生成したデータキーを暗号化・復号するAPIなど、鍵を安全に扱うためのAPIが用意されています。次の3つのAPIは、その一例です。

○ Encrypt
○ Decrypt
○ GenerateDataKey

　Encryptは文字どおりデータキーを暗号化するためのAPIです。これに対して、Decryptは復号のためのAPIです。GenerateDataKeyは、ユーザーがデータの暗号化に利用するためのデータキーを生成します。平文の鍵と、Encryptで暗号化された鍵を返します。このようにKMSのAPIは、対象のデータを暗号化するのではなく、暗号化に使う鍵の作成や、暗号化や復号に関する機能を提供します。ここを理解するには、KMSキーとデータキーの概念を理解する必要があります。詳しく見てみましょう。

KMSキーとデータキー

KMSでは、主に2つの鍵を管理します。KMSキーとデータキーです。KMSキーは、以前は「Customer Master Key（CMK）」と表現されていましたが、2021年8月に「KMSキー」と名称が変更されました。KMSキーは、データキーを暗号化するための鍵です。そしてデータキーは、データを暗号化するための鍵です。

KMSではデータの暗号化に際して、データキーでデータを暗号化してから、そのデータキーをKMSキーで暗号化する手法をとっています。これはデータキーの保護のためで、この手法はエンベロープ暗号化と呼ばれています。

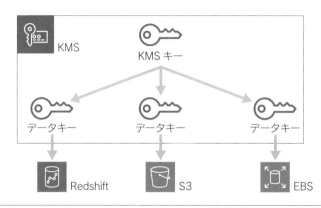

❑ 鍵の階層構造

このような2層構造になっているのは、セキュリティの向上のためです。まずデータキーについては、基本的にS3、EBS、Redshiftなど暗号化の対象ごとに作成します。そうすることによりデータキーの漏洩の際のリスクを限定化します。データキーをKMSキーを利用して暗号化することにより、実際の運用で使う機会が多いデータキーを保護します。そして、KMSキーを集中管理することにより、全体としてセキュリティを高めることができます。

▶▶ **重要ポイント**

● KMSでは、データキーでデータを暗号化し、データキーをKMSキーで暗号化する（エンベロープ暗号化）。

8
セキュリティサービス

クライアント側暗号化とサーバー側暗号化

暗号化については、どこで暗号化するかという点も重要になります。クライアント側で行うのか、サーバー側で行うのかということです。

クライアント側暗号化は、ユーザー側の処理で暗号化する方式です。多くの場合、AWSが提供するSDKを利用して行います。EC2やLambda内のプログラムで暗号化してS3にアップロードした場合も、クライアント側暗号化になります。ユースケースとしては、経路の安全性が保障されない場合にクライアント側で暗号化したデータを送ります。

これに対して、AWS側の処理で暗号化するのがサーバー側暗号化です。AWSのサービスが暗号化対応だという場合は、基本的に、サーバー側暗号化が用いられていることになります。クライアント側暗号化のサービスは少なく、該当するのはS3などの一部のサービスのみです。

 練習問題1

社内のセキュリティーポリシーにより、AWSに格納するデータの暗号化が義務付けられています。データの暗号化について正しくないものを1つ選んでください。

    A.EBSにデータをデータを格納するときは、KMSを利用してボリュームを暗号化してデータを格納する。

    B.EC2インスタンスストレージにデータを格納するときは、KMSを利用してボリュームを暗号化して格納する。

    C.S3にデータを格納するときは、サーバー側のデータ暗号化を有効にして格納する。

    D.S3にデータを格納するときは、SDKを利用してクライアント側でデータを暗号化して格納する。

解答は章末（P.215）

8-3

AWS Certificate Manager

あらゆる情報がインターネットを介してやりとりされている現在、通信の暗号化は必須です。サーバーとのやりとりの暗号化、またそのサーバーの信頼性を確認するために、サーバー証明書が利用されます。その際に利用されるプロトコルがSSL（Secure Sockets Layer）/TLS（Transport Layer Security）で、SSL証明書と呼ばれることが多いです。なお、SSL証明書と呼ばれていますが、SSL 3.0を元にした後継プロトコルのTLS 1.0が制定されて以降、実際に利用されているのはTLSとなります。SSL 3.0には脆弱性があるので、利用はすでに非推奨となっています。

証明書の役割と種類

証明書を利用して実現できることは、主に2つあります。1つは、**経路間の通信の安全の確保**です。これには、通信内容を盗聴されないようにするための暗号化と、通信内容の改ざんを防止することがあります。もう1つは、**通信している相手が誰かの証明**です。本人性を証明するには、信頼性が高い第三者が必要となります。このため、SSL証明書は認証局（CA：Certification Authority）という、証明書を管理する機関により発行されています。

証明の方法には次の4つがあります。なお、証明の種類と暗号化強度の間に相関関係はありません。DVよりEVのほうがより強い暗号が使われている、というわけではありません。

○ 自己証明書：自分で認証局を立てて証明書を発行する（第三者による認証なし）。

○ ドメイン認証（DV）：ドメインの所有のみを認証。組織情報の確認はされない。

○ 組織認証（OV）：組織情報の審査を経てから認証する。

○ 拡張認証（EV）：OVより厳格な審査で証明する。アドレスバーに組織名が表示される。

AWS Certificate Manager (ACM)

AWS Certificate Manager（ACM）は、AWS自身が認証局となってDV証明書を発行するサービスです。

ACMは、2048ビットモジュールRSA鍵とSHA-256のSSL/TLSサーバー証明書の作成・管理を行うサービスです。ACMの証明書の有効期限は13か月で、自動で更新するように設定することができます。ACMを利用できるのはAWSのサービスのみですが、ACMには「無料」という非常に強いアドバンテージがあります。ACMの初期設定時には、ドメインの所有の確認が必要です。ドメインの所有の証明には、メール送信もしくはDNSを利用します

連携可能なサービス

ACMは、AWSのサービスのみで利用できます。2023年8月現在、ACMの証明書は次のサービスでサポートされています。

○ Elastic Load Balancing
○ Amazon CloudFront
○ Amazon Cognito
○ AWS Elastic Beanstalk
○ AWS App Runner
○ Amazon API Gateway
○ AWS Nitro Enclaves
○ AWS CloudFormation
○ AWS Amplify
○ Amazon OpenSearch Service
○ AWS Network Firewall

なお、Elastic Beanstalkは、サービス内で利用するELBに対して設定可能です。またELBのうち、ACMを利用可能なのはALB（Application Load Balancer）のみです。

重要ポイント

- ACMは、AWS自身が認証局となって、RSA鍵とサーバー証明書の作成・管理を
行うサービス。AWSのサービスから無料で利用できる。

練習問題2

あなたはAWS上でWebサイトの運営をしています。WebサイトはEC2を利用し、
またアクセスの増減に対応するためにELB（ALB）を利用して動的にEC2の台数を増
減しています。セキュリティを高めるために、SSL/TLS対応をすることになりました。
コストおよび既存の構成の変更を最小限に対応するにはどうすればよいでしょうか。
SSL/TLS化対応について正しい記述を選んでください。

A. AWS Certificate Managerを利用して証明書を作成し、EC2に対してSSL/
TLS証明書の設定を行う。

B. ELBの前にCloudFrontを追加し、CloudFrontに対してAWS Certificate
Managerを導入する。

C. セキュリティグループを変更し、HTTPSに対する通信を許可する。ELBのリ
スナーをHTTPSに変更し、証明書にAWS Certificate Managerを利用する。

D. セキュリティグループを変更し、HTTPSに対する通信を許可する。ELBのリ
スナーをHTTPSに変更し、認証局から購入した証明書をインポートする。

解答は章末（P.215）

8

セキュリティサービス

8-4

AWSのセキュリティサービス

　ここではAWSのセキュリティサービスを紹介します。AWSには数多くのセキュリティサービスがあり、ここで紹介するものがすべてではありません。AWSでシステムを組む上で重要なサービスをピックアップします。

Amazon GuardDuty

　AWS上のシステムのセキュリティを維持するには、IAMやCloudTrail、Configなどを使って開発・運用を行うだけでは不十分です。不正侵入や脆弱性をついた攻撃など、外部からの脅威に対する備えが必要です。現在では、攻撃者は機械的に24時間絶え間なく仕掛けてくるので、対応するほうも24時間の防御が必要です。AWSでは、Amazon GuardDutyと呼ばれる、脅威検出と継続的なモニタリングを行うサービスが提供されています。これにより、脅威の自動検出と、それに対応した防御を機械的に行うことが可能となります。

　GuardDutyは、AWS CloudTrailのイベントログ、Amazon VPCのフローログ、DNSログなどのデータを分析します。

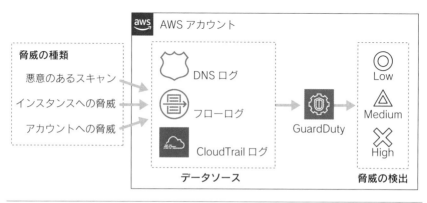

❏ GuardDuty

▶▶　**重要ポイント**

● Amazon GuardDuty は、脅威検出と継続的なモニタリングを行う。

AWS Security Hub

　現在では、AWS利用に際しては複数アカウントが必須となりつつあります。そうなると、すべてのアカウントに対して同じレベルのセキュリティを保つ必要が生じてきます。1か所でも不備があると、そこから重大なインシデントが発生する可能性が出てくるためです。

　では、場合によっては何十、何百にも及ぶアカウントを手動で管理して同じレベルを保持できるでしょうか？ 多数のアカウントを手作業で管理するのは明らかに困難です。

　そこで、AWSではセキュリティを一元管理するためのサービスが提供されており、AWS Security Hub はその1つです。

　Security Hub は、複数のアカウントの状況を一括してモニタリングするサービスです。次のページの図に示すように、セキュリティリスクに関する情報と、AWSが正しく使われているかというコンプライアンスに関わる情報を収集します。

　セキュリティリスクの収集の対象としては、以下が挙げられます。

○ 脅威検出と継続的なモニタリングを行う GuardDuty

○ S3内の機密データの検出・分類・保護を行う Macie

○ EC2インスタンス内のセキュリティやコンプライアンスを評価する Inspector

○ 複数のAWSアカウントのWAF・Shield・セキュリティグループを一元管理できる Firewall Manager

○ IAMの利用状況を分析する IAM Access Analyzer

　これら以外にもサードパーティ製の製品とも連携できます。

8

セキュリティサービス

リスクベースアプローチ → Security Hub ← ベースラインアプローチ

セキュリティリスク		
Macie	GuardDuty	Inspector
Firewall Manager	IAM Access Analyzer	サードパーティ製品

コンプライアンスルール
Config

❑ Security Hub

▶▶　**重要ポイント**

- AWS Security Hub は、複数のアカウントの状況を一括してモニタリングする。

Amazon Macie

Amazon Macie は、機械学習（ML）とパターンマッチングを利用して、S3に保存されているデータから機密データを検出して保護する、データセキュリティおよびデータプライバシーサービスです。

　AWS上で構築するシステムの規模が大きくなると、思わぬところでデータの混入が起こるようになります。そして一般的には、個人情報などの機密データを扱うシステムは、より厳格な管理が必要になります。Macieを使えば、機密データを検出して分類することができます。これにより、機密情報を扱っていないはずのシステムに機密情報が混入したことを検知する、といったことが可能となります。

▶▶　**重要ポイント**

- Amazon Macieは、S3に保存されているデータから機密データを検出して保護する。

Amazon Inspector

Amazon Inspector は、セキュリティ評価サービスです。Amazon EC2、AWS Lambda の関数、Amazon ECR のコンテナイメージを解析し、脆弱性が含まれていないかを診断します。診断した結果のレポートも作成可能で、結果を Amazon EventBridge や AWS Security Hub と連携して通知することも可能です。

Inspector のメリットは、大規模かつ継続的な脆弱性診断ができることです。組織の中で管理するインスタンスが増えた場合、インスタンスが少なかったときと同じレベルの管理を手作業で行うことは困難になります。そこで、Inspector を利用します。Inspector で個々のインスタンスの状況を管理し、Security Hub で統合することにより、組織としてのセキュリティとガバナンスを保つことができます。

▶▶ **重要ポイント**

- Amazon Inspector は、EC2、Lambda などを解析し、脆弱性が含まれていないかを診断する。

AWS Secrets Manager

AWS Secrets Manager は、認証情報や API キーといったクレデンシャル情報を管理するサービスです。EC2 や Lambda から ID やパスワードを利用せざるをえないときに、その情報を安全に管理することができます。また、単純な保存や取得のみならず、定期的なローテーションといったことも可能です。なお、クレデンシャル情報自体は、KMS を利用して安全に保存されます。

8

セキュリティサービス

209

KMS　暗号化　Secrets Manager
パスワードの取得
パスワードを利用して接続
インスタンス　RDS インスタンス

❏ Secrets Manager

　Secrets Manager と同様に認証情報などを管理する機能が他にもあります。そ
れは、AWS Systems Manager の一機能である Parameter Store です。Secrets
Manager と Parameter Store の使い分けはどう考えるべきでしょうか？ 機
能的にはほぼ同等で、かつ Parameter Store は無料で利用できます。一方で、
Parameter Store は、デフォルトの単位時間あたりの API 呼び出し数が制限され
ています。利用用途を検討の上で、使い分けるとよいでしょう。

▶▶　**重要ポイント**

- AWS Secrets Manager は、認証情報や API キーといったクレデンシャル情報を
  管理する。

AWS Shield

　AWS Shield は、DDoS 攻撃（分散型サービス拒否攻撃）からシステムを保
護するフルマネージドサービスです。これにより、外部からの DDoS 攻撃を緩
和することができます。保護の対象は、EC2、ELB、CloudFront、AWS Global
Accelerator、Route 53 です。後述の WAF は Web アプリケーションレイヤーの
攻撃に対する保護なので、両者をうまく組み合わせ使うと効果的です。
　AWS Shield には、次の 2 つの提供形態があります。

○ AWS Shield Standard：すべての AWS 利用者に無償かつデフォルトで提供され
　ます。DDoS 攻撃を自動的に軽減し、システムを保護するサービスです。対象とす
　る攻撃には、SYN フラッド、UDP フラッド、リフレクション攻撃なども含まれます。

○ AWS Shield Advanced：有償サービスであり、より広範で高度なDDoS対策を提供します。Shield Advancedを利用すると、DDoS対策専門家による24時間365日のサポート、DDoS攻撃の費用緩和、WAF（Web Application Firewall）統合、リスク管理レポートなどが提供されます。

▷ **重要ポイント**
- AWS Shieldは、DDoS攻撃（分散型サービス拒否攻撃）からシステムを保護する。

AWS WAF

AWS WAFは、Webアプリケーションに対する攻撃からシステムを保護するサービスです。Web Application Firewallとして、Webアプリケーションレイヤーを悪意のある攻撃から守ります。次の2つの特徴があります。

○ **カスタマイズ可能なセキュリティルール**：AWS WAFでは、適用する防御のルールをカスタマイズすることが可能です。クロスサイトスクリプティング（XSS）やSQLインジェクションといった一般的な攻撃の他に、IPアドレスやリクエスト送信元の国などの地理的条件、User-Agentに含まれる値などを元に制限することが可能です。これらのアクセスルールは、Web ACLと呼ばれています。
○ **AWSリソースとの統合**：AWS WAFは、CloudFrontおよびApplication Load Balancer、API Gatewayと統合して利用します。

AWS WAFについて詳しくは、AWSが提供するマネージドルールを参照するとよいでしょう。どんな攻撃を防げるのかのイメージがつかめるはずです。

📖 AWSマネージドルールのルールグループのリスト
URL https://docs.aws.amazon.com/ja_jp/waf/latest/developerguide/aws-managed-rule-groups-list.html

▷ **重要ポイント**
- AWS WAFは、Webアプリケーションに対する攻撃からシステムを保護する。

AWS Firewall Manager

AWS Firewall Manager は、複数のAWSアカウントのセキュリティを一元管理するためのサービスです。「Firewall Manager」と名付けられていますが、管理する対象はAWS WAFのみならず、AWS Shield Advanced、VPCのセキュリティグループ、ネットワークACLと、広くネットワーク関係のサービスを管理します。

Firewall Managerを利用することで、セキュリティの自動対応を強力に進めることができます。あるアカウントで受けた攻撃に対する対応を、自動的に他のAWSアカウントに対して適用するといったことも、作り込むことにより可能となります。中・大規模のAWSアカウントを管理する場合には必須となるサービスの1つです。

▷ **重要ポイント**

- AWS Firewall Managerは、複数のAWSアカウントのセキュリティを一元管理する。

 練習問題3

公開しているWebサーバーが、アプリケーションレイヤーに対しての攻撃を受けていることが判明しました。攻撃は、国外の特定の国から発生しているようです。AWSのサービスを使って、どのように防げばよいでしょうか。

A. Amazon CloudFrontを導入し、対象の国からのリクエストを遮断する。

B. AWS Shield Advancedを契約し、攻撃に対応する。

C. AWS WAFを導入し、対象の国からのアクセスを遮断するルールを追加する。

D. VPCのセキュリティグループで、該当の国のIPアドレスを遮断するルールを追加する。

解答は章末（P.215）

本章のまとめ

▶　**鍵管理**

- AWSの鍵管理サービスにはKMSとCloudHSMがある。
- CloudHSMは、VPC内で専有のハードウェアを利用して鍵を管理するサービスで、相当に大規模なシステムに用いる。
- KMSは、AWSが管理するマネージドサービスで、多くの場合、CloudHSMではなくこちらを用いる。
- KMSでは、データキーでデータを暗号化し、データキーをKMSキーで暗号化する（エンベロープ暗号化）。

▶　**セキュリティサービス**

- ACMは、AWS自身が認証局となって、RSA鍵とサーバー証明書の作成・管理を行うサービス。AWSのサービスから無料で利用できる。
- Amazon GuardDutyは、脅威検出と継続的なモニタリングを行う。
- AWS Security Hubは、複数のアカウントの状況を一括してモニタリングする。
- Amazon Macieは、S3に保存されているデータから機密データを検出して保護する。
- Amazon Inspectorは、EC2、Lambdaなどを解析し、脆弱性が含まれていないかを診断する。
- AWS Secrets Managerは、認証情報やAPIキーといったクレデンシャル情報を管理する。
- AWS Shieldは、DDoS攻撃（分散型サービス拒否攻撃）からシステムを保護する。
- AWS WAFは、Webアプリケーションに対する攻撃からシステムを保護する。
- AWS Firewall Managerは、複数のAWSアカウントのセキュリティを一元管理する。

8

セキュリティサービス

ソリューションアーキテクト－アソシエイトの次に何を取るか

　AWS認定ソリューションアーキテクトのアソシエイトを無事取得できたとして、AWSについてさらに詳しくなりたい場合、次はどの資格を目指せばよいのでしょうか？ AWS認定制度の黎明期は、ソリューションアーキテクトのアソシエイトとプロフェッショナルしかなかったので、必然的にプロフェッショナルを目指すしかありませんでした。しかし、今はデベロッパーやSysOpsアドミニストレーターなど、別のアソシエイトレベルや専門特化型のスペシャリティ試験もあります。

　筆者の個人的なお勧めとしては、まず**アソシエイトの3冠取得**をお勧めします。インフラ系のエンジニアは認定デベロッパーを敬遠し、アプリ系のエンジニアは認定SysOpsアドミニストレーターを敬遠する傾向があります。しかし、一時期フルスタックエンジニアという言葉が流行したように、最近の潮流としてはアプリ担当者・インフラ担当者という区分けが存在するとしても、お互いの領域の技術をある程度知っていることが求められます。アプリ開発者にとってのSysOpsアドミニストレーターも同様です。認定資格のアソシエイト3冠を取ると、インフラ・開発者・運用者の仕事がバランスよく学べるので、まずこの3つを取得することをお勧めします。

　アソシエイト3冠を取った後は、次にプロフェッショナルとスペシャリティのどちらを目指せばよいのでしょうか。これはけっこう難しい問題です。その人の技術スタック・キャリアによってどちらが良いのか一概には言えないからです。ただ最近のプロフェッショナル試験の難易度はかなり高くなっているようなので、アソシエイト3冠の人でも、プロフェッショナル試験の壁で苦労する人も多いです。

　そういった場合にお勧めなのが、スペシャリティから取得する方法です。スペシャリティは該当する分野の知識があれば、実はプロフェッショナルより1つ1つの問題の難易度は低く設計されているように思えます。プロフェッショナル試験は問題文が長く、場合によっては記述内容の設計を整理して書き上げながら考える必要があります。これに対して、スペシャリティは問題文自体の長さはアソシエイトと大差なく、問題文の背景や意図を読み解く必要は少ないです。筆者の経験ですと、プロフェッショナルは試験時間ギリギリまで問題を解く必要がありますが、スペシャリティは半分くらいの時間で終わることが多いです。

　そういった意味で、アソシエイト3冠の次は、自分の関連分野のスペシャリティを取ることをお勧めします。特に強い関連分野がない場合は、スペシャリティの中でもまず**セキュリティを目指す**のがお勧めです。セキュリティは万人に必要な技術であり、AWSを利用する上で避けては通れない道です。そしてセキュリティの認定試験は、AWSのセキュリティの重要点がコンパクトにまとめられています。

<h1>練習問題の解答</h1>

✓ 練習問題1の解答

答え：B

　AWSの暗号化に関する問題です。暗号化可能なサービスと、サーバー側／クライアント側暗号化の組み合わせで、どれが可能か理解しておく必要があります。

　まずEBSは、KMSを利用してサーバー側の暗号化が可能です。よってAは正しいです。なお、ブート領域の暗号化も可能となっています。インスタンスに付属のインスタンスストレージは、一時的なデータ置き場として利用します。インスタンスを停止すると初期化されデータは消失します。この領域に格納する際は、暗号化できません。よってBは誤り（この問題の正答）になります。

　S3については、サーバー側暗号化とSDKを利用したクライアント側暗号化のどちらも利用可能なのでCとDは正しいです。

✓ 練習問題2の解答

答え：C

　ACMの導入に関する問題です。まず、ACMが導入可能な箇所は、API Gatewayの他にはELBとCloudFrontのみです。そのため、EC2に直接証明書をインポートすることはできません。よってAは誤りです。

　次にBですが、CloudFrontとELBのどちらにも導入可能です。しかしこの問題の環境には事前にCloudFrontが導入されていません。そのためCloudFrontの導入には、既存のFQDNをCloudFrontのオリジン用に別のFQDNに変更した上で、CloudFrontの設定および既存のFQDNの向き先をCloudFrontに変更する必要があります。構成変更を最小限にという制約があるので、他の選択肢がありそうです。

　選択肢CおよびDですが、ELBに対して証明書を設定する方法が示されています。証明書の設定方法としてはどちらも正しいですが、コスト最小限という制約があります。そのため、無料のサービスであるACMを利用するCが適切です。その上で、BとCを比較すると、より構成の変更が少ないCが適切です。以上から、この問題の正解はCとなります。

✓ 練習問題3の解答

答え：C

　Webアプリケーションレイヤーの保護に関する問題です。AのCloudFrontで対象国からのリクエストを遮断する方法は有効です。ただし、Webアプリケーションへの防御目的であればもっとよい方法がありそうなので、いったん保留にします。BのShield Advancedは、主にDDoS攻撃に対しての防御です。問題文でアプリケーションレイヤーに対する攻撃とあるので、防御の対象がズレています。

　DのVPCのセキュリティグループは、インバウンドルールの設定はできますが、特定のIPを遮断することはできません。そういった用途にはネットワークACLが適切です。一方で、特

8
セキュリティサービス

定の国とあるので、1つのIPを遮断するだけでは対処は難しいです。手動でIPアドレスを追加していくという運用は現実的ではないので、AWS WAFのような管理サービスを使うとよいでしょう。AWS WAFには、特定の国からのアクセス除外という機能のみならず、クロスサイトスクリプティング（XSS）やSQLインジェクションといった、一般的なWebアプリケーション層への攻撃に対するルールが用意されています。よってCの対処が適切です。

第9章

アプリケーション
サービス

AWSを利用して効率的にシステムを構築運用するには、アプリケーション
サービスが欠かせません。本章では、メッセージキューイングサービスSQS、
ワークフローサービスSWFおよびStep Functions、プッシュ型通知サービ
スSNS、Eメール送信サービスSESについて解説します。

9-1

AWSのアプリケーションサービス

AWSは、EC2やRDS、VPCといったIaaSやPaaSのみならず、SaaSと呼ばれるようなアプリケーションサービスも積極的に展開しています。AWSを利用してより効率的にシステムを構築運用するには、アプリケーションサービスをうまく活用することが鍵となります。

試験の観点からも、コスト面や可用性に優れたシステムを構築する場合、アプリケーションサービスが鍵となります。

AWSのアプリケーションサービスに共通する基本的な考え方

AWSには数多くのアプリケーションサービスがありますが、基本的な考え方は共通しています。多くのユーザーが利用する汎用的なサービスを、AWSの大規模なリソースを利用して開発・運用することにより、低コストかつ高品質なサービスが提供できるという点です。

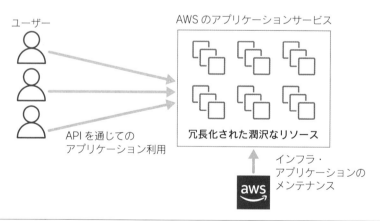

❏ アプリケーションサービスの概念図

　ここで重要なのは、AWSのアプリケーションサービスはAWSが提供する多数のサーバーリソースの上に構築されている点です。また、サーバーとアプリケーションのメンテナンスはAWSが行います。このため、自分で冗長化構成をとるよりも、多くの場合、コスト面でも安定性でも優れています。

　これは、AWS認定の試験問題を解くときに重要な考え方にも関係します。アプリケーションサービスとしてフルマネージドサービスを利用している場合、そのサービスの制約以外では冗長性や可用性は考えなくてもよい前提になっています。

　この章では、代表的なアプリケーションサービスを解説していきます。

▶　**重要ポイント**

- AWSのアプリケーションサービスはAWSのサーバーリソース上に構築されており、サーバーとアプリケーションのメンテナンスはAWSに任せておける。そのため、コスト面でも安定性の面でも、自身で構成するより優れている。

9

アプリケーションサービス

9-2

SQS

Amazon Simple Queue Service（SQS）は、AWSが提供するフルマネージドなメッセージキューイングサービスです。AWSのサービス群の中では最古のもので、2004年からサービスインしています。これはAWSの中核機能である Amazon EC2 や Amazon S3 の提供開始（2006年）より前で、このことからもシステム間の連携の中でキューが果たす役割の大きさが分かります。

❑ キューイングサービスを介すことで、システムは疎結合になる

SQSの機能としては、キューの管理とメッセージの管理の2つがあります。キューとは、メッセージを管理するための入れ物のようなもので、基本的には利用開始時に作成すれば管理する必要はなく、エンドポイントと呼ばれるURLを介して利用する形になります。キューの管理機能としては、キューの作成・削除の他に、動作属性などの詳細な設定があります。

メッセージの管理機能としては、キューに対するメッセージの送信・受信と処理済みのメッセージの削除があります。それ以外にも、複数のキューをまとめて処理するバッチ用のAPIや、処理中に他のプロセスから取得できなくするための可視性制御のAPIもあります。

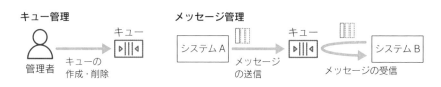

❑ キュー管理とメッセージ管理

Standardキューと FIFOキュー

SQSのキューには、Standardキューと FIFOキューがあります。SQSでは ベストエフォートのために、もともとメッセージの配信順序は保証されていま せんでした。それが、2016年11月に配信順序が保証される FIFOキューが提供 されるようになりました。順序保証の FIFOキューが登場したことで、従来のキ ューは Standardキューと呼ばれるようになりました。

Standardキューでは、取得のタイミングによって同一のメッセージが2回配 信される可能性がありました。そのため、利用するシステム側で同一のメッセ ージを受信しても影響がない作り方(冪等性)を保証する必要がありました。 FIFOキューの場合は、同一メッセージの二重取得の問題も解消されています。

キューとしての使いやすさは、Standardキューよりも FIFOキューのほうが 優れています。ただし、FIFOキューは配信順序の保証のために、Standardキュ ーより秒あたりの処理件数が劣っています。Standardキューは、1秒あたりの トランザクション数(TPS)がほぼ無制限なのに対し、FIFOキューの1秒あた りのトランザクションはバッチ処理なしで300件、バッチ処理ありで3000件に 制限されています。また高スループットモードを有効化することにより、バッ チ処理なしで3,000件、バッチ処理ありで30,000件まで処理速度を拡張させる ことができます。

▶ **重要ポイント**

- Standardキューはメッセージの配信順序を保証せず、同一のメッセージが2回 配信される可能性がある。
- FIFOキューはメッセージの配信順序を保証する。秒あたりの処理件数は Standardキューに劣る。

ロングポーリングとショートポーリング

キューのメッセージの取得方法として、ロングポーリングとショートポーリ ングがあります。両者の違いは、SQSのキュー側がリクエストを受けた際の処 理にあります。デフォルトのショートポーリングの場合、リクエストを受ける

9

アプリケーションサービス

とメッセージの有無にかかわらず即レスポンスを返します。これに対してロングポーリングの場合は、メッセージがある場合に即レスポンスを返すことは同じですが、メッセージがない場合は設定されたタイムアウトのギリギリまでレスポンスを返しません。

ショートポーリングのほうがAPIの呼び出し回数も多くコストが高くなります。複数のキューを単一スレッドで処理するような例外的なケース以外では、ロングポーリングを利用することが推奨されています。

可視性タイムアウト

メッセージは、受信しただけでは削除されません。コンシューマーと呼ばれる受信者側から明示的に削除指示を受けたときに削除されます。そのため、メッセージの受信中に他のクライアントが取得してしまう可能性があります。それを防ぐために、SQSには同じメッセージの受信を防止する機能として可視性タイムアウトがあります。可視性タイムアウトのデフォルトの設定値は30秒で、最大12時間まで延長できます。

なお、メッセージの送信者はプロデューサーと呼ばれます。また、配信中（in Flight）のメッセージは、保留メッセージと呼ばれます。

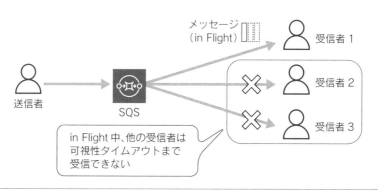

❏ 可視性タイムアウト

遅延キューとメッセージタイマー

　メッセージの配信時間のコントロールとして、遅延キューとメッセージタイマーという2つの機能があります。遅延キューは、キューに送られたメッセージを一定時間見えなくする機能です。これに対してメッセージタイマーは、個別のメッセージに対して一定時間見えなくする機能です。両者とも、メッセージ配信後すぐに処理されると問題がある場合に利用します。

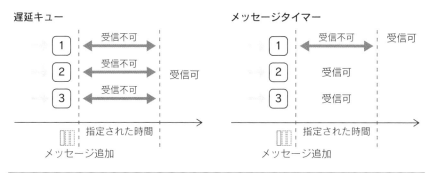

❏ 遅延キューとメッセージタイマー

デッドレターキュー

　デッドレターキューは、処理できないメッセージを別のキューに移動する機能です。指定された回数（1〜1000回）処理が失敗したメッセージを通常のキューから除外して、デッドレターキューに移動します。データ上あるいはシステム上の理由から必ず失敗するジョブがある場合、これらはキューに残り続けます。デ

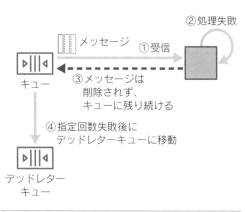

❏ デッドレターキュー

ッドレターキューは、このような事態を防ぐのに有効です。デッドレターキューをうまく使うと、アプリケーション側の例外処理を大幅に簡素化できます。

メッセージサイズ

　キューに格納できるメッセージの最大サイズは256KBです。文字列の情報には十分なサイズですが、画像情報などを扱うには足りません。SQSでは、大きなサイズのデータはS3やDynamoDBに格納し、そこへのパスやキーといったポインター情報を受け渡すことで対応します。

 練習問題1

　あなたは求人のためのプラットフォームシステムを開発するエンジニアです。現在、CSVファイルから求人案件を取り込む機能の開発を行っています。処理の概要としては、Web画面からファイルをアップロードし、入稿作業は非同期に行うという流れになります。入稿待ち状況についてはキューで管理することにしており、SQSを利用することにしました。

　下記のSQSに関する記述のうち、誤っているものはどれですか。

　　A. ロングポーリングを用いると、キューにメッセージがない場合に指定した時間までポーリングする。結果として、APIの呼び出し回数を減らすことができる。

　　B. FIFOキューは順序性を保証するだけでなく、Standardキューに比べて処理性能も高いアーキテクチャを採用している。ただし、その分FIFOキューのほうが利用料金が高く設定されている。

　　C. 何度も処理に失敗するメッセージをデッドレターキューに送ることで、アプリケーションの処理を簡素化できる。

　　D. 複数のクライアントがあるときに、キューから同じメッセージを受信しないようにするために、可視性タイムアウトという設定値がある。

解答は章末（P.231）

9-3

SWFとStep Functions

　システム開発をする際に必ず出てくるのが、複数の処理間の関連性です。単純に「1→2→3」と処理が順番に流れてくるものもあれば、「1→2→3 or 4」といったように処理結果によって分岐する場合もあります。このような一連の処理の流れをワークフローと呼びます。ワークフローの中には、システム間の連携のみならず、人による処理が介在することもあります。

AWSのワークフローサービス

　AWSにはワークフローのサービスとして、Amazon Simple Workflow Service（SWF）とAWS Step Functionsがあります。Step Functionsのワークフローエンジンは SWF を利用していると言われています。そのため、一部の機能でStep Functionsがカバーしていない部分もあるものの、ワークフローの動作としては両者はほぼ同じことができます。

　Step FunctionsとSWFの違いは可視化の機能です。Step Functionsには、ワークフローを可視化して編集できる機能があります。とても難解なサービスであるSWFより、Step Functionsははるかに容易にワークフローを構築できます。新規でワークフローを作る場合は、基本的にStep Functionsを利用しましょう。

　認定試験では、アーキテクチャ上の設計のポイントを聞かれます。そのため、SWFとStep Functionsの特徴を押さえておく必要があります。両者は、分散処理や並列処理が可能で、かつSQSのStandardキューと違って1回限りの実行保証がついています。処理の順序性も保証されています。また、システムの処理途中で人間系の処理が入る場合には、かなりの確率でAmazon Mechanical Turkと併用して利用されることになります。Mechanical Turkはクラウドソーシングのサービスです。

9

アプリケーションサービス

225

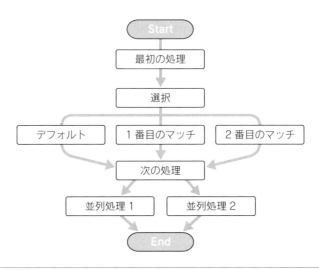

❏ ワークフローの例

● SWFとStep Functionsはワークフロー（一連の処理の流れ）を制御するサービス。両者はほぼ同等の機能を持つが、Step Functionsには可視化機能があり、SWFよりも使いやすい。

 練習問題2

AWSのワークフローサービスについて正しい記述はどれですか。

　A.ワークフローサービスを用いても処理の順序性は保証されないので、実装側で順序性を担保する必要がある。

　B.ワークフローサービスを用いると各処理の順序性を保証できる点がメリットだが、複数の処理を並列に行う定義はできない。

　C.ワークフローサービス群を用いることでフローのステート管理をサービスに任せることができるので、その分処理の実装を簡潔に行えるようになる。

　D.SWFはワークフローを可視化できるので、Step Functionsと比べてフローのビジュアライズ面で優れているサービスである。

解答は章末（P.232）

226

9-4

SNSとSES

　管理者同士の連携や利用者への通知など、複数のユーザーにシステムの状態を知らせる際に重要な役割を果たすのがAmazon Simple Notification Service（SNS）です。

　SNSは、プッシュ型の通知サービスです。マルチプロトコルなので、複数のプロトコルに簡単に配信できます。利用できるプロトコルとしてはSMS、email、HTTP/HTTPS、SQSに加え、iOSやAndroidなどのモバイル端末へのプッシュ通知、Lambdaとの連携などが可能です。メッセージをプロトコルごとに変換する部分はSNSが行うので、通知する人はプロトコルの違いを意識することなく配信できます。

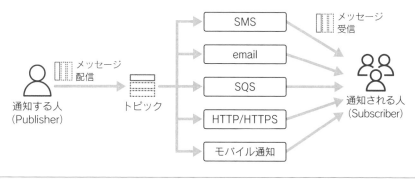

❏ SNSの概念図

　SNSは、システムのイベント通知の中核を担います。SQSやCloudWatchなどと組み合わせて、システム間の連携や外部への通知などに利用します。

　Amazon Simple Email Service（SES）は、Eメール送信のサービスです。SMTPプロトコルを利用して、あるいはプログラムから直接Eメールを送信する際に利用します。

- SNSはプッシュ型の通知サービスで、システムのイベント通知の中核を担う。様々な通信プロトコルに対応している。
- SESはEメール送信サービスで、SMTPプロトコルを利用する。

SNSの利用について

SNSは、トピックという単位で情報を管理します。システム管理者は、メッセージを管理する単位でトピックを作成します。トピックの利用者としては、通知する人（Publisher）と通知される人（Subscriber）がいます。Subscriberは、利用するトピックおよび受け取るプロトコルを登録します。これを購読と呼びます。Publisherはトピックに対してメッセージを配信するだけで、Subscriberのこともプロトコルのことも意識する必要はありません。

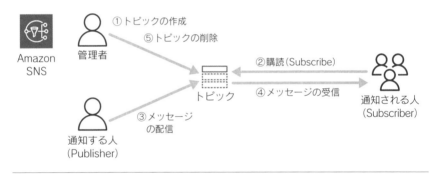

❑ SNSの利用手順

SNSを使ったイベント通知

SNSは、AWS上でイベントが発生したときの通知を一手に引き受けます。そのためアーキテクチャ設計上、SNSは非常に重要な役割を果たします。イベントの種類には様々なものがありますが、たとえば次のようなものがあります。

○ リソースの設定・状態を評価するAWS Configでルールに違反している使われ方
　が発見された。
○ CloudWatchでEC2のCPU・ネットワークなどのメトリクスを監視しているとき
　に閾値を超えた。

　SNSは、メールやモバイルプッシュで人間に通知することも可能ですし、
SNSからLambdaを呼び出してプログラムに対処させることも可能です。プッ
シュ型の通知が必要なアーキテクチャを問われた場合は、まずSNSが使えるか
どうかを検討してみましょう。

SES

　SESはEメール送信サービスです。SMTPプロトコルやAPIを通じたメール
送信の他に、Eメールを受信し、S3に保存することも可能です。SESの特徴は
高い配信性能にあります。近年のメール環境は、ウイルスメールやスパムメー
ルの送信者など、悪意を持った送信者によって危険にさらされています。その
ため、メールサーバーを運営するインターネットサービスプロバイダー（ISP）
や通信キャリア、個人・企業などは、安全性を高めるために様々な手段を講じて
います。
　たとえば、特定のIPアドレスから短期間のうちに大量のメールが送信された
場合に遮断します。あるいは、IPアドレスやドメインごとに過去の行動履歴を
調べ、評価（レピュテーション）を与え、評価が低いIPアドレスからの送信を受
け付けない、ということもあります。さらに、それらの情報をデータベース化し
て全世界で共用することにより、防御効果を高めています。
　SESは、こういった状況に対処して信頼性の高いメールだけを配信するため
の、いくつもの機能を備えています。

○ 送信時にウイルスやマルウェアを検出してブロックする機能
○ 送信の成功数や拒否された数を統計的に処理し、配信不能や苦情を管理する機能
○ Sender Policy Framework（SPF）やDomainKeys Identified Mail（DKIM）といっ
　た認証機能

　SESは、信頼性を保つために利用者にもいくつかの制約を課しています。ま
ずSESは、登録済みのメールアドレスもしくはドメインからのみ送信可能です。

9

アプリケーションサービス

登録の際には、送信元として正式な所有者であることを証明する必要があります。また、利用するには次の3つの条件をクリアしなければなりません。

○ Bounce Mail（配信不能メール）の比率を5%以下に保ち続ける。
○ 苦情を防ぐ（0.1%未満）。
○ 悪意のあるコンテンツを送らない。

　メールサーバーの運用は年々負荷が高いものとなっており、SESはその運用に必要な機能を備えていると言えるでしょう。

 練習問題3

　あなたは社内のナレッジ共有システムをAWS上で構築しています。現在、システムの状態の検知や、そのメール配信をSNSとSESを使って構築できないか検証しています。
　SNSとSESに関する下記の記述の中で誤っているものはどれですか。

A. SNSを機能の間に挟むことで、各機能が密結合になる。
B. SESはメール送受信機能を提供するマネージドサービスであるが、配信不能メールを減らすなど利用者側で対応する事項もある。
C. SNSとSESを組み合わせて利用することができる。
D. SESでは登録済みのメールアドレスかドメインからしかメール送信ができない。

解答は章末（P.232）

本章のまとめ

▶ **アプリケーションサービス**

- AWSのアプリケーションサービスはAWSのサーバーリソース上に構築されており、サーバーとアプリケーションのメンテナンスはAWSに任せておける。そのため、コスト面でも安定性の面でも、自身で構成するより優れている。

- SQSはフルマネージドなメッセージキューイングサービスで、キューとメッセージを管理する。

- SWFとStep Functionsはワークフロー（一連の処理の流れ）を制御するサービス。両者はほぼ同等の機能を持つが、Step Functionsには可視化機能があり、SWFよりも使いやすい。

- SNSはプッシュ型の通知サービスで、システムのイベント通知の中核を担う。様々な通信プロトコルに対応している。

- SESはEメール送信サービスで、SMTPプロトコルを利用する。様々な防御機能を備えており、高い配信性能を誇る。

練習問題の解答

✓ 練習問題1の解答

答え：B

　SQSの特徴を問う問題です。まず、Aのロングポーリングに関する記述は正しいです。キューを確認したときにメッセージがなくても、しばらくメッセージを待つ動きになります。結果として、ショートポーリングと比べてAPIの呼び出し回数は少なくできます。Cのデッドレターキュー、Dの可視性タイムアウトに関する記述も正しいです。これらの機能がSQS側に備わっていることで、アプリケーション側で考慮することを減らせます。

　最後にBの記述ですが、

　FIFOキューは順序性を保証する
　FIFOキューのほうが利用料金が高く設定されている

については正しいですが、「Standardキューに比べて処理性能も高いアーキテクチャを採用している」が誤りです。FIFOキューは順序性を担保する代わりに、トランザクション数に制限を設けています。

✓ 練習問題2の解答

答え：C

　AWSのワークフローサービスであるSWF、Step Functionsに関する問題です。ワークフローサービスの特徴として、

・ 順序性の担保
・ 並列処理／分散処理を定義可能

が挙げられます。よって、AとBの記述は誤りです。Cの記述が正しく、この問題の正解となります。

　ワークフローがない場合、ステート（状態）の管理を利用者側で行う必要があります。たとえば「1つ目の処理は完了していて、その後続の処理を実行中」といった状態をSQSやDynamoDBに保持する必要がありました。ワークフローサービスを利用することで、状態管理のための実装が不要になるので、その分処理の実装をシンプルにできます。Dの記述ですが、フローを可視化することができるのはSWFではなく、Step Functionsです。

✓ 練習問題3の解答

答え：A

　誤っているものを探す問題です。最初のAですが、SNSを挟むことでPublisherはSubscriberのことを意識する必要がなくなります。後続の処理を意識せずに済む実装になるということは、各機能が疎結合になるということを意味します。よってAは誤りです。疎結合化できるのがSNSの大きなメリットなので覚えておくようにしましょう。

　残りの記述はすべて正しいです。SESはマネージドサービスで、メールサーバー運用の負荷を軽減することができます。ただし、配信できないメールや苦情対応については利用者側の責務になります。よってBは正しい記述です。これらを怠るとサービスが利用できなくなるので、SESを使う場合は念頭に置いておくようにしてください。

　この配信不能メールの対応は、SNSと組み合わせることで自動化することもできます。SNSとSESは組み合わせて利用できるので、Cの記述も正しいです。

　Dの記述も正しく、正式な所有者からのメール送信のみを受け付けることで、よりセキュアなメール配信機能が提供されます。

第 10 章

分析サービスと
データ転送サービス

AWSには多数の分析サービスがあり、さらにはAIや機械学習へと広がりを見せています。分析サービスに限定すると、大きく「投入・加工のためのサービス」と「格納・検索のためのサービス」に分類できます。前者のサービスとしてはEMR、Data Pipeline、Glue、Kinesisがあり、後者のサービスとしてはCloudSearch、OpenSearch Service、QuickSight、Athenaがあります。データウェアハウス向けのデータベースサービスであるRedshift（5-3節参照）も、分析のための格納・検索サービスとカテゴライズされることがあります。本章では、これらのうちEMR、Kinesis、Data Pipeline、Athena、QuickSightについて詳しく解説します。さらには、データ転送サービスであるSnowball、Transfer Family、DataSyncも取り上げます。

10-1

EMRの基礎

Amazon EMRは、分散処理フレームワークです。もともとHadoopを中心と
したサービスであり、「Amazon Elastic MapReduce」というサービス名でした
が、最近はHadoopにとどまらず様々な分散処理のアプリケーションをサポー
トするようになったためか、略称のEMRがサービス名となっているようです。
　EMRは2つの性格を持つサービスで、分散処理基盤と分散処理アプリケーシ
ョン基盤の2つの機能で構成されています。

▶　　**重要ポイント**
- EMRは分散処理フレームワークで、分散処理基盤と分散処理アプリケーション
　基盤の2つから構成される。

EMRのアーキテクチャ

　EMRは、プライマリノード、コアノード、タスクノードという3種類のノード
で構成されます。
　プライマリノードはその名のとおりプライマリの役割を果たし、コアノード、
タスクノードにジョブを振り分けます。プライマリノードは1台のみ存在し、フ
ェイルオーバーができません。そのため、プライマリノードに何らかの問題が
あった場合、ジョブ全体が失敗します。
　コアノードとタスクノードは、どちらも実際のジョブを実行します。両者の
違いは、コアノードはデータを保存する領域であるHDFS（Hadoop Distributed
File System）を持ち、タスクノードはHDFSを持ちません。そのため、タスクノ
ードはコアノードに比べ柔軟に増減ができます。ただし、コアノードなしでタ
スクノードのみの構成にすることはできません。

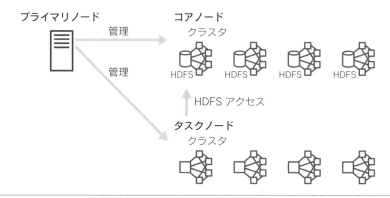

❑ EMRのアーキテクチャ

分散処理基盤としてのEMR

　EMRの1つ目の機能として、分散処理基盤があります。これには、分散処理に必要なEC2の調達・廃棄などのリソースの調整機能と、S3を分散処理に扱いやすいストレージとして扱う機能（EMRFS）があります。どちらも重要な機能ですが、ソリューションアーキテクトの認定試験では、リソースの調整機能にフォーカスされることが多いです。

　リソースの調整機能として重要になるのが伸縮自在性とコストです。伸縮自在性は、処理するEC2インスタンスを解析開始時に調達し、必要に応じて増減させる機能です。またデフォルト設定の動作としては、解析が完了すると自動的にリソースが解放されるようになっています。

　コストの観点では、EMRには分析費用を小さくするための機能があります。もともとEC2インスタンス自体のコスト削減機能として、リザーブドインスタンスやスポットインスタンスがあります。分散処理基盤は動作の特性からスポットインスタンスと相性がよく、EMRにもスポットインスタンスのオプションがあります。

▶▷　重要ポイント

● EMRの分散処理基盤は、その動作の特性からEC2のスポットインスタンスと相性がよい。

10 分析サービスとデータ転送サービス

EMRとコスト

分散処理の機能の構成要素の1つとして、ジョブの分割と管理があります。ジョブの分割は、全体の処理を小さな単位のジョブとして分割することです。ジョブの管理は、分割したジョブを分散処理基盤内のインスタンスに振り分け、その成否を管理する機能です。たとえば、ジョブを振り分けたインスタンスが何らかの事情で処理完了できない場合、別のインスタンスにそのジョブを再度処理させます。

スポットインスタンスは、入札価格より時価が上回った場合に利用が強制的に中断されます。その制約があるために、通常のEC2のオンデマンドの価格より大幅に低コストで使えるのですが、利用には一工夫が必要です。EMRなら、その一工夫が分散処理の機能として備わっているため、スポットインスタンスと非常に相性がよいというわけです。

EMRを使う際は、まず分散処理できるようにアプリケーションを適合させ、その上でスポットインスタンスを利用できるようにするのがよいでしょう。認定試験でも、分散処理を早く低コストに実行するための定石として、Auto Scalingとスポットインスタンスの組み合わせが最適なケースになることが多いです。

分散処理アプリケーション基盤としてのEMR

分散処理を実現するには、アプリケーションが不可欠です。EMRでは、分散処理アプリケーションとして、HadoopやHadoop上で動く多数のフレームワークが利用可能です。代表的なところを挙げると、Apache Spark、HBase、Presto、Flinkなどがあります。これら事前に用意されているアプリケーションはサポートアプリケーションと呼ばれます。それ以外にも、自分で用意したアプリケーションをカスタムアプリケーションとして利用できます。

なお、AWSの分析のフルマネージドサービスであるAthenaのエンジン部分はPrestoです。Athenaはインスタンスの立ち上げすら不要ですので、要件に応じて使い分けるとよいでしょう。また、EMRはバージョンアップの頻度が高く、サポートされるアプリケーションの範囲・バージョンもどんどん広がっています。定期的に利用バージョンを見直すとよいでしょう。

練習問題1

あなたはEMRを利用した分散バッチシステムを管理しています。このバッチシステムでは、1台のマスターサーバーと2台のコアサーバーを利用することにより、1日分の処理を12時間で完了することができます。またこのバッチシステムは、バッチ処理を実行するサーバー台数に比例して処理速度を高速化できるものとします。

この処理をできるだけ短時間かつ低コストに実行するにはどうすればよいでしょうか。

A. マスターサーバーにオンデマンドインスタンスを割り当てる。スポットインスタンスを利用し、2台のコアサーバーを割り当てる。

B. 3台のリザーブドインスタンスを購入し、マスターサーバー1台、コアサーバー2台を割り当てる。

C. マスターサーバーにオンデマンドインスタンスを割り当てる。スポットインスタンスを利用し、6台のコアサーバーを割り当てる。

D. マスターサーバーにオンデマンドインスタンスを割り当てる。オンデマンドインスタンスを利用し、6台のコアサーバーを割り当てる。

解答は章末（P.247）

10-2

ETLツール

　データ分析サービスと切っても切り離せないのがETLツールです。ETLは「Extract Transform Load」の略で、データソースからのデータの抽出・変換・投入の役割を果たします。

　AWSにはETL関連サービスとして、Data PipelineとGlueがあります。また、Kinesisも広義のETLと言えるでしょう。この中でアーキテクチャ上重要になるのがKinesisです。

Kinesis

　Amazon KinesisはAWSが提供するストリーミング処理プラットフォームです。Kinesisには、センサーやログなどのデータをリアルタイム／準リアルタイムで処理するData StreamsとData Firehose、動画を処理するVideo Streams、収集したデータを可視化・分析するData Analyticsという4つの機能があります。試験対策としては、まずはData Streamsの機能を押さえておくとよいでしょう。

　Data Streamsは、右ページの図のようなアーキテクチャとなっています。様々なデータソースから送信されたデータがData Streamsに流れ、それを他のアプリケーションに流していきます。

　アーキテクチャ上重要なのが、データレコードの分散と順序性です。まずデータレコードの分散についてです。どのストリームで処理されるかは、データ入力時に指定されたパーティションキーを元に決められます。そして、そのストリーム内では、データが入ってきた順番に処理されます。

　この特性を理解した上で設計すれば、Kinesisの伸縮自在性・耐久性の恩恵を受けることができます。センサーデータやログなど大量のデータをリアルタイムで処理する場合、Data Streamsを使ったアーキテクチャが有用です。

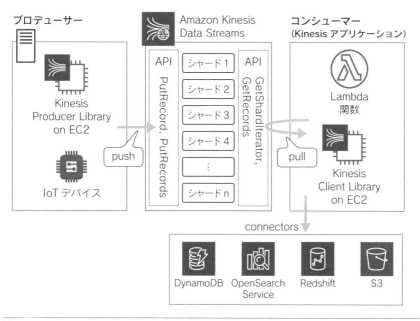

❏ Kinesis Data Streamsのアーキテクチャ

▶▶ **重要ポイント**

● Kinesisはストリーミング処理プラットフォームで、センサーデータやログなど
をリアルタイム／準リアルタイムで処理するData StreamsとData Firehose、動
画を処理するVideo Streams、収集したデータを可視化・分析するDataAnalytics
で構成される。

Data Pipeline

　AWS Data Pipelineもデータ処理やデータ移動を支援するサービスで
す。Data Pipelineでパイプラインを設定すると、オンプレミスやAWS上の
特定の場所に定期的にアクセスし、必要に応じてデータを変換し、S3、RDS、
DynamoDBなどのAWSの各種サービスに転送します。設定は、ビジュアルなド
ラッグ＆ドロップ操作でリソースを繋ぎ合わせて行えます。

　また、スケジュール実行の他に、エラー時の再実行や耐障害性・可用性が機能
として備えられています。そのため、自前でEC2インスタンスを立ててバッチ

10

分析サービスとデータ転送サービス

239

処理を作るのに比べ、例外処理の設計・実装の手間が少なくインフラ運用の負荷も少ないです。

バッチ処理のETLを構築する必要がある場合は、Data Pipelineを検討してみましょう。

 重要ポイント

* Data Pipelineはデータ処理やデータ移動を支援するサービス。ビジュアル操作で設定できる。

練習問題2

あなたはWebサーバーからのログをリアルタイムで分析し、可視化するプロジェクトに参画しています。可視化のシステムはすでに用意されており、ログを所定の場所に置くと可視化できるようになっています。あなたはこのシステムを完成させるために、ログの転送部分を作成する必要があります。

この処理をできるだけ短時間かつ低コストで実行するにはどうすればよいでしょうか。

A. Data Pipelineを利用し、ログを定期的に転送する。
B. Data Pipelineを利用し、ログをリアルタイムで転送する。
C. Kinesis Data Streamsにログをプッシュし、直接ログを所定の場所に転送する。
D. Kinesis Data Streamsにログをプッシュし、Lambdaでポーリングして所定の場所に転送する。

解答は章末（P.247）

10-3

その他の分析サービス

　AWSには、データ分析で活用できるサービスがまだまだたくさんあります。ここでは、Amazon Athena と Amazon QuickSight の特徴と使い所を簡単に紹介します。

Athena

　Amazon Athena は、S3内のデータを直接、分析できるようにする対話型のクエリサービスです。所定の形式で格納されたS3のデータに対して、標準SQLでデータの分析ができます。Athenaは、内部的にはオープンソースの分散型SQLクエリエンジンであるPrestoで実装されていて、CSV、JSON、ORC、Avro、Parquetのデータ形式に対応しています。また、AthenaはJDBCドライバを通じて、BIツールとの連携が可能です。

　Athenaは内部的にはPrestroを使っているので、EMRでPrestroを使った場合と同じような処理が可能です。ただAthenaを使うと、自前でインフラの管理をすることなくクエリから簡単に結果を取り出すことが可能です。そのフットワークの軽さが、EMRと比べた際のAthenaの選択ポイントとなっています。

テーブル定義（カタログ）の作成　　　　テーブル定義（カタログ）の参照

Glue データカタログ

クエリ（SQL）をもとにデータ取得

S3 バケット　　　　　　　　　　　　　　　　　　　Athena

❏ Amazon Athena

▶　**重要ポイント**

- Athenaは、標準SQLを使ってS3のデータを直接分析できる、対話型のクエリサービス。

分析サービスとデータ転送サービス　10

QuickSight

Amazon QuickSightは、
データの可視化ツールです。
QuickSightを利用することで
簡単にダッシュボードを作
成することができます。作成
したダッシュボードはブラ
ウザ経由で閲覧可能で、アプ

❏ Amazon QuickSight

リケーション、ポータル、Webサイトに埋め込むことができます。QuickSightは、
グラフやダッシュボードを作るUI部分と、SPICEと呼ばれるデータベースで
構成されています。データソースは各種RDBやRedshift、Athenaなど様々なソ
ースに対応しています。

ログの可視化などにはCloudWatchを利用しますが、ビッグデータ分析など
のビジネス的な解析の可視化にはQuickSightを利用します。

▶▶ **重要ポイント**

- QuickSightは、様々なデータソースの分析結果からダッシュボードを作成するデ
ータ可視化ツール。

これまで紹介した以外にも、AWSには分析用途で使えるサービスがたくさんあ
ります。その1つは、Amazon OpenSearch Service（旧称 Amazon Elasticsearch
Service）です。フルマネージドなデータ蓄積と検索サービスで、Kibanaというデー
タの可視化のダッシュボードも付属しています。ただ、SAA試験でのOpneSearch
Serviceの重要度が低下してきているため、本書では詳しい説明は割愛します。

 練習問題3

同一の書式のCSVデータが格納されたS3のバケットがあります。最小限の労力で
この中のデータを集計したいのですが、どのAWSサービスを使えばよいでしょうか。

A. AWS Lambda   C. Amazon Athena
B. Amazon EMR   D. Amazon QuickSight

解答は章末（P.248）

10-4

データ転送サービス

　データを分析する際には、分析方法ももちろん重要ですが、データそのもの
が何よりも重要です。データの発生源はAWS上に構築したシステム内の場合
もあればシステム外の場合もあり、様々な場所でデータは生成されます。分析
対象データの発生源がどこであれ、AWSにそれを運ぶための仕組みが重要に
なってきます。ここでは、AWSが提供するデータ転送サービスを見ていきます。
サービスの機能や用途を把握して、使い分けられるようにしましょう。

AWS Snowball

　AWS Snowballは、オンプレミスからAWSに大容量のデータを転送する際
に利用する物理的なデータ転送デバイスです。Snowballの利用を依頼すると、
指定した場所に物理的なストレージデバイスが配達されます。そこにデータを
コピーして、AWSに返送することにより、大容量のデータ転送を行うことがで
きます。ネットワーク経由で大量のデータを移行するのが難しい、または時間
とコストがかかりすぎる場合に特に有用です。

　Snowballの利用手順は次のようになります。

1. AWSにSnowballデバイスの利用を依頼します。
2. AWSからSnowballデバイスが到着したら、ローカルネットワークを利用してオン
   プレミス機器とSnowballデバイスを接続し、データを転送します。
3. データの転送が完了したら、デバイスをAWSに返送します。AWSは、デバイスを
   受け取った後、その中のデータを指定されたS3バケットにアップロードします。

　すべてのデータは暗号化され、物理的に堅牢なデバイス上に格納され、デー
タの安全性とセキュリティが保証されます。さらに、AWS Snowballは、エッジ
コンピューティングのタスク処理能力も持っており、データ転送だけでなく、
データの前処理や変換といったタスクを実行することも可能です。

　なお、第1世代のSnowballについては、すでに提供が終了しています。現在利

用可能なのは Snowball Edge です。また、Snow Family の中には、少量のデータ移行用の Snowcone や Snowmobile も含まれます。

▶ **重要ポイント**
- AWS Snowball は、データ転送のための物理的なストレージデバイス。

AWS Transfer Family

AWS Transfer Family は、一般的なファイル転送用のプロトコルを利用できるデータ転送サービスです。このサービスでは、SFTP（SSH File Transfer Protocol）、FTP（File Transfer Protocol）、FTPS（FTP over SSL/TLS）などが利用可能で、AWS へのデータ転送を容易にします。

AWS Transfer Family の主な特性は次のとおりです。

○ **フルマネージド型サービス**：AWS Transfer Family はフルマネージドなサービスであり、ユーザーは自分自身でサーバーを管理する必要がありません。

○ **複数のプロトコルのサポート**：AWS Transfer Family は SFTP、FTP、FTPS の3つの主要なファイル転送プロトコルをサポートしています。

○ **Amazon S3 と Amazon EFS との統合**：Amazon S3 と Amazon EFS と直接統合し、データの移行や共有を簡単に行うことができます。

○ **様々な認証方法**：複数のユーザー認証方法をサポートしています。Microsoft AD や LDAP などのユーザー認証システムをサポートしている他、外部の ID プロバイダーとの連携も可能です。さらには、AWS IAM によるアクセス管理も可能です。

オンプレミスのシステムでは、SFTP や FTP といった既存のプロトコルしか利用できないというケースはまだまだあります。AWS Transfer Family を利用することで、既存のシステムの改修を最小限にとどめたまま AWS と連携できるというメリットがもたらされます。

▶▶ **重要ポイント**
- AWS Transfer Family は、SFTP、FTP など、一般的なファイル転送プロトコルを利用できるデータ転送サービス。

AWS DataSync

AWS DataSyncは、オンプレミスからAWS、あるいはAWS同士のデータ転送を行うサービスで、効率的かつ安全にデータを転送することが可能です。対応しているストレージサービスは、Amazon S3、Amazon EFS、Amazon FSxです。

AWS DataSyncの主な特性は次のとおりです。

○ **フルマネージド型サービス**：AWS DataSyncはフルマネージドなサービスであり、ユーザーは自分自身でサーバーを管理する必要がありません。

○ **高速なデータ転送**：データ転送には、AWS設計の転送プロトコルを利用します。ネットワークの状況を検証しながら調整し、最適な転送方法を提供します。

○ **データ検証**：DataSyncは転送が完了した後に、ソースとターゲットのデータが一致することを検証します。DataSyncでは、データの一貫性と完全性が保証されています。

▶ **重要ポイント**

• AWS DataSyncは、オンプレミスからAWS、あるいはAWS同士のデータ転送を行うサービス。

 練習問題4

オンプレミスからAWSにシステムを移行しようとしています。オンプレミスには60TBのデータがあり、AWSへの移行に使えるインターネット回線は100Mbpsです。できるだけ低コストかつ短期間にデータを転送するには、どうしたらよいですか。

　A. DataSyncを利用し、S3にデータを転送する

　B. Transfer Familyを利用し、S3にデータを転送する

　C. Storage Gatewayを利用し、S3にデータを転送する

　D. Snowball Edgeを利用し、S3にデータを転送する

解答は章末（P.248）

本章のまとめ

▶▶ **分析サービス**

- EMRは分散処理フレームワークで、分散処理基盤と分散処理アプリケーション基盤の2つから構成される。
- EMRの分散処理基盤は、その動作の特性からEC2のスポットインスタンスと相性がよい。
- Kinesisはストリーミング処理プラットフォームで、センサーデータやログなどをリアルタイム／準リアルタイムで処理するData StreamsとData Firehose、動画を処理するVideo Streams、収集したデータを可視化・分析するDataAnalyticsで構成される。
- Data Pipelineはデータ処理やデータ移動を支援するサービス。ビジュアル操作で設定できる。
- Athenaは、標準SQLを使ってS3のデータを直接分析できる、対話型のクエリサービス。
- QuickSightは、様々なデータソースの分析結果からダッシュボードを作成するデータ可視化ツール。

▶▶ **データ転送サービス**

- AWS Snowballは、データ転送のための物理的なストレージデバイス。
- AWS Transfer Familyは、SFTP、FTPなど、一般的なファイル転送プロトコルを利用できるデータ転送サービス。
- AWS DataSyncは、オンプレミスからAWS、あるいはAWS同士のデータ転送を行うサービス。

練習問題の解答

✓ 練習問題1の解答

答え：C

　EMRの処理分散の特性を理解した上で、コストを下げるための施策を検討する問題です。EMRのコスト問題の肝となるのがスポットインスタンスの活用です。スポットインスタンスは、価格が安くなる可能性がある分、入札価格より時価が上がった場合に利用できなくなるなどの特徴があります。EMRは、マスターサーバーがジョブを割り当て、割り当てたジョブが終わらなければ別のサーバーに割り当てます。マスターサーバーさえダウンしなければ、コアサーバーが一時的に使えなくても問題がない構造です。そのため、EMRとスポットインスタンスは、非常に組み合わせやすいと言えます。それを踏まえた上で選択肢を検討します。

　Aは、スポットインスタンスの活用によりコストダウンがなされる可能性がありますが、処理台数が同じため処理性能は変わりません。

　Bは、リザーブドインスタンスを利用しています。リザーブドインスタンスにより単位時間あたりのコストはオンデマンドインスタンスより下がりますが、24時間分の時間で課金されます。設問のバッチシステムは毎日12時間のみの稼働なので、割引効果を打ち消す可能性が高いです。また、処理性能は変わりません。

　Dについては、サーバー台数が増えているので処理時間は短くなります。一方で、オンデマンドインスタンスを利用しているため、1台あたりの単価は変わらず台数の合計は増えています。結果として、合計のコストは同じままです。

　Cは、サーバー台数が増えているので処理時間は短く、かつスポットインスタンスでコスト削減効果が出てきます。よって答えはCになります。

✓ 練習問題2の解答

答え：D

　データ転送の問題です。データ転送の要件については、まずリアルタイム・準リアルタイム・バッチのいずれであるかを見極めます。この問題の場合はリアルタイムなので、それを満たす機能を持つサービスを選択する必要があります。

　まずData Pipelineですが、これはバッチでのデータ転送を行うサービスです。Aは記述としては正しいですが、設問の要件を満たしていません。

　Bは、そもそもData Pipelineでリアルタイムの処理はできないので誤りです。

　Kinesis Data Streamsは、ストリームデータを処理するサービスです。Kinesisにプッシュされたデータはシャードに保管され、コンシューマーアプリケーションがプルするデータを取得して処理します。そのため、CのようにKinesis Data Streamsが特定の場所に転送するようなことはできません。よって答えはDです。

　なお、Kinesis Data Firehoseの場合はコンシューマーアプリケーションが不要で、直接S3やRedshift、Amazon OpenSerch Serviceに転送することが可能です。ただし、Kinesis Data Streamsに比べると若干の遅延があり、準リアルタイム処理と分類されます。

10

分析サービスとデータ転送サービス

✓ 練習問題3の解答

答え：C

　Amazon Athenaは、S3内のデータを直接分析できるようにする対話型のクエリサービスです。分析対象は所定のフォーマットである必要がありますが、CSVも対象です。よってCが正解です。LambdaやEMRでも、S3内のデータを集計する仕組みを構築することは可能です。しかし、そのためには専用のプログラムを用意する必要があるために、Athenaのほうが少ない労力で実施できます。QuickSightは可視化のためのサービスです。Athenaと統合してS3内のデータを集計して可視化するといったことも可能ですが、QuickSight自体はS3のデータを直接集計することはできません。

✓ 練習問題4の解答

答え：D

　データ転送の問題です。大容量のデータを転送する際は、まず最初に、データの総量と利用可能な回線の帯域から、データ転送にかかる時間を計算するとよいでしょう。100Mbpsの回線を100%利用し、通信に関わるオーバーヘッドを無視したとしても、60TBのデータを送るには1466時間かかります。約61日です。実際は回線を100%使えることはありませんし、通信のオーバーヘッドも生じるため、これ以上の時間がかかります。AWSのサービスを利用して効率的な転送プロトコルを利用したとしても、物理的な回線の制約が大きくのしかかってきます。

　Snowball Edgeを利用すると、筐体の物理的な配送に時間を要するので最低でも1週間程度のリードタイムが必要になります。しかし、これほど大容量のデータを転送する場合は、Snowball Edgeのほうが早くデータ転送できる、というケースが多くなります。今回のケースでは、Snowball Edgeを利用するDが正解です。

第 11 章

コスト管理

システムを構築・運用する上で、コスト管理も非常に重要です。いかに優れたシステムを構築しようとも、ビジネスとして成り立たなければ継続性がありません。収益を上げるには、売上を増やすとともに、コストを最小限にすることが必須です。この章では、AWSのコスト関連サービスと、特に効果的になりやすいEC2のコスト削減戦略について学んでいきます。

11-1

EC2/RDSのコスト管理戦略

　EC2やRDSのようにインスタンスが稼働するサービスについては、適切なコスト管理の戦略を選ぶことによって大きくコストを削減できます。押さえるべきは、最適なインスタンスを選ぶことと、最適な割引プランを選択することです。

インスタンスの最適化

　基本的なことではありますが、最適なインスタンスを選ぶことは、コスト管理の上で重要です。オンプレミスの場合は需給に応じたリソースの増減が難しいため、ピーク時に備えてCPUやメモリの使用率を低めに抑えておくという戦略もありました。しかし、AWSの場合は、Auto Scalingに代表されるように、短時間でのリソースの増減が可能です。そのため、常時60～80%程度あるいはそれ以上の、CPU/メモリ使用率で稼働するといった運用が適切です。

　また、CPUもしくはメモリのみ使用率が低い、あるいはCPU・メモリとも使用率が低いのに処理能力が上がらないというケースに対して、ボトルネックを特定した上で適切な対処をとれるかが重要です。それぞれのケースを元に対処法を見ていきましょう。

CPUの使用率が低く、処理パフォーマンスが悪い

　CPUの使用率が低いケースとしては、2つの可能性があります。1つ目は、必要なCPUリソースに対して、過剰なリソースを用意したケースです。この場合は、単純にインスタンスサイズを小さくすることで解決します。2つ目は、他のリソース（メモリ、ネットワーク、ディスクI/O）がネックになっていて、CPUを使い切れていないケースです。CloudWatchでCPU使用率（CPUUtilization）のメトリクスだけを見ていても、どちらのケースに該当するか分かりせん。メトリクスを見る場合は、関係する項目をまとめて見る習慣をつけましょう。

なお、メモリについては、CloudWatchのEC2の標準メトリクスのみでは追跡することができません。メモリについては、CloudWatchエージェントをEC2インスタンスに導入することにより収集可能です。ネットワークについては、NetworkIn/NetworkOut や NetworkPacketsIn/NetworkPacketsOut のメトリクスを見て一定のところで張り付いていないかなどを確認しましょう。

メモリ不足が判明した場合は、R系などのメモリ最適化インスタンスの利用を検討します。ネットワークがボトルネックの場合は、ネットワーク帯域の大きいインスタンスへの変更、あるいはEBS最適化インスタンスの利用を検討します。EBS最適化インスタンスでは、EBS専用のネットワーク帯域が確保されます。EBSへの通信によりネットワークが逼迫している場合は改善が見込まれます。

▶▶　**重要ポイント**

- CPUUtilizationメトリクスは、CPU使用率を表す。
- メモリ不足が判明した場合は、R系などのメモリ最適化インスタンスの利用を検討する。
- ネットワークがボトルネックの場合は、ネットワーク帯域の大きいインスタンスへの変更、またはEBS最適化インスタンスの利用を検討する。

CPUの使用率が高いままで、急に処理パフォーマンスが悪くなる

T系インスタンスには、バーストパフォーマンスという特性があります。CPUクレジットと呼ばれるものを利用し、それを消費することにより一時的にバーストして、高いCPU性能を発揮します。バースト中はCPUクレジットを消費し、ゼロになるとバーストしなくなり元のCPU性能に戻ります。CPUクレジットは、バーストしていない間に回復していきます。T系インスタンスは、一時的なCPUスパイクに対処できる特性を持った珍しいインスタンスファミリーです。

常にCPUクレジットを使い切った状態である場合は、一時的なCPUスパイクではなく、もともとのCPU需要に対してリソースが足りていない可能性が高いです。対処方法としては、適切なCPUリソースを持つインスタンスタイプに変えるか、CPUクレジットの残高管理のモードをUnlimited Mode（無制限）にすることです。Unlimited Modeにすると、CPUクレジットが切れることを防

ぎますが、CPUクレジットの超過消費分が課金対象となります。常にCPUクレジットを消費している状態であれば、M系のインスタンスを使ったほうが低コストに抑えることが可能です。

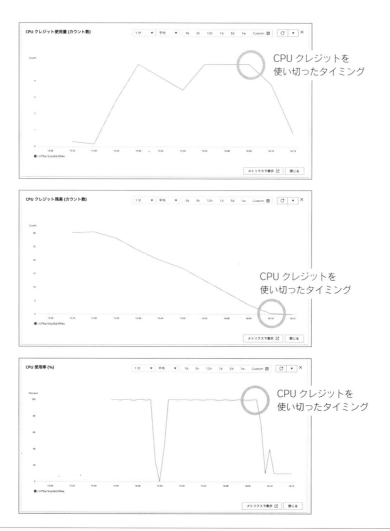

❏ T系インスタンスのCPU関係メトリクス

　T系インスタンスを利用する場合は、CloudWatchのメトリクスとして、CPU使用率（CPUUtilization）以外にCPUクレジット使用状況（CPUCredit Usage）とCPUクレジット残高（CPUCreditBalance）に注意しましょう。な

お、Unlimited ModeにしたT系インスタンスについては、CPUSurplusCredit
Balance、CPUSurplusCreditsChargedのメトリクスに値が表示されます。
これらは、超過で利用したCPUクレジットを表すメトリクスです。Unlimited
Modeの利用時はこれらの値の監視をしていないと、思わぬ利用料になる場合
があります。

▶　**重要ポイント**

- T系インスタンスのバーストパフォーマンスで一時的なCPUスパイクに対応で
  きるが、バースト時にはCPUクレジットを消費するので、その消費動向に注意し
  なければならない。
- CPUCreditUsageメトリクスはCPUクレジットの使用状況を、CPUCredit
  BalanceメトリクスはCPUクレジット残高を表す。
- T系インスタンスをUnlimited Modeで運用するとCPUクレジット切れになる
  ことはないが、CPUクレジットの超過消費分が課金対象となる。

CPUの使用率のみが高い

CPUの使用率のみが高いケースについては、単純にCPUのリソースが足り
ない状態です。同じインスタンスファミリーでインスタンスサイズを大きくす
るより、C系インスタンスなどコンピュート最適化インスタンスへの転換を検
討してみましょう。多くの場合で、コストパフォーマンスがよくなります。

CPU・メモリの使用率が低いのに、処理能力不足

ディスクI/Oやネットワークがボトルネックになっている可能性が高いケー
スです。比較的発生確率が高いのが、RDSにおいてディスクI/Oがボトルネッ
クになっているケースです。これは、ディスクI/Oやネットワーク処理の待ちが
発生し、CPUやメモリが遊んでいるケースになります。

ディスクI/Oがボトルネックになっているかの調査は、EC2のCloudWatch
メトリクスではなくEBSのメトリクスを確認します。EBSにも様々なメトリク
スが用意されていますが、ボリュームへの読み込み／書き込みの回数やバイト
数が上限値で張り付いていないかを確認するのが早いでしょう。ネットワーク
についても、EC2のメトリクスでネットワーク関係の数値を同様の観点で確認
します。

ディスクI/Oがボトルネックになっている場合は、ストレージのタイプもしくはIOPSの見直しです。gp2/gp3などの汎用ストレージを利用の場合は、よりIOPSを高めるための設定をするか、プロビジョニングIOPSタイプのio1/io2などを使うといった方法が考えられます。ネットワークがボトルネックの場合は、EBS最適化インスタンスの利用、または、より大きなネットワーク帯域が用意されているインスタンスを利用するなどが考えられます。

割引プランの適用戦略

EC2には、リザーブドインスタンス/Savings Plansといった長期利用を前提とした割引プランと、急に停止する可能性があるものの大幅な割引を享受できるスポットインスタンスがあります。これらの割引プランと、通常の料金プランであるオンデマンドインスタンスを組み合わせてコストを削減するのが、割引プランの適用戦略です。様々なケースをもとに考えていきましょう。

常時リソースを利用し、リソースの利用が一定の場合の割引プラン

リソースの利用が常時ある場合は比較的簡単です。リザーブドインスタンスもしくはSavings Plansを購入し、常時利用する分に対する利用予約をします。購入の仕方によりますが、30〜50%程度の利用料削減が可能となります。

リザーブドインスタンスとSavings Plansのどちらを選ぶかのポイントはいくつかあります。詳細は割愛しますが、特定のインスタンスを利用することが決まっているのであればリザーブドインスタンス、利用料のみが決まっているのであればSavings Plansを使います。多少の不確定要素があるのであれば、Savings Plansを購入しておくほうが柔軟性があり、対処がしやすいです。

❑ リソースの利用が一定の場合

● リソースの利用が常時ある場合は、その部分に対してリザーブドインスタンスも
しくはSavings Plansを購入することでコスト削減が図れる。

ピーク/オフピークのあるシステムの適用プラン

　リソースの利用量にピーク/オフピークがあり、リソースに対する需要が大
きく変わるシステムの場合は、リザーブドインスタンス/Savings Plansとオン
デマンドインスタンスを組み合わせるのがお勧めです。常時使う部分に対して
はリザーブドインスタンス/Savings Plansを購入して利用料の割引を受けます。
ピーク時の利用に対しては、オンデマンドインスタンスを追加することで対処
します。

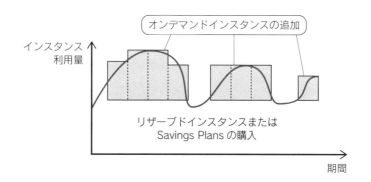

❏ ピーク/オフピークのある場合

● リソースの利用量にピーク/オフピークがある場合は、常時使う部分に対してリ
ザーブドインスタンスまたはSavings Plansを購入し、ピーク時はオンデマンド
インスタンスを追加する。こうすることでコスト削減が図れる。

機械学習など分散処理に最適な割引プラン

　昨今の機械学習処理の多くは、分散処理技術を前提としています。分散処理
技術の基本的なアーキテクチャは、タスクを管理し処理を指示するノードと、

指示された処理を実行する複数のノードという構成が多いです。たとえば、AWSのビッグデータ分析のサービスであるAmazon EMRは、タスク管理を行うプライマリノードと、処理を行うコアノード/タスクノードによって構成されています。

　プライマリノードでは、コアノードやタスクノードに割り振ったタスクの実行状況を管理していて、何らかの事情で処理が終了しなかった場合は、別のノードに再度処理を割り振ります。このアーキテクチャの特性は、AWSのスポットインスタンスと非常に相性のよいものです。

　スポットインスタンスは、急なインスタンス停止の可能性があるものの、最大9割と大幅な割引を受けることができるプランです。しかし必要に応じて別のノードに処理を割り振るアーキテクチャでは、インスタンスの急停止は問題になりません。急停止の際には別のノードに処理が割り振られるからです。分散処理のコストダウンを検討する際は、スポットインスタンスの活用ができないかを考えてみましょう。

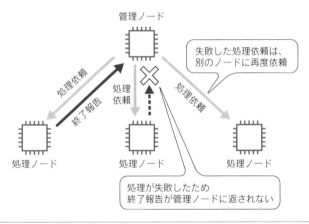

管理ノード

失敗した処理依頼は、
別のノードに再度依頼

処理依頼
処理依頼
終了報告
処理依頼

処理ノード　　　処理ノード　　　処理ノード

処理が失敗したため
終了報告が管理ノードに返されない

❏ 分散処理のタスク管理

　ただし、AWSのスポットインスタンスは、分散処理に特化した割引プランではありません。処理が中断された場合の再実行処理が考慮できているのであれば、適用の可能性は十分あります。また、EMRなどを常時利用する場合は、タスク管理を行うプライマリノードに対してリザーブドインスタンスを適用すると、さらにコスト削減が図れます。

▶　**重要ポイント**

● 分散処理など、処理が中断された場合の再実行処理が考慮されているシステムでは、スポットインスタンスの利用によってコスト削減が図れる。

 練習問題1

　あなたはEMRを利用した分析システムの運用をしています。この分析は、1日1回、1時間程度稼働し、解析には多数の分析ノードが利用されています。また処理は数十分程度の遅延は許容されますが、2倍の時間がかかるということは避ける必要があります。

　分析コストの削減のための施策を検討していますが、どのような割引プランを適用するとよいでしょうか。下記の記述から正しいものを選んでください。

　A. プライマリノードにリザーブドインスタンスを適用する。コアノードにスポットインスタンスを適用する。

　B. プライマリノードにオンデマンドインスタンスを利用する。コアノードにスポットインスタンスを適用する。

　C. プライマリノード、コアノードともにスポットインスタンスを適用する。

　D. プライマリノードにリザーブドインスタンス、コアノードにオンデマンドインスタンスを適用する。

解答は章末（P.260）

11-2

AWSのコスト管理サービス

　AWSには、コストを管理するためのいくつかのサービスが用意されています。

AWS Cost Explorer

　AWS Cost Explorerは、コスト管理サービスの一部であり、ユーザーがAWSの使用状況とコストを追跡、分析、可視化するのに役立つインターフェイスを提供します。主な機能としては、データの可視化、日付やサービス、コスト配分タグに基づいたフィルタリング、コスト予測の3つがあります。

　コスト配分タグとは、EC2やS3などで利用できるタグに対して、コスト集計用に指定したタグを指します。コスト配分タグを利用すると、環境（本番、検証、開発）や利用システム（会計システム、人事システム）といった用途に応じてコストを算出できます。なお、すべてのAWSリソースに対して、コスト配分タグを設定できるわけではありません。

AWS Budgets

　AWS Budgetsは、コストや使用量に対して予算を設定することができます。予算は日、月、四半期、年などの周期で設定できます。特定のサービス、リンクされたアカウント、タグなどで予算を設定することができます。予算設定したコストまたは使用量が、予算設定時に指定した閾値を超えた場合は、通知を受け取ることができます。

　AWS Cost Explorerは現時点の利用料を可視化するサービスですが、AWS Budgetsはその使用状況が当初予定に対してどういった状態かを示すサービスです。

　なお、CloudWatchを利用して予想請求額をモニタリングすることも可能です。

▶ 重要ポイント

- AWS Cost ExplorerはAWSのコストと使用量を可視化する。
- AWS Budgetsはコストや使用量に対して予算を設定する。コストや使用量が閾値を超えると通知される。

本章のまとめ

▶　EC2/RDS のコスト管理

- CPUUtilizationメトリクスは、CPU使用率を表す。
- メモリ不足が判明した場合は、R系などのメモリ最適化インスタンスの利用を検討する。
- ネットワークがボトルネックの場合は、ネットワーク帯域の大きいインスタンスへの変更、またはEBS最適化インスタンスの利用を検討する。
- T系インスタンスのバーストパフォーマンスで一時的なCPUスパイクに対応できるが、バースト時にはCPUクレジットを消費するので、その消費動向に注意しなければならない。
- CPUCreditUsageメトリクスはCPUクレジットの使用状況を、CPUCredit BalanceメトリクスはCPUクレジット残高を表す。
- T系インスタンスをUnlimited Modeで運用するとCPUクレジット切れになることはないが、CPUクレジットの超過消費分が課金対象となる。
- リソースの利用が常時ある場合は、その部分に対してリザーブドインスタンスもしくはSavings Plansを購入することでコスト削減が図れる。
- リソースの利用量にピーク/オフピークがある場合は、常時使う部分に対してリザーブドインスタンスまたはSavings Plansを購入し、ピーク時はオンデマンドインスタンスを追加する。こうすることでコスト削減が図れる。
- 分散処理など、処理が中断された場合の再実行処理が考慮されているシステムでは、スポットインスタンスの利用によってコスト削減が図れる。

▶　コスト管理サービス

- AWS Cost ExplorerはAWSのコストと使用量を可視化する。
- AWS Budgetsはコストや使用量に対して予算を設定する。コストや使用量が閾値を超えると通知される。

練習問題の解答

✓ 練習問題1の解答

答え：B

　1日のうちで短時間のみ稼働するシステムのコスト削減戦略です。リザーブドインスタンスの割引率は購入方法によって変わってきますが、30〜60%程度の間であることが多いです。つまり1日のうちの稼働がその割合以下の場合は、リザーブドインスタンスを利用するほうがコスト高となります。今回のシステムは1日1時間のみの稼働なので、リザーブドインスタンスの利用には向いていません。

　短時間かつ分散処理に向いている割引プランとしては、スポットインスタンスがあります。スポットインスタンスの特徴は、インスタンスの利用が中断される可能性があることです。EMRの場合、プライマリノードがタスクを管理していますが、この部分のインスタンスが中断されると途中の処理が無駄になります。前提条件として、2倍の時間は許容できないとあるので、プライマリノードはオンデマンドインスタンスで稼働させます。コアノードについては、個々のインスタンスが中断されても影響は少ないので、スポットインスタンスを利用してコストを削減します。よって、答えはBです。

第 12 章

運用支援サービス

本章では、システムの運用フェーズを支援するサービスを取り上げます。CloudWatchは、定期的にAWSリソースの状態を取得し、問題がある場合はそれを運用者に通知するサービスです。CloudTrailは、AWSリソースの作成やマネジメントコンソールへのログインなどの操作を記録するサービスです。そして、ConfigはAWSリソースの設定履歴と変更を管理・評価するためのサービスです。これらは、システムを安定的に動かす上で重要な役割を果たします。さらには、運用サービスの枠には収まらないのですが、AWSのInfrastructure as Code（IaC）の中核とも言えるCloudFormation、構築のみならず運用についても自動化するサービスのSystems Managerについても取り上げます。

12-1

AWSにおける運用支援サービス

　第3章でAWSのコンピューティングサービスを紹介しましたが、それらは
AWS上にシステムを構築する上で中核となるサービス群だと言えます。しか
し、システムは作って終わりではありません。世の中に公開してからシステム
運用を安定的に行えるか。その上で、利用者の声を聞き日々機能を改善してい
けるか。運用フェーズに入ってからがむしろ本番とも言えます。この運用フェ
ーズを支援するサービスもAWSには存在します。本章では、下記の5つのサー
ビスについて詳細に解説します。

O Amazon CloudWatch
O AWS CloudTrail
O AWS Config
O AWS CloudFormation
O AWS Systems Manager

　Amazon CloudWatchは、定期的にAWSリソースの状態を取得し、問題が
ある場合はそれを運用者に通知するサービスです。何を「問題がある」とする
かは、利用者側で定義することができます。また、ミドルウェアやアプリケーシ
ョンのログを監視する機能や、独自にトリガーを定義し、そのトリガーが発生
したら後続の処理を行う機能も提供されています。

　AWS CloudTrailは、AWSリソースの作成や、マネジメントコンソールへ
のログインなどの操作を記録するサービスです。一部の操作についてはデフォ
ルトで記録されていますが、設定を変更することですべての操作を記録するこ
とができます。また、S3にログを残す機能も提供されているため、そのログを
そのまま監査ログにすることができます。

　AWS Configは、AWSリソースの設定履歴と変更を管理・評価するために、
AWS Configルールを作成して適切な設定内容を定義します。Configを利用す
ることで、AWSリソースの設定変更を時系列順にすばやく確認ができる点が、
トラブルシューティングやセキュリティ調査のときに役立ちます。

　これらの運用のための機能は非常に重要なものになります。しかし、ビジネスの差別化に繋がるものではないため、できれば工数をかけたくないという声もよく聞きます。AWSの提供するマネージドな運用サービスを使うことで、このジレンマを解消することができます。ソリューションアーキテクトとして、「システムが動く」だけでなく「安定的に動く」設計をするために、本章で運用サービスについて理解を深めるようにしましょう。

　また、運用サービスの枠には収まらないのですが、AWSのInfrastructure as Code（IaC）の中核とも言えるサービスであるAWS CloudFormationの解説も本章で行います。CloudFormationを利用することにより、繰り返し利用する構成の構築を自動化することができます。

　さらにAWSには、構築のみならず運用についても自動化するためのサービスが多数あります。その中核をなすサービスの1つが、AWS Systems Managerです。Systems Managerは、もともとはEC2の機能の1つで、インスタンスを管理するサービスでした。その後独立したサービスとなり、変更管理やアプリケーション管理、運用管理まで対象とするよう、領域が広がっています。Systems Managerを使うと、多数のノードをまとめて扱える他に、インスタンスなどに問題があった際に自動的に修復するといったことまで可能になります。

12

運用支援サービス

12-2

CloudFormation

　マネジメントコンソールから手作業でリソースを作っていくのは、最初は直感的で分かりやすいでしょう。しかし、同じ環境を複数用意する、複数の環境に同じ修正を横展開する、といった作業を手作業でやり続けるのは効率が悪いですし、設定ミスも発生しやすくなります。AWS CloudFormationはこのようなシーンで役に立つ、AWSリソースを自動構築するためのサービスです。

　CloudFormationの利用の流れは次のようになります。

1. CloudFormationテンプレートを作成する。
2. テンプレートを適用する。
3. スタックが作成され、それに紐付く形でAWSリソースが自動構築される。

テンプレート　　CloudFormation　　スタック

❏ CloudFormationの利用の流れ

▷　　**重要ポイント**

- CloudFormationはAWSリソースを自動構築するためのサービス。構築されたAWSリソースはスタックと呼ばれる。スタックは、テンプレートと呼ばれる設計図に基づいて構築される。

スタック

　CloudFormationで構築されたAWSリソースはスタックという集合にまとめられます。テンプレートを修正したのち、スタックを指定して再度適用することで、スタック上のAWSリソースの設定を変更したり、リソースを削除したり

できます。また、同じテンプレートを利用して別のスタックを新規作成することで、新しい環境を簡単に構築することができます。システムのDR環境を別リージョンに作成する際に非常に重宝します。

　また、同一システム内でテンプレートを分けて作成することで、複数のスタックにリソースを分けて定義することもできます。たとえば、次のようにスタックを分けることができます。

1. IAMやCloudTrailといったアカウント設定用スタック
2. VPCやサブネットといったネットワーク用スタック
3. ELBやWebサーバーといったパブリックサブネット用スタック
4. DBやインメモリキャッシュといったプライベートサブネット用スタック

　このように分けて定義することで、新しいWebサービス用に別のAWSアカウントを作成したときに1.のアカウント設定用スタックだけを流用する、といったように再利用がしやすくなります。

テンプレート

　続いて、スタックの設計図であるテンプレートについて説明します。テンプレートはJSON形式かYAML形式で記載することができます。YAML形式だとコメントを書くことができるので、本書ではYAMLで説明していきます。

　まず、テンプレートのサンプルを見てみましょう。下記のテンプレートは次の3つを行う例になります（本来はインターネットゲートウェイ、ルートテーブル、そしてセキュリティグループの作成も書く必要があるのですが、長くなるので割愛します）。

○ VPCの構築
○ パブリックサブネットの構築
○ EC2インスタンスの構築

運用支援サービス　12

❑ サンプルテンプレート

```
AWSTemplateFormatVersion: '2010-09-09'
Description: Create VPC, Public Subnet and EC2 Instance

# Parametersセクション
Parameters:
  InstanceType:
    Type: String
    Default: t2.micro
    AllowedValues:
      - t2.micro
      - t2.small
      - t2.medium
    Description: Select EC2 instance type.
  KeyPair:
    Description: Select KeyPair Name.
    Type: AWS::EC2::KeyPair::KeyName

# Mappingsセクション
Mappings:
  RegionMap:
    us-east-1:
      hvm: 'ami-a4c7edb2'
    ap-northeast-1:
      hvm: 'ami-3bd3c45c'

# Resourcesセクション
Resources:
  cfnVpc:
    Type: 'AWS::EC2::VPC'
    Properties:
      CidrBlock: '192.168.0.0/16'
      Tags:
        - Key: 'Name'
          Value: 'cfn-vpc'
  cfnSubnet:
    Type: 'AWS::EC2::Subnet'
    Properties:
      CidrBlock: '192.168.1.0/24'
      MapPublicIpOnLaunch: true
      Tags:
        - Key: 'Name'
          Value: 'cfn-subnet'
```

```
      # VPC IDは動的に決まるので、Ref関数を用いて参照する
      VpcId: !Ref cfnVpc
  cfnInternetGateway:
    Type: AWS::EC2::InternetGateway
    Properties:
      Tags:
      - Key: 'Name'
        Value: 'cfn-igw'
  cfnEC2Instance:
    Type: 'AWS::EC2::Instance'
    Properties:
      # Mappingsセクションの値をFindInMap関数で取得
      ImageId: !FindInMap [ RegionMap, !Ref 'AWS::Region', hvm ]
      # Parametersセクションの値をRef関数で取得
      InstanceType: !Ref InstanceType
      SubnetId: !Ref cfnSubnet
      BlockDeviceMappings:
        - DeviceName: '/dev/xvda'
          Ebs:
            VolumeType: 'gp2'
            VolumeSize: 8
      Tags:
        - Key: 'Name'
          Value: 'cfn-ec2-instance'
      SecurityGroupIds:
        - !Ref cfnSecurityGroup
      KeyName: !Ref KeyPair
```

テンプレートを構成する要素としては、セクションと組み込み関数があります。これらの要素について、上記のサンプルテンプレートを細かく分割しながら解説していきます。

セクション

テンプレートは、いくつかのセクションに分かれています。ここでは、よく使われる次の3つのセクションについて説明します。

○ Resourcesセクション
○ Parametersセクション
○ Mappingセクション

12

運用支援サービス

✳ Resourcesセクション

まず、最も重要なセクションがResourcesセクションです。テンプレートはスタックの設計図だと説明しましたが、Resourcesセクションに、構築するAWSリソースの設計を書いていきます。

❏ Resourcesセクション

```
Resources:
  cfnVpc:
    Type: 'AWS::EC2::VPC'
    Properties:
      CidrBlock: '192.168.0.0/16'
      Tags:
        - Key: 'Name'
          Value: 'cfn-vpc'
```

各リソースには論理IDを付ける必要があり、このテンプレートでは「cfnVPC」がVPCリソースを表す論理IDとなります。この論理IDを使って、リソース間の紐付けを行います。

続けて、リソースの型をTypeで定義します。この例ではVPCを表す「AWS::EC2::VPC」型のリソースとして宣言しています。型によってPropertiesで設定できる項目が変わってきますが、設定できる項目についてはAWSの公式ドキュメントを確認してください。

📖 AWSリソースおよびプロパティタイプのリファレンス

URL https://docs.aws.amazon.com/ja_jp/AWSCloudFormation/latest/
UserGuide/aws-template-resource-type-ref.html

VPCリソースはIPアドレスレンジCidrBlockの定義が必須なので「192.168.0.0/16」と定義し、さらに任意項目であるTagsを使ってVPCに名前を付けています。CloudFormationで扱える型は日々増えていきますので、上記のAWS公式ドキュメントを参照しながら1つずつ定義していくことになります。

✳ Parametersセクション

Parametersセクションは、実行時に変更したい部分を定義するセクションです。たとえば下記の例ではインスタンスタイプを変数として定義し、実行時に選択する形にしています。

❏ Parametersセクション

```
Parameters:
  InstanceType:
    Type: String
    Default: t2.micro
    AllowedValues:
      - t2.micro
      - t2.small
      - t2.medium
    Description: Select EC2 instance type.
```

Parametersセクションで定義された値は、次のコード例のように、Resources
セクションでRef関数を用いることで参照できます（Ref関数については後述
します）。

❏ Parametersセクションの値をRef関数で取得する

```
cfnEC2Instance:
  Type: 'AWS::EC2::Instance'
  Properties:
    # 省略
    # Parametersセクションの値をRef関数で取得
    InstanceType: !Ref InstanceType
    # 以下省略
```

インスタンスタイプやEC2のキーペアなど、環境に応じて頻繁に変更される
値をパラメータ化することで、環境が変わるたびに書き換える必要がない汎用
的なテンプレートにできます。

＊ Mappingセクション

Mappingセクションでは、Map形式で変数を定義することができます。実
行環境によって変わる値を定義するのに用いられることが多いです。たとえば、
EC2インスタンスを作る際には利用するAMIを選択しますが、同じAmazon
LinuxのHVM形式のものでも、AMI IDはリージョンによって変わります。そ
の場合、まずは次のようにMappingsセクションにAMI IDを定義します。

❑ Mappingセクション

```
Mappings:
  RegionMap:
    us-east-1:
      hvm: 'ami-a4c7edb2'
    ap-northeast-1:
      hvm: 'ami-3bd3c45c'
```

　この定義をResourcesセクション内でFindInMap関数を用いて参照することで、適切なAMI IDを取得することができます（FindInMap関数についても後述します）。

❑ AMI IDをFindInMap関数で参照する

```
cfnEC2Instance:
  Type: 'AWS::EC2::Instance'
  Properties:
    ImageId: !FindInMap [ RegionMap, !Ref 'AWS::Region', hvm ]
    # 以下省略
```

　前述のとおり、CloudFormationはDR環境の構築のために用いられることも多いので、リージョンが変わってもテンプレートを書き換え直さなくて済む形を目指しましょう。なお、上に登場したAWS::Regionは疑似パラメータと呼ばれる事前定義されたパラメータで、CloudFormationの実行リージョンを取得できます。他にも、実行されたAWSアカウントのアカウントIDを取得するAWS::AccountIdなどがあります。

▍組み込み関数

　テンプレートを作成する際は、汎用的に作ることを心がけることが大切です。各セクションと同じく、その手助けをしてくれるのが組み込み関数です。

　Ref関数は、AWSリソースの値や設定されたパラメータの値を取得する関数です。下記のテンプレートはVPCとサブネットを構築します。サブネットはVPCに紐付くのでVPC IDをプロパティとして指定する必要があります。しかし、VPCもテンプレート実行時に作られるため、テンプレートを作成している時点ではVPC IDが分かりません。このようなときに、「VpcId: !Ref cfnVpc」と

VPCの論理IDを指定することで、実行時に決まったVPC IDをプロパティで指定することができます。

❏ Ref関数の使用例

```
Resources:
  cfnVpc: ←
    Type: 'AWS::EC2::VPC'
    Properties:
      CidrBlock: '192.168.0.0/16'
      Tags:
        - Key: 'Name'
          Value: 'cfn-vpc'
  cfnSubnet:
    Type: 'AWS::EC2::Subnet'
    Properties:
      CidrBlock: '192.168.1.0/24'
      MapPublicIpOnLaunch: true
      Tags:
        - Key: 'Name'
          Value: 'cfn-subnet'
      VpcId: !Ref cfnVpc
```

IDを取得

Ref関数はParametersセクションで設定した値を取得する場合にも利用します。十数個ある組み込み関数の中で、最も用いる機会が多い関数です。

FindInMap関数は、Mappingセクションで定義したMap型の変数を取得する際に使います。Mappingセクションで次のような変数が宣言されていたとします。

❏ Mappingセクションの例

```
Mappings:
  MappingName:
    Key1:
      Name1: Value11
    Key2:
      Name1: Value21 #……この値を参照したいとする
      Name2: Value22
```

このとき、FindInMap関数を使ってValue21を取得したいときは「!FindInMap [MappingName, Key2, Name1]」とします。前述の疑似パラメータと組み合わせることで、実行環境に応じて動的に値が変わる汎用的なテンプレートを作ることができます。

　これら2つ以外にも、リストからインデックスを指定して値を取得するSelect関数、他のスタックの値を取得するImportValueなどの組み込み関数が用意されています。どうしても汎用的にテンプレートを作れない場合は、下記のリファレンスを参考にしながら試行錯誤してみるとよいでしょう。

📖 組み込み関数リファレンス

`URL` https://docs.aws.amazon.com/ja_jp/AWSCloudFormation/latest/ UserGuide/intrinsic-function-reference.html

 ## 練習問題1

　あなたはソリューションアーキテクトとして、社内のAWS導入を支援しています。環境構築を自動化したいという声が上がったので、CloudFormationのレクチャーをしようと考えています。

　CloudFormationに関する記述のうち、正しいものはどれですか。

A. CloudFormationでは各種リソースの設計書をスタックに記述する。スタックはJSONかYAML形式で定義することができる。

B. CloudFormationで自動構築したリソース群はテンプレートという単位でまとめられる。テンプレートを削除すると、紐付くリソースをまとめて削除することができる。

C. CloudFormationを用いることで異なるリージョンや別のアカウントでも簡単に同じ環境を構築することができる。そのためには組み込み関数を使うなどして環境に依存しないテンプレートを作成することを心がける。

D. CloudFormationでは1つの環境を複数のテンプレートから構築することができる。ただし、テンプレートを分けると管理が煩雑になるので、なるべく1つのテンプレートにまとめることが望ましい。

解答は章末 (P.287)

12-3

CloudWatch

Amazon CloudWatch は、運用監視を支援するマネージドサービスです。12-1節で述べたとおり、システムは構築してリリースすれば終わりというわけではありません。リリース後、安定した運用をすることで利用者の満足度を上げていくことが非常に重要ですし、運用がうまくいっていないと新しい機能開発に工数を割くことができません。この安定運用のサポートをするのが CloudWatch です。

CloudWatch には、中核となる4つの機能と、毎年のように追加されていく拡張機能があります。本節では、中核となる次の4つの機能について解説していきます。

○ CloudWatch Alarm
○ CloudWatch Metrics
○ CloudWatch Logs
○ CloudWatch Events

CloudWatch にはまだまだ数多くの機能があります。ここでは一部でありますが、その機能の名前と概要を紹介します。

○ CloudWatch Anomaly Detection：異常検出
○ CloudWatch Synthetics：外形監視（ネットワーク外部からのWebサイトの挙動監視）
○ CloudWatch ServiceLens：AWS X-Ray と組み合わせてアプリケーション全体の状態を可視化
○ CloudWatch Application Insights：SQL Servery.NET などのエンタープライズアプリケーションの状態の可視化
○ CloudWatch Container Insights：ECSやEKSのメトリクスやログを一括取得
○ CloudWatch Lambda Insights：Lambdaのメトリクスやログなどを一括取得

○ CloudWatch Contributor Insights：システムに影響を与えている箇所をCloud Watch Logsから抽出して可視化
○ CloudWatch Dashboards：CloudWatchのメトリクスとアラームをカスタマイズして表示

CloudWatch MetricsとCloudWatch Alarm

　まずはメインの機能について説明します。CloudWatch Metricsは各AWSリソースの状態を定期的に取得します。この状態のことをメトリクスと呼びます。たとえば、EC2インスタンスのCPU使用率であったり、Lambda関数ごとのエラー回数などが定義されています。このような、AWSがあらかじめ定義しているメトリクスを標準メトリクスと呼びます。標準メトリクスの一覧については下記のURLを参照してください。

📖 CloudWatchメトリクスを発行するAWSのサービス

URL https://docs.aws.amazon.com/ja_jp/AmazonCloudWatch/latest/monitoring/aws-services-cloudwatch-metrics.html

　一方、利用者が定義した値をCloudWatchに渡すことで、独自のメトリクスを作ることもできます。このようなメトリクスをカスタムメトリクスと呼びます。CloudWatch Alarmではこのメトリクスを選択し、アラームを定義することができます。たとえば次のような条件でアラームを設定します。

○ Webサーバー用のEC2インスタンスのCPU使用率が80%を上回ったとき
○ 定期実行するLambda関数が一定期間に3回以上エラーを出したとき

　このアラームの条件を満たしたときに別サービスのSNSに通知するように設定することができます。9-4節で説明したように、SNSは通知を受けてメールを送信したり、Lambda関数を呼び出したりできます。これらの機能を組み合わせて、CPU使用率が高い状態を検知して運用担当者にメールで知らせたり、呼び出されたLambda関数によってAWSリソースの設定を変更したりできます。
　CloudWatchによる監視フローは次の図のようになります。システムのよくない状況をすぐに検知する、それがCloudWatchの基本的なユースケースです。

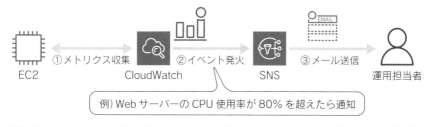

①メトリクス収集 ②イベント発火 ③メール送信

EC2 　CloudWatch 　SNS 　運用担当者

例) Webサーバーの CPU 使用率が 80% を超えたら通知

❏ CloudWatchの利用の流れ

▶ **重要ポイント**

- CloudWatch Metricsは、各AWSリソースの状態 (メトリクス) を定期的に取得する。
- CloudWatch Alarmは、メトリクスに対して設定しておいた条件が満たされたとき、通知や処理を自動的に行う。

12

運用支援サービス

CloudWatch Logs

CloudWatch Logsは、アプリケーションログやApacheログなどのログをモニタリングするサービスです。CloudWatch Logsを利用するには、独自のエージェントをインストールする必要があります。このエージェントを介して、各EC2インスタンスのログをCloudWatch Logsに収集します。このとき、送信元のインスタンスにCloudWatchのIAM権限を付与する必要があるので、IAMロールで設定しましょう。

CloudWatch Logsでは、収集したログに対してアラームを設定することができます。たとえば、アプリケーションログに「[ERROR]」から始まる行があったとき、あるいは「[WARN]」から始まる行が一定期間に3行以上あったとき、というような閾値でアラームを設定できます。CloudWatch Alarmと同様に、このアラームをトリガーにして何かしらの処理を行えます。CloudWatch Logsを使うことでアプリケーションレイヤーの監視もでき、システムをより安定して運用することが可能になります。

Webサーバー

エージェント

ログファイル

CloudWatch Logs

SNS

運用担当者

❑ CloudWatch Logsの利用の流れ

▷ **重要ポイント**

- CloudWatch Logsは、アプリケーションログやApacheログなどのログをモニタリングし、収集する。ログに対して設定しておいた閾値を超えた際には、通知や処理を自動的に行う。

CloudWatch EventsとEventBridge

CloudWatch Eventsは独自のトリガーと何かしらの後続のアクションの組み合わせを定義するサービスです。独自のトリガーをイベントソース、後続のアクションをターゲットと呼びます。CloudWatch Eventsを使うことでAWSの各サービス間をよりシームレスに連携することができます。

イベントソースには大きく2つの種類があります。1つがスケジュールで、もう1つが各AWSリソースのイベントです。スケジュールはその名のとおりで、「3時間おきに」「金曜日の朝7時に」という期間・時間ベースのトリガー定義です。後者のAWSリソースのイベントは、「Auto Scalingがインスタンスを増減させたら」「CodeBuildの状態が変わったら」といった、AWSリソースの状態変化をトリガーにします。

❑ CloudWatch Eventsの設定

　ターゲットには既存のAWSリソースに対するアクションを定義します。「Lambda関数をキックする」「CodePipelineを実行する」といったアクションを設定できます。1つのイベントソースに対して複数のターゲットを定義することができます。また、後からターゲットを追加することもでき、より疎結合な形でサービス間連携を実現できます。

CloudWatch Events　イベント発生　Lambda 関数

❏ CloudWatch Eventsの利用の流れ

▷　**重要ポイント**

- CloudWatch Eventsは、独自のトリガー（イベントソース）と何かしらの後続アクション（ターゲット）との組み合わせを定義する。

　このようにCloudWatchには様々な機能があります。システムがまずい状態にあることを通知するだけでなく、それに対するアクションまで定義できるところがCloudWatchシリーズのよいところです。リリース後、何もトラブルが起きないサービスはまずありません。CloudWatchを用いて、トラブルが起きたときに自動的に復旧する、あるいは不具合を最小限に留めるようなフォールトトレラントな設計ができるようにしていきましょう。

Amazon EventBridge

　Amazon EventBridgeは、CloudWatch Eventsをベースに拡張されたサービスです。CloudWatch Eventsの機能に加え、外部のSaaSアプリケーションとの連携も可能です。現在のところ、利用するAPIとエンドポイントも、同じ基盤のものが使用されています。

　将来的には、CloudWatch EventsはEventBridgeに置き換えられていくことが宣言されているので、新規に構築するシステムにはEventBridgeを利用するとよいでしょう。

12

運用支援サービス

▷　　**重要ポイント**

● EventBridge は CloudWatch Events の後継サービスで、今後主流となる見込みなので、新規のシステムには EventBridge を利用するとよい。

練習問題２

　あなたはソリューションアーキテクトとして、新規 Web サービスの開発に携わっています。現在、運用監視の設計を行っており、システムに問題が発生したときにそれをすぐに検知できるようにしたいと考えています。

　下記の記述から誤っているものを選んでください。

A. EC2 インスタンスのメモリ使用率を監視したかったが、標準メトリクスには含まれていなかったので自前のスクリプトを定期的に動作させ、カスタムメトリクスを作成した。

B. CloudWatch Logs を用いて、アプリのログに Exception という文字列があったときに検知できるようにした。

C. CloudWatch Logs を利用するには、対象のサーバーに専用のエージェントをインストールする必要がある。

D. CloudWatch Events を用いると cron のような定期処理を行うことはできるが、他のサービスの監視をトリガーにすることはできない。

解答は章末（P.287）

12-4

CloudTrailとConfig

CloudTrail

AWS CloudTrailは、AWSに関する操作ログを自動的に取得するサービスです。AWSではマネジメントコンソールの操作や、CLIやSDKを用いたAPIによる操作によって、AWSリソースを操作したり、AWSリソースからデータを取得したりできます。サービスを運用する中で、意図的かそうでないかは問わず、リソースを誤って削除してしまったり、データを不正に持ち出してしまったりすることがあります。結果として、それが重大な障害やセキュリティインシデントに繋がる可能性があり、「誰が」「いつ」「どのような操作をしたか」といった監査ログを記録しておくことは非常に重要です。CloudTrailを利用すると、このような監査情報を簡単に取得することができます。

CloudTrailで取得できるログの種類

CloudTrailで取得できる操作（イベント）の対象として、管理イベントとデータイベントとがあります。

○ 管理イベント：マネジメントコンソールへのログイン、EC2インスタンスの作成、S3バケットの作成など。

○ データイベント：S3バケット上のデータ操作、Lambda関数の実行など。

CloudTrailでは管理イベントの取得のみデフォルトで有効になっており、マネジメントコンソール上で過去90日分のログを確認することができます。過去90日より前の情報も保持したい場合は、S3に証跡を残すように設定することもできます。データイベントの取得はデフォルトでは有効になっていませんが、設定を変更することで、管理イベントと同様にS3にログを保管することができます。

12

運用支援サービス

279

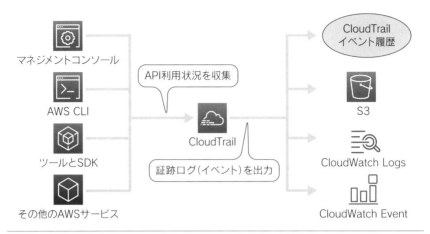

マネジメントコンソール

AWS CLI

ツールとSDK

その他のAWSサービス

API利用状況を収集

CloudTrail

証跡ログ（イベント）を出力

CloudTrail
イベント履歴

S3

CloudWatch Logs

CloudWatch Event

❏ AWS CloudTrailの概要

▷ **重要ポイント**

- CloudTrailは、AWSに関する操作ログを自動的に取得する。
- CloudTrailの管理イベントの取得はデフォルトで有効。データイベントの取得は
  デフォルトで無効。

CloudWatch Logsとの連携

　CloudTrailで監査ログを取得することで、何か問題が発生したときに各ユーザーの操作を追跡することができます。これだけでも十分に意味があるのですが、できればユーザーが不正な操作をしたことを自動的に検知したいところです。そのようなときに利用できるのが、CloudWatch Logsとの連携機能です。

　CloudWatch Logsについては前節で解説しましたが、簡単に言うと、事前にキーワードを設定しておき、ログにその文字列が出現したら通知する機能です。この機能を有効にすることで、不正な操作（のログメッセージ／文字列）を事前に登録しておき、ユーザーがそれに該当する行動をしたときに検知することができます。インシデントに繋がる操作を早期発見することができるので、非常に有用な機能だと言えます。

▷ **重要ポイント**

● CloudTrailとCloudWatch Logsとを連携させることで、不正な操作を早期に発見できる。

Config

AWS Configは、AWSリソースの設定履歴と変更を管理・評価するために、AWS Configルールを作成して適切な設定内容を定義します。Configの設定変更履歴はCloudTrailの証跡を元にしています。

CloudTrailから構成変更の履歴を追うには、AWSのすべての操作が記録された大量のログを分析する必要があります。Configを利用することで、AWSリソースの設定変更を時系列順にすばやく確認できる点が、トラブルシューティングやセキュリティ調査の際に役立ちます。

また、AWSリソースの設定を継続的にモニタリングして記録・評価しているため、設定変更が生じた際にAmazon SNS通知をトリガーしたり、コンプライアンス準拠状況をレポートすることができます。AWSを利用する際は必ず、CloudTrailとConfigをセットで使うようにしましょう。

12
運用支援サービス

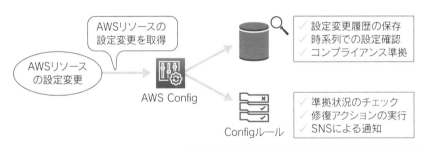

❏ AWS Configの概要

▷ **重要ポイント**

● AWS Configを使うと、AWSリソースの設定変更を時系列順にすばやく確認できる。この機能はトラブルシューティングやセキュリティ調査の際に役立つ。

AWS Configルール

　AWS Configを利用してAWSリソースの設定内容を評価するためには、AWS Configルールを作成して適切な設定内容を定義します。AWSによって事前定義されたマネージドルールを利用することも、独自の評価を行うカスタムルールを作成することもできます。

　ルールに基づいて設定内容を評価するタイミングとして、以下のトリガータイプが存在します。

○ **設定変更**：ルールの範囲に該当するリソースで設定が変更されると、AWS Configによって評価がトリガーされます。

○ **定期的**：指定した間隔（24時間ごとなど）でAWS Configがルールの評価を実行します。

　マネージドルールには、CloudTrailが有効になっているかのチェックやEBSの暗号化がされているか、IAMユーザーにMFAが設定されているかなど、有用なルールが多数存在しています。

　マネージドルールの一覧についてはAWSのドキュメントを確認してください。

📖 AWS Configマネージドルール

URL https://docs.aws.amazon.com/ja_jp/config/latest/developerguide/
evaluate-config_use-managed-rules.html

　カスタムルールでは、Lambda関数による独自の評価を作成できます。事前定義されたマネージドルールと違い、Lambda関数にコードを記述する必要があります。自由度の高い評価ルールを作ることができますが、実装の手間がかかるため、マネージドルールが要件に合わない場合に利用を検討しましょう。

　Configルールによって定義した状態に準拠しないAWSリソースが見つかった場合は、修復アクションを実行することで問題を解消できます。修復アクションでは、AWS Systems Manager Automationという自動化サービスによって事前定義された運用タスクを実行できます。修復アクションの例としては以下のような操作が挙げられます。

○ CloudTrailの証跡有効化
○ S3バケットの非公開化
○ EC2インスタンスの停止

修復アクションには、AWSが公開している運用タスクを利用することも、独自に作成したものを使うこともできます。修復アクションとして利用可能な運用タスクは、AWS System Manager Automationドキュメントとして公開されており、AWSマネジメントコンソールやCLIから利用できます。

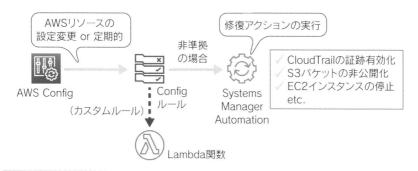

❑ AWS Systems Manager Automationによる修復

 ## 練習問題3

あなたはソリューションアーキテクトとして、ある会社のシステム部門を支援しています。少し前に、その会社の中でS3上のファイルが持ち出されてしまうことがありました。持ち出したユーザーは意図的にファイルを取得したわけではなく、操作ミスによって持ち出しをしてしまったそうです。システム部門はIAMやバケットポリシーを適切に修正したのですが、この問題が発生したときに持ち出しをしたユーザーを特定するのに時間がかかったことを問題視していました。あなたはCloudTrailの導入を提案しようとしています。

CloudTrailについて正しい記述を選んでください。

 A. CloudTrailはマネジメントコンソール上の操作を記録するので、AWS CLIを利用した操作のログが残らないことが要件として問題ないかを確認する必要がある。

 B. 管理イベントに関するログは、標準でS3に永続化される設定になっている。

 C. データイベントに関するログを取得するには、利用者側で設定作業が必要である。

 D. CloudTrailとCloudWatch Eventsを組み合わせることで、監査ログを監視し、ユーザーの不正な操作を検知することができる。

解答は章末（P.288）

12-5

Systems Manager

AWS Systems Managerは、AWSリソースとAWSリソース上に構築され
たシステムを一元管理するためのオペレーション管理サービスです。その機能
は、運用管理・アプリケーション管理・変更管理・ノード管理と非常に多岐にわ
たり、10以上の機能を有します。また、管理対象はAWS上のインスタンスに留
まらず、エージェントをサーバーにインストールすることにより、オンプレミ
スのサーバーも管理することが可能です。

❑ Systems Managerの主要機能表

運用管理	アプリケーション管理	変更管理	ノード管理
Explorer	Application Manager	Change Manager	Fleet Manager
OpsCenter	AppConfig	Automation	Session Manager
Incident Manager	Parameter Store	Maintenance Windows	Inventory
		Change Calendar	Run Command
			Patch Manager
			Distributor
			State Manager

　Systems Managerは、もともとはAmazon EC2 Simple Systems Manager
（SSM）という名称で、EC2の1機能であり、ノード管理をするための機能でし
た。その後、独立したサービスに昇格し、ノード管理のみならずアプリケーショ
ン管理や変更管理なども行うようになりました。また、Incident Managerのよ
うな運用管理システムまでサポートするようになりました。
　AWS認定ソリューションアーキテクト－アソシエイトでは、Systems
Managerについて、深い知識までは求められません。代表的な機能と、そのユー
スケースのみを押さえておきましょう

Run Command

Run Command は、複数の任意のインスタンス・サーバーに対して、一括で
コマンドを実行する機能です。複数台のインスタンスにアプリケーションを一
括でインストール、またはアップデートするといった用途に利用できます。任
意のコマンドを実行できるため非常に柔軟性が高いです。

Patch Manager

Patch Manager は、インスタンスのパッチの適用状況の確認や、適用指示を
行うことができます。Windows UpdateやYUMなどのパッケージ管理ソフトウ
ェアで管理されたパッチを実行できます。Run Commandでコマンドを送り込
むことで同様のこともできますが、Patch Managerのほうがパッチ管理に特化
しています。試験問題の選択肢に両者があり、どちらでも実現可能と考えられ
る場合は、設問の条件にどちらがより合うのか、あるいはどちらがより相応し
いのかで判断しましょう。

Session Manager

Session Manager は、セキュリティグループの許可やSSHキーなしで、イン
スタンスにSSHやPowerShellで接続する機能です。接続時のログをCloudTrail
やCloudWatch Logsと連携可能です。証跡を残すという要件がある場合に、す
ばやく対応することができます。

Inventory

Inventory は、インスタンス上で稼働するソフトウェア情報を収集し、一覧
表示やグラフなどで可視化します。多数のインスタンスを管理する必要が生じ
た場合は、まずはInventoryの機能でどこまでカバーできるかを確認しましょ
う。

このように、Systems Managerは非常に多くの機能を持っています。運用に
ついての要件が出てきた場合は、まずSystems Managerでカバーできるかどう
か確認する習慣をつけましょう。

本章のまとめ

▶ **運用支援サービス**

- CloudFormationはAWSリソースを自動構築するためのサービス。構築された
  AWSリソースはスタックと呼ばれる。スタックは、テンプレートと呼ばれる設計
  図に基づいて構築される。
- CloudWatch Metricsは、各AWSリソースの状態（メトリクス）を定期的に取得
  する。
- CloudWatch Alarmは、メトリクスに対して設定しておいた条件が満たされたと
  き、通知や処理を自動的に行う。
- CloudWatch Logsは、アプリケーションログやApacheログなどのログをモニ
  タリングし、収集する。ログに対して設定しておいた閾値を超えた際には、通知
  や処理を自動的に行う。
- CloudWatch Eventsは、独自のトリガー（イベントソース）と何かしらの後続ア
  クション（ターゲット）との組み合わせを定義する。
- EventBridgeはCloudWatch Eventsの後継サービスで、今後主流となる見込みな
  ので、新規のシステムにはEventBridgeを利用するとよい。
- CloudTrailは、AWSに関する操作ログを自動的に取得する。
- CloudTrailの管理イベントの取得はデフォルトで有効。データイベントの取得は
  デフォルトで無効。
- CloudTrailとCloudWatch Logsとを連携させることで、不正な操作を早期に発
  見できる。
- AWS Configを使うと、AWSリソースの設定変更を時系列順にすばやく確認で
  きる。この機能はトラブルシューティングやセキュリティ調査の際に役立つ。
- AWS Systems Managerは、AWSリソースとAWSリソース上に構築されたシス
  テムを一元管理するためのオペレーション管理サービス。AWS上のインスタン
  スに留まらず、エージェントをインストールしてオンプレミスのサーバーも管理
  することが可能。

練習問題の解答

練習問題1の解答

答え：C

まず、AとBについては「スタック」と「テンプレート」の記述が逆になっているため誤りです。それぞれ逆にすることで正しい説明になります。

Cは正しい記述です。環境に依存するテンプレートも作成できるのですが、将来的に他の環境、たとえばDR用途で別のリージョンに環境構築する可能性があるのなら、はじめから汎用的に作ることを心がけるのがベストプラクティスです。

Dは誤りです。テンプレートを1つにまとめたほうがよい場面もあるかもしれませんが、必須ではありません。逆に、テンプレートを大きくしすぎるとメンテナンスが難しくなるため、レイヤーごとにテンプレートを分けたほうがよい場面もあります。

練習問題2の解答

答え：D

CloudWatchの機能面について詳細に問う問題です。AからCについては正しい内容になりますが、Dは誤りです。たとえば、Auto Scalingによってインスタンスが増減したイベントをCloudWatch Eventsで定義するには下図のように設定することができます。CloudWatch Eventsは時間起動だけではなく、サービス間のシームレスな連携にも寄与するので覚えておきましょう。

❏ CloudWatch Eventsの設定

✓ 練習問題3の解答

答え：C

　CloudTrailの詳細を問う問題です。派手なサービスではありませんが、セキュアにサービスを運用する上で欠かせないサービスの1つだと言えます。この練習問題を通して、要点を絞って理解を深めてください。

　まずAの記述ですが、CloudTrailではマネジメントコンソールの操作だけではなく、AWS CLIによるコマンドライン経由での操作や、AWS SDKを利用したプログラマブルなアクセスについても監査ログを残します。よってAは誤りです。

　BとCはCloudTrailが対象とするログデータ種別に関する記述です。管理イベントのロギングはデフォルトで有効になっているのですが、直近90日間のログのみをマネジメントコンソール上で確認する設定になっています。S3上で永続化するには、設定作業が必要になります。データイベントのロギングはデフォルトで有効になっていないので、利用者側での設定が必要です。よってBの記述は誤りで、Cの記述が正しいです。

　最後にDの記述ですが、「監査ログを監視し、ユーザーの不正な操作を検知する」にはCloudWatch Logsを利用します。CloudWatch Eventsは別の機能になりますので、12-3節で確認してみてください。

第13章

AWSの
アーキテクチャ設計

AWSにおけるアーキテクチャ設計の考え方は「AWS Well-Architectedフレームワーク」という形でまとめられています。試験対策としては、この考え方を踏まえた上で配点の多い分野を優先的に学んでいくのが効果的です。本章では、AWSの背景にある基本的な考え方、すなわちアーキテクチャについて説明します。

13-1

AWSにおけるアーキテクチャ設計

　認定試験は、AWSが考える適切なアーキテクチャ設計をどのように実現するのかを問う試験です。このAWSが考える適切な設計というものは、ベストプラクティスという形でホワイトペーパーなどで公開されています。

📖 AWSホワイトペーパー
`URL` https://aws.amazon.com/jp/whitepapers/

　ただしここには膨大な数の文章が存在し、その対象も多岐にわたります。効率的に学習するには、まず基本的な考え方である AWS Well-Architectedフレームワークを読んだ上で、試験範囲を重点的に学習するのが効果的です。

📖 AWS Well-Architectedフレームワーク
`URL` https://docs.aws.amazon.com/ja_jp/wellarchitected/latest/
framework/welcome.html

　1-1節でも紹介しましたが、試験範囲と割合は次の表のとおりです。7割2分の得点で試験には合格できます。配点の多い部分を優先して学習するのが効率的です。

❑ 試験の範囲と割合

分野	割合	説明箇所
セキュアなアーキテクチャの設計	30%	13-4節
弾力性に優れたアーキテクチャの設計	26%	13-2節
高パフォーマンスなアーキテクチャの設計	24%	13-3節
コストを最適化したアーキテクチャの設計	20%	13-5節

　それでは、上記の出題範囲に沿って押さえておくべき事項を整理していきましょう。

13-2

弾力性に優れたアーキテクチャの設計

　「弾力性に優れたアーキテクチャの設計」は、認定試験で2番目に配点が高い項目です。Well-Architectedフレームワークでは、「信頼性の柱」とも表現されています。信頼性の高いアーキテクチャとは、サービスの障害からの復旧、負荷に応じた自動的なリソースの調整、あるいはインスタンスやネットワークに生じた障害の軽減が考慮されたシステムです。

弾力性に優れたアーキテクチャの構成要素

　信頼性・弾力性の高いアーキテクチャの構成要素は次の5つです。

○ 復旧手順のテスト
○ 障害からの自動復旧
○ スケーラブルなシステム
○ キャパシティ推測が不要であること
○ 変更管理の自動化

復旧手順のテスト

　逆説的に思えるかもしれませんが、クラウド環境はオンプレミス環境に比べると専用の環境を用意しやすいと言えます。オンプレミスの場合、たとえばネットワーク機器や負荷分散装置のようなものは、システム間で共用で使われていることが少なくありません。これに対してクラウドの場合は、これらの設備も仮想的に専有できます。そのため、障害の発生をシミュレーションしやすく、復旧手順のテストも容易になります。これにより、すべての要素のテストをすることや、障害復旧の自動化の設計も可能となります。

障害からの自動復旧

　AWSでは、主要なリソースの状況をメトリクスとして追跡することが可能です。また閾値を設けて、負荷状況などが超過した場合にトリガーを設定することが可能です。それによりリソースの追加や、問題の発生したリソースの自動的な交換などの設定ができます。これが障害からの自動復旧です。障害からの自動復旧は、小さな労力でシステムの運用に多大な効果をもたらします。

　このアーキテクチャの設計には、まず閾値の検知にCloudWatchを利用します。インスタンス単体での障害復旧の場合、CloudWatchの自動復旧を利用することで、インスタンスもしくはインスタンス内のOSなどの障害を検知して自動復旧することが可能となります。

　自動復旧は、ELBなどのロードバランサー配下のインスタンス群に適用されることが少なくありません。その場合はAuto Scalingと組み合わせ、ELBから定期的にヘルスチェックを行い、一定期間の応答がない場合は自動的にインスタンスを切り離し、新たなインスタンスを追加します。負荷増大などのリソース不足の場合は、新たなインスタンスを起動してロードバランサー配下のリソースの総量を増やします。

　データベースの場合は、RDSを使ってマルチAZ構成をとることが基本となります。マスターとスタンバイの構成となっていて、マスター障害時に自動的にスタンバイがマスターに昇格して復旧します。このあたりの処理にはDNSの切り替えを利用します。DNSの切り替えは、AWSのサービス全般に適用できる復旧方法です。Black Beltオンラインセミナーで詳しく紹介されているので、ぜひ読んで理解しておきましょう。

スケーラブルなシステム

　オンプレミスの場合、リソースの総量はあらかじめ用意した分しかありません。そのため、スケーラブルなシステムを作るのは非常に困難です。これに対してクラウドは、需給に応じてリソースを増減することが容易です。そのため、スケーラブルなシステムを構築することが、信頼性の観点からもコストの観点からも重要となります。

　スケーラブルなシステムを検討する際は、まずは水平方向の拡張(スケールアウト)が可能な仕組みを考えます。スケールアウト可能なアーキテクチャとは、インスタンスを単純に追加していけば、システム全体の処理能力が上がる

という構成です。この構成には2つのポイントがあります。

　1つは、増減するサーバーに状態を持たないように（ステートレスに）することです。たとえばセッションのような個々のユーザーの状態をインスタンスに持つと、ユーザーごとの処理は特定のサーバーでしかできません。これを防ぐのがステートレスなサーバーです。具体的には、Webサーバーの場合はセッションを外部のサービスに出します。AWSのサービスの場合は、ElastiCacheを利用することが一般的ですが、DynamoDBを利用する場合もあります。

　もう1つは、個々のリソースのサイズをできるだけ小さくすることです。リソースサイズが大きいと、負荷がかかっていない状態での無駄が大きくなります。また、リソースを追加した際にも過剰なリソースを追加することになります。小さな単位でリソース追加できることはクラウドの大きな利点です。

キャパシティ推測が不要であること

　オンプレミスでは、あらかじめ用意した物理機器以上の性能を出すことができません。そのため事前のキャパシティ推測が重要になります。これに対して、クラウドはリソース追加が容易なのでキャパシティ推測の重要性は低下します。

　一方で、クラウドの場合でも、アーキテクチャのキャパシティ設計は重要です。これは、水平方向に追加（スケールアウト）できるリソースは何か、あるいは垂直方向に拡張（スケールアップ）しないといけないリソースは何かを正しく知ることです。

　一般的にWebサーバーやアプリケーションサーバーはスケールアウトが容易です。これに対して、データベースサーバーはスケールアウトは難しく、スケールアップすることが多いです。データベースサーバーの一般的なスケーリングとしては、以下があります。

○　参照系と更新系を分離する
○　参照系はリードレプリカを利用し、スケールアウト可能にする
○　更新系はスケールアップし処理性能をアップさせる

　1台のソースデータベースに対して作成できるリードレプリカの上限は決まっているので、注意が必要です。MySQLやPostgreSQLは5台までです。Auroraの場合は、最大15台まで設定可能です。また、Auroraの場合は、デフォルトで

リード（読み込み）エンドポイントとライト（書き込み）エンドポイントが用意されています。RDSのマルチAZ構成におけるスタンバイのような、通常時にまったく利用されないリソースがない分、リソースの利用効率が高くなります。

またRDBMS以外の選択肢として、DynamoDBがあります。DynamoDBの特徴として、性能を設定値で増減させるということが可能です。また、性能自体も自動で増減させることができるので、キャパシティの柔軟性がより上がります。

変更管理の自動化

最後に変更管理の自動化です。今まで述べてきたとおり、AWSではリソースの増減が容易です。その恩恵を受けるためには、変更管理の自動化が必要です。つまり、リソースの追加時に、追加されたリソースが他のサービスと同じ設定、アプリケーション、データを持っている必要があるということです。構成管理の自動化には、CloudFormationやAMI、OpsWorksがよく利用されます。

試験でよく問われるのは、Auto Scaling時のインスタンス構成です。AMIを使うパターンの場合は、常にAMIを最新の状態に保つゴールデンマスター方式です。また、インスタンス起動時に最新のソースコンテンツを取得するパターンもあります。このパターンの場合は、ソースコンテンツの取得方法の他に、起動後に即ELBに組み込まれて不整合が発生しないようにするための手法が問われます。

それ以外のパターンとしては、サーバーからデータを排除して、NASのような共有のコンテンツ置き場をマウントするパターンがあります。NASの実現方法として、AWSにはEFSやFSxがあります。

▶▶ **重要ポイント**

- 弾力性の高いアーキテクチャは5つの要素で構成される：復旧手順のテスト、障害からの自動復旧、スケーラブルなシステム、キャパシティ推測が不要であること、変更管理の自動化。

13-3

高パフォーマンスなアーキテクチャの設計

高パフォーマンスなアーキテクチャとは、リソースを効率的に使用し、需給や技術の進化に合わせて効率的に利用する構成のことです。そのためには、適切なリソースの選択と確認、リソース状況のモニタリング、トレードオフの判断が必要です。

リソースの選択

パフォーマンスに優れたアーキテクチャの第一歩は、適切なリソースの選択です。主なリソース種別としては、コンピューティング、ストレージ、データベース、ネットワークがあります。それぞれ見ていきましょう。

コンピューティングリソース

代表的なリソースであるコンピューティングリソースの場合、インスタンス、コンテナ、関数（FaaS：Function as a Service）の選択肢があります。常駐型のプロセスが必要な場合は、インスタンスもしくはコンテナを利用します。イベント駆動の非常駐型のプロセスの場合は、関数型のリソースを利用します。

インスタンス型のサービスにはEC2やElastic Beanstalkがあり、コンテナ型のサービスにはECSがあります。関数型のサービスにはLambdaを利用します。インスタンスとコンテナの使い分けについてはいろいろな考え方がありますが、「アプリケーションの可搬性を高めたい」「アプリケーションとOSとの依存度を下げたい」といった場合は、コンテナを選ぶケースが多いです。

ストレージリソース

ストレージのアーキテクチャが問われる際には、まずインスタンスに紐付いたブロックストレージであるかどうかを考えます。この場合はEBSが基本となります。これに対して、リソースをオブジェクト（ファイル）単位で扱えればよ

い場合は、オブジェクトストレージであるS3が最適になります。EBSとS3の比較では、スケーラビリティやコスト、耐久性の面でS3のほうが優位になります。

そのため、アーキテクチャ設計においてS3を利用できるのであれば、S3を優先します。S3とEBSの違いは前述のとおり、オブジェクトストレージかブロックストレージかです。オンプレミスの構成では、基本的にブロックストレージが前提となっていることが多いので、そこをどのようにS3に変更するかが設計のポイントとなります。

データベースリソース

データベースの選択については、RDBMSかNoSQLかの選択が第一です。次に大容量のデータ処理の場合は、データウェアハウスであるRedshiftが考えられます。

RDBMSとNoSQLについては、特性の違いがあるだけで優劣は存在しません。そのため、RDBMSが得意とするもの、NoSQLが得意とするものを、それぞれ把握しておく必要があります。RDBMSは汎用的で使いやすいので、まずはNoSQLの特性を押さえるとよいでしょう。

しかし一口にNoSQLと言っても、ドキュメント指向、列指向、KVSなど様々なタイプがあります。AWSでは、大量データ処理の場合は列指向のデータウェアハウスであるRedshift、KVSの場合はインメモリデータベースでもあるElastiCacheを考えます。それ以外の汎用NoSQLであればDynamoDBが選択肢となります。

RDBMSの選択肢としてはRDSとAuroraの2種類があります。Auroraは基本的にはRDSの上位互換サービスになります。それぞれの特性の違いを把握した上で、アーキテクチャを検討できるようにしましょう。

ネットワークリソース

パフォーマンスの要素として、ネットワークは非常に重要です。一方で、AWSのサービスとしては、ネットワーク自体のパフォーマンスはAWSが管理する領域なので、ユーザー自身ですることはありません。そのため、ネットワークに関するアーキテクチャについては、インスタンスのネットワークに関する知識を問われます。具体的には、インスタンスごとのネットワーク帯域の限界に関する問いと、EBSの最適化に関する問いです。

　まずEC2インスタンスには、インスタンスごとにネットワーク帯域の限界が定められています。CPUやメモリに余裕があるのにパフォーマンスが出ない場合は、インスタンスのネットワーク帯域の限界に達している可能性があります。帯域の上限を上げるには、より帯域が広いインスタンスタイプに変更します。

　またインスタンスからEBSへのアクセスは、ネットワーク経由となります。ネットワークのボトルネックになりやすい箇所に対して、EC2ではEBS最適化インスタンスというものが設けられています。これは、通常のネットワーク経路とは別に、EBS専用のネットワークを用意するオプションです。

　ネットワークのパフォーマンスを問う問題はこの2つが多いので、それぞれ把握しておきましょう。

リソースの確認とモニタリング

　システムを構築した後も、継続的な確認とモニタリングが必要です。AWSのサービスは常に進化しているため、構築時点のサービスでは実現できなかったものも新たなサービスで実現できる場合があります。このため、最適なリソースを使っているか、継続的な確認が必要となります。

　また、システムが一定の閾値の中で利用されているかをモニタリングすることも重要です。閾値を超えた場合には適切な対処が必要になります。モニタリングにはCloudWatchを利用し、自動対処にはSQSやLambdaを利用します。

トレードオフの判断

　トレードオフの判断とは、どこで処理をするかの決定です。具体的にはキャッシュの活用です。代表的なキャッシュの使い方としては、データベースのキャッシュと、コンテンツのキャッシュがあります。データベースのキャッシュにはElastiCacheを利用するのが一般的です。コンテンツのキャッシュにはCloudFrontを利用します。

▶▶　**重要ポイント**

- 高パフォーマンスなアーキテクチャは、リソースを適切に選択し、それを継続的にモニタリングし、キャッシュを活用することで実現できる。

13-4

セキュアなアーキテクチャの設計

AWSのアーキテクチャの中でも、セキュリティは非常に重要な要素となります。AWSにおけるセキュリティには、主に2つの観点があります。AWS利用に関するセキュリティと、構築したシステムのセキュリティです。

AWS利用に関するセキュリティ

AWS利用に関するセキュリティの大前提は、AWSマネジメントコンソールやAPIへのアクセス制限です。AWSへのアクセスにはIAMを利用します。このIAMへの権限付与がポイントとなります。原則としては次の3点です。

○ 利用者ごとのIAMユーザー作成
○ 最小権限の原則
○ AWSリソースからのアクセスにはIAMロールを使う

まず利用者ごとのIAMユーザー作成です。AWSには、アカウント作成時に作られたAWSルートアカウントがあります。AWSルートアカウントは、利用者の追跡やアクセス制限が難しいため、原則として通常の運用には使いません。ユーザーごとにIAMユーザーを発行し、パスワードポリシーの設定や多要素認証（MFA）を設定します。ユーザー本人にしか利用できないようにすることで、誰がリソースを操作したのかも追跡できるようになります。操作の追跡にはCloudTrailを利用し、設定履歴の確認にはConfigを利用します。

次に、最小権限の原則です。IAMユーザーやIAMロールには、必要な操作権限を最小限に付与することが重要です。たとえば、通常の開発者にはネットワークの操作権限は不要ですし、運用者にはインスタンスの起動／停止権限のみで十分な場合が多いです。業務で必要な権限以外を与えないことで、万が一アクセス権を奪われた場合でも、被害を最小限に抑えられます。

さらに、IAMロールの活用も有効です。ロールは、AWSリソースなど、サービスに対して付与できます。たとえば、EC2インスタンスにロール（インス

タンスプロファイル）を付与することにより、そのインスタンスのプログラム
からAWSを操作できるようになります。プログラムにIAMユーザーのアクセ
スキー、シークレットアクセスキーを付与すると、キー流出の危険性はどうし
ても高くなります。できる限りロールを使うようにしましょう。また、異なる
AWSアカウント間でのサービス利用として、クロスアカウントロールの利用
もあります。

構築したシステムのセキュリティ

　システムのセキュリティについては、オンプレミスと同じ部分も少なくあり
ません。1つは、レイヤーごとの防御です。これは、レイヤーごとに最善の防御
策を講じることです。ネットワークレイヤーで防御しているのでインスタンス
やOSでは防御しない、というのではなく、それぞれのレイヤーに防御施策を講
じることが重要です。

　当然のことながら、レイヤーが異なればベストプラクティスも異なります。
そのため、前提となる知識は非常に広い範囲に及びます。ネットワークレイヤ
ーの保護ではVPCが前提となり、セキュリティグループやネットワークACL
をどのように活用するかがポイントとなります。あるいは、S3などのAWSリ
ソースにインターネットを経由しないでアクセスするためのVPCエンドポイ
ント／プライベートリンクをどのように利用するかも重要です。また、インス
タンスを直接インターネットに接続しないようにするための方策として、ELB
やNATゲートウェイの使い方を問われることもあります。

　もう1つは、データの保護です。これについては、バックアップやバージョニ
ングの他に暗号化があります。バックアップについては、EBSやS3上のデータ
をどのようにバックアップするかが問われます。バックアップの設問に多いの
が、データのライフサイクルです。S3のライフサイクル機能を使えば、一定期
間が過ぎたら低頻度アクセスにする、もしくはS3 Glacierに移行する、そして不
要になったら削除するといったことが可能になります。また、オペレーション
の失敗からデータを保護するには、S3のバージョニングが有効です。

　データの保護については、暗号化の観点もあります。データの暗号化には、
EBSやS3の暗号化機能を使う場合と、KMSを使う場合があります。両者の違
いは、暗号化の鍵の管理の主体です。ユーザーが主体的に管理する場合はKMS
を利用します。

13

AWSのアーキテクチャ設計

13-5
コストを最適化したアーキテクチャの設計

　コスト度外視で堅牢なシステムを作ったとしても、ビジネス上の目的を達成することは困難です。そのため、コストの最適化もアーキテクチャ設計の上で重要な要素です。AWSをはじめとするクラウドは、大規模な設備投資やネットワーク設備の共用など、規模の経済・スケールメリットを活かして、自前で構築・運用するよりも低価格でサービスを提供しています。

　そのため、AWSを利用するだけでコスト面のメリットを得る可能性は高いのですが、AWS認定試験ではさらにアーキテクチャ上の工夫によるコスト最適化を問われます。代表的なコスト最適化策がいくつかあるので、それぞれ見ていきましょう。

需給の一致

　コスト最適化の大前提が、需給の一致です。つまりピーク時に備えて、あらかじめ大量のリソースを用意しないということです。クラウドのアーキテクチャは、オンプレミスに比べるとこの点が大きく異なります。現実的には、AWSといえども数秒〜数分といった短期間に急激にリソースを増加させるシステムを作るのは困難です。そのため、リソースにある程度の余裕は持たせる必要がありますが、理想的に作れば、オンプレミスとの比較という意味では需給をほぼ一致させることができます。

　この需給の一致を実現するためには、CloudWatchでリソース状況のメトリクスを計測し、EC2であればAuto Scalingでリソースの調整を行うのが基本となります。

インスタンス購入方法によるコスト削減

　AWSならではのコスト削減策として、インスタンスの購入方法があります。通常使うインスタンスはオンデマンドインスタンスと呼ばれ、この費用が定価に当たります。これに対して、1年間もしくは3年間の利用を約束することで3〜7割程度の割引を受けられるのがリザーブドインスタンスです。さらに、その時間におけるAWSの余剰リソースを入札制で買うのがスポットインスタンスです。常時値引きされているわけではありませんが、値引き幅は大きく、最大9割引きくらいに達することもあります。この3つの方法を用途に応じて組み合わせて購入するのが、インスタンス購入方法によるコスト削減です。

　まずリザーブドインスタンスについては、常時使っていることを前提とした価格体系となっています。そのため、事前に計画されていて確実に使うものだけに適用されるように購入するのが戦略となります。

　次にスポットインスタンスです。スポットインスタンスは値引き幅が大きい反面、入札額を上回った場合は強制的に利用を中断させられるなど、制約もあります。対策としては、スポットインスタンスに適したアーキテクチャに利用するということが推奨されます。一番適合するのが、EMRなどの分散処理との組み合わせです。EMRは、フレームワークとしてジョブが中断したときに、別のインスタンスで同じジョブを実行させるようになっています。

　認定試験でも、分散処理のコスト削減策としてスポットインスタンスの利用を問われることが少なくありません。また、常時起動しているプライマリノードのみリザーブドインスタンスを購入する、というパターンもあります。

　なお、リザーブドインスタンス購入の推奨値は、Trusted Advisorのコストの項目で確認できます。あわせて覚えておきましょう。

アーカイブストレージの活用

　インスタンス利用料以外のコストで大きな割合を占めることが多いのがストレージです。ストレージには、主にブロックストレージであるEBSとオブジェクトストレージであるS3があります。コスト削減の余地が多いのはS3です。

13

AWSのアーキテクチャ設計

S3には、アクセス料は高いが保存料が安いという低頻度アクセスクラスと
S3 Glacierがあります。利用頻度が低いものを、S3のライフサイクル機能を
使ってS3 Glacierにアーカイブするのが定番のコスト削減策です。ただし、S3
Glacierは復元料が高く時間もかかるので、数か月以上経過したログデータな
ど、利用する可能性の低いものに対して適用するのが一般的です。

通信料

AWSでは、AWSに入ってくるインバウンドの通信は無料ですが、AWSから
外に出ていくアウトバウンドの通信は有料です。サービスの性質によっては、
通信料がかさむケースもあります。その場合はCloudFrontを使った通信料の最
適化が必要です。CloudFrontは、通常のデータ転送料に比べて転送料を抑え
ることができます。

一方で、転送する地域によって転送料は変わるため、一部地域では高額とな
る場合があります。価格クラスを選ぶことによって、転送料が高い地域では
CloudFrontを使わないという選択肢もあります。

コストの把握

コストの最適化には、コスト自体を正しく把握する必要があります。コスト
の把握にはCost Explorerが有用です。また、AWSでは月次の請求以外にも、
コンソールなどで現在の利用額を常時確認できます。また、AWSから能動的に
通知を得る方法として、CloudWatchとSNSの組み合わせや、Budgetsによ
る通知があります。これらを使うことにより、月内にあらかじめ定めた以上の
金額に達した場合、メールなどで通知を受けることが可能となります。

▶▶ **重要ポイント**

● 認定試験ではアーキテクチャ上の工夫によるコスト最適化が問われる。コスト最
適化は、リソースの需給を一致させる、適切なインスタンスを購入する、アーカ
イブストレージを活用するなどの工夫で実現できる。

本章のまとめ

▶▶ アーキテクチャ設計

- 弾力性の高いアーキテクチャは5つの要素で構成される：復旧手順のテスト、障害からの自動復旧、スケーラブルなシステム、キャパシティ推測が不要であること、変更管理の自動化。
- 高パフォーマンスなアーキテクチャは、リソースを適切に選択し、それを継続的にモニタリングし、キャッシュを活用することで実現できる。
- 認定試験ではアーキテクチャ上の工夫によるコスト最適化が問われる。コスト最適化は、リソースの需給を一致させる、適切なインスタンスを購入する、アーカイブストレージを活用するなどの工夫で実現できる。

AWS の効率的な勉強方法

　筆者のような立場だと、頻繁にAWSを効率的に学ぶ方法について質問を受けます。これについては正直なところ、質問者のバックグラウンドや業務で必要とする知識が違うので、人それぞれで王道はないと思っています。しかし、比較的多くの人に勧めやすいのが、1-2節で紹介したAWS Black Beltオンラインセミナーとハンズオンの組み合わせです。

　AWS Black Beltの資料は、日本のAWSのソリューションアーキテクト（試験名ではなくて役職名）が作っています。資料のクオリティも非常に高く、オンラインで見る場合は動画もついています。解説を聞きながら資料を読むと、非常に効率的に理解が進みます。一方で、資料を読んだだけだと、分かった気にはなるものの細かい部分までは分からない、ということもあります。これはそもそも、詳細ではなく概要を解説することを目的としていることが多いからです。ではより理解を深めるにはどうしたらよいでしょうか？ 筆者としては、**BlackBeltを見た後にハンズオンを実施する**ことをお勧めします。

　資料を読むだけではなかなか理解が難しいことも、ハンズオンで実機で動かすことで理解は一気に深まります。AWSの場合、公式ドキュメントにチュートリアルという名のハンズオンが載っていることが多く、それ以外にも10分ハンズオンという形でいろいろなサービスのハンズオンが用意されています。また、初心者向けのシリーズもあります。

　BlackBelt ＋ハンズオンで、多くのサービスについて6割くらいは理解できるのではないでしょうか。その上で、細かい部分についてはドキュメントを確認しながら理解を深めればよいでしょう。また場合によっては、完璧にサービスを理解する必要はなく、使えるところまでで十分というケースもあります。

　なお、より高度な、あるいはより深い知識を学ぶ方法として、AWSの社員に直接聞くという方法もあります。AWSにはサービスごとに担当のソリューションアーキテクト（SA）がいて、当然のことながら担当の範囲についての深い造詣があります。そのSAに直接質問するにはどうすればよいのかという難点がありますが、たとえばAWS Summitなどのイベント会場ではAsk the Expertというコーナーが開催されており、AWSとしても直接話せる窓口を用意しています。

第 14 章
問題の解き方と模擬試験

本書の最後に、試験問題をどのように解いていくかを考えます。これまでの章で、各サービスの特徴やユースケースについて学んできました。ソリューションアーキテクト試験に合格するためには、これらの知識を活かしながら問題を解き進めることが重要です。さらに本章では、実践的な模擬試験も用意しています。

14-1

問題の解き方

　本書で学んできた知識を試験に活かすためには、各問題が受験者に何を問いたいのかを、1歩引いて考えてみることが重要です。このときに参考になるのが、前章の「AWSのアーキテクチャ設計」で解説した考え方で、具体的な指標として次の4つの点です。

1. 単一障害点のない設計になっているか
2. スケーリングする設計になっているか
3. セキュリティ面に問題はないか
4. コストの最適化がされているか

　この指標に沿って、この問題はソリューションアーキテクトとして何を問いたいのだろうか?と考えてみると、ヒントが見つかるかもしれません。
　本章では、これらの4つの視点でどのように問題を解いていくかを具体的に説明し、その後、本書オリジナルの模擬試験を解いてもらいます。きっと、ソリューションアーキテクト試験に向けたよい実践練習となるはずです。ぜひ上記4つの視点を意識しながらチャレンジしてみてください。
　なお、模擬試験の問題は少し詳細な知識まで求めるものも用意しています。詳細な知識については解答の解説で詳しく説明をしています。

▶▶　**重要ポイント**
- 問題を読み解く鍵は、単一障害点、スケーリング、セキュリティ、そしてコストの4つの視点。

単一障害点のない設計になっているか

ソリューションアーキテクトとして設計を行うとき、そのシステム内に単一
障害点（Single Point Of Failure、SPOF）がないかを見渡すようにしましょう。

〇　このインスタンスが停止してもサービス全体に影響がないか

〇　AZ障害が起きたときに問題にならないか

といったチェック項目を用意し、構成図を見ていくとよいでしょう。例題を見
てみましょう。

 例題

　あなたはAWSで稼働する営業支援のための社内システムを運用しています。この
システムは営業活動に密接に結び付くミッションクリティカルなシステムで、高い可
用性が求められています。現在、下記のシステム構成で運用しています。

● 営業支援用の画面を提供するWebサーバーを用意している。4台のEC2インスタ
ンスがこの役割を担い、ELBで負荷分散している。

● データベースにはRDSを用いており、マスター／スタンバイ構成をとっている。

● 別途メールサーバー用のEC2を1台構築し、案件の進捗を営業部内に共有するメー
ルをリアルタイムで配信するようにしている。

● 部内で共有するファイルはS3に保存しており、Webサーバー経由で参照できる。

　この中で、障害が発生したときにシステム全体に影響が出てしまう設計ポイントは
どこですか。

　　　A. Webサーバー用のEC2インスタンス

　　　B. データを管理するRDS

　　　C. メールサーバー用のEC2インスタンス

　　　D. ファイルを管理するS3

1か所に障害が発生したらシステム全体に影響してしまうような設計箇所を探していきます。AのWebサーバー用のEC2インスタンスについては、ELBの下に複数のインスタンスが紐付く構成をとっています。そのため、1台のインスタンスが停止しても、縮退構成でサービスを維持できるでしょう。

BのRDSについても、1台のインスタンスではなく、マスター／スタンバイの構成をとっています。マスターインスタンスに障害が発生しても、スタンバイ側にフェイルオーバーすることで、システムを継続できます。

ここまでは問題なさそうです。しかし、Cのメールリーバー用のインスタンスは1台で運用されており、万が一このインスタンスが停止するとメール機能が全面的に止まります。つまりこの部分が単一障害点となっており、冗長化構成になるように設計を見直す必要があります。よって**正解はC**となります。

なお、DのS3については、AWSのマネージドサービスで高い可用性が担保されているため問題ありません。

このように、設計に対して1つ1つ「単一障害点になっていないか」をチェックしていくことが重要です。また、次のスケーリングにも関連するのですが、AWS側で高い可用性を担保してくれているマネージドサービスがあります。

たとえば、今回問題になったメールサーバーをSESというサービスに置き換えれば、利用者側で冗長化を意識する必要がなくなります。各サービスに対して、利用者が可用性を意識する必要があるのか、AWS側で可用性を担保してくれるのかを押さえておくことが大切です。

スケーリングする設計になっているか

アーキテクトとしてアーキテクチャ設計するときに、「いま想定しているリクエスト量は処理できそうだから、この構成で問題ない」と考えるのはよくありません。「将来リクエスト量が増えたときに、スケールできる設計になっているか」を意識することが非常に重要です。前章でも紹介しましたが、インスタンスをスケールアウトするには、ステートレスに設計しておく必要があります。これを初期構築のときから意識しないと後で苦労します。

また、AWSの各サービスにはスケーリングを利用者側で意識する必要があるものと、AWS側でうまく吸収してくれるものとがあります。各サービスについてこの観点を押さえておくと、スケーリングしやすい設計になっているかを

確認するときに役立ちます。

 例題

　あなたはIoT関連の実証実験に参加しています。各エリアに設置したセンサーからの情報を格納し、日次でデータ集計する基盤を構築することがあなたのミッションです。あなたはこの基盤を下記の設計で構築することにしました。

● API Gateway と Lambda を利用し、API を提供する。

● 各センサーはこの API を呼び出し、センサーデータを連携する。

● Lambda は DynamoDB にデータを格納する。

● 夜間に1台のEC2インスタンスからDynamoDBのデータを取得し、翌朝までに必要な計算を行う。

　無事に実証実験が完了し、事業化に向けた検討を行っています。あなたはエリア拡大に向けて、スケーリングが可能かアーキテクチャの見直しを行っています。設計の見直しが最も必要なものはどれですか。

　　A. API Gateway 設計
　　B. Lambda 関数
　　C. DynamoDB テーブル
　　D. EC2 インスタンス

✓ 例題の解答

　この問題は、各サービスのスケーラビリティへの理解を問うものです。API Gatewayや Lambdaは、リクエストが増えたときに自動的にスケールする設計になっているので、大きい見直しが必要になる可能性は低いです。また、DynamoDB については、キャパシティ設定の見直しは必要かもしれませんが、機能が変わらないのであれば大きな設計変更は必要なさそうです（自動的にキャパシティを変更する機能もあるのですが、この問題では特に言及されていません）。

　設計上、最も影響があると考えられるのはEC2インスタンスです。ここでは、DynamoDBのデータを処理するワーカーを担当していますが、エリア拡大に伴い1日のデータ量が増えたときはインスタンスの台数をコントロールする必要がありそうです。よって**正解はD**となります。

セキュリティ面に問題はないか

これまで見てきたように、機能要件を満たすだけでなく、非機能要件を意識することがとても重要です。セキュリティがしっかり守れているかを考えるのもソリューションアーキテクトの役割です。特に試験で頻繁に問われるのがIAM関連の設計についてです。

 例題

あなたは就職支援のためのWebプラットフォームの開発に従事しています。利用者にメールを配信する要件があるので、EC2インスタンスで必要な情報を集め、SDK経由でSESにメール送信の依頼を出す設計にしました。

EC2から他のAWSサービス群に接続する方法として、最も推奨されるものはどれですか。

A.IAMユーザーからアクセスキーとシークレットキーを作成し、プログラムに埋め込む。

B.IAMロールを作成し、EC2インスタンスに割り当てる。

C.IAMグループを作成し、EC2インスタンスをそのグループに入れる。

D.IAMポリシーを作成し、EC2インスタンスに割り当てる。

✓ 例題の解答

まず、この問題ではCとDは記述が誤っているため、消去法でAとBの2択に絞れます。問題はここからです。実はAもBも権限を付与し、メールを送ることはできるのですが、どちらがよりセキュアかを考える必要があります。Aのプログラムに埋め込む方式は、

- 誰もがキーを見られることになるが問題ないだろうか
- 流出を防ぐ方法はあるのだろうか
- キーが流出したときにそれを検知することはできるのだろうか

と、少し考えただけでいくつも問題になりそうな点が見つかります。IAMロールを利用する方法をとれば、そもそもキーを管理すること自体が必要なくなり、漏洩するキーもありません。このような理由から、この問題の**正解はB**となります。

このように、記述内容が機能要件を満たすかどうかだけではなく、それが脆

弱性に繋がらないかを考える視点を持つようにしましょう。

コスト最適化がされているか

　最後のポイントとして、コスト最適化を意識することが重要です。大きく分けて、

○　AWSリソースのコスト最適化
○　人的リソースのコスト最適化

の2つの観点があります。具体的な例題を見ていきましょう。

 例題

　あなたはAWS上で営業支援を行う社内システムを運用しています。先日、システムトラブルが発生し、一時的に社内業務が止まってしまうことがありました。原因を調査すると、急ぎの提案案件が重なり、同時にサービスを利用する営業部社員が多かったことが分かりました。その結果、システムが負荷に耐えられず障害に繋がってしまったようです。現在のシステム構成は、Webサーバーを4台用意し、前段にELBを配置しています。しかし、調査を進めると、ピーク時には8台分のWebサーバーがないと、安定して機能提供できないことが分かりました。ただし、そのピーク時負荷は今回のような提案案件が重なったときのonly にまれに発生し、いつ発生するかは前もって分からない状況です。

　コストを最適化しつつ、システムの安定稼働を達成するために最も適した対応はどれですか。

A.めったに負荷が上がることはないので、このまま4台のインスタンスのままで運用する。
B.インスタンスを増やし、常に6台のインスタンスで運用するように構成を変更する。
C.インスタンスを増やし、常に8台のインスタンスで運用するように構成を変更する。
D.Auto Scalingを利用し、最小4台、最大8台のインスタンスになるよう設定を行う。

　この問題は可用性とコスト最適化の両方を問うものです。コストを抑えたことで障害が発生しやすい構成になるのは論外ですが、リソースを必要以上に使ってしまい、コストが予算を超えてしまうのも問題です。

　選択肢Aの記述は、何も手を打たないという判断です。平常時は問題なくても、ピーク時に再び障害が発生し、ビジネスの機会を逃すことに繋がります。BもAに比べると可用性が上がるかもしれませんが、今回と同じリクエスト量がきたときは障害に繋がるでしょう。

　逆に、Cの設計はピーク時のリクエスト量に耐えられる設計ではあるのですが、頻繁には発生しない状況のために常に余剰のリソースを抱えておくことは、コスト最適とは言えないでしょう。

　リクエスト増にも耐えられ、コスト最適化も実現しているのがDのAuto Scalingを用いる方式です。必要なときに必要な分だけリソースを提供する、まさにクラウドならではの設計です。**正解はD**となります。

　さらに、この例題を使って人的リソースのコスト最適化についても考えてみましょう。選択肢に「ピーク時を予想し、事前にインスタンス数を増やす対応を行う」という対応があったらどうでしょうか。ピーク時を予想できるかはさておき、コスト面・可用性面ともにDの選択肢に近づけるかもしれません。しかし、ピークが発生する前後に、毎回運用メンバーが本番作業を行う必要があります。AWSリソースの費用だけでなく、このような人的リソースにかかる費用を考えると、コスト最適とは言えないでしょう。

　オペレーションを自動化する、あるいは今回のようにAuto Scalingの機能を活用して人手が必要な作業を減らす運用設計をするのも、アーキテクトに求められるポイントです。

　環境構築についても、CloudFormationなどの自動構築サービスを利用することで人手を減らすことができます。特に、本番環境、テスト環境、開発環境のように、同じ環境を複数用意する必要がある場合は、自動化することで得られるコストメリットが大きくなります。

14-2

模擬試験

 問題1

トラフィックの負荷分散をするApplication Load Balancer（ALB）、Webサーバーを実行してマルチAZ（複数のアベイラビリティゾーン）に展開するAmazon EC2インスタンス、データベースを実行するマルチAZ構成のAmazon RDS for MySQL DBインスタンスを、Amazon VPC内に配置してWebサイトを公開しようとしています。このアーキテクチャにおいてAWSリソースは可能な限りプライベートにし、通信要件を必要最小限にしたいと考えています。このWebサイトで使用するAmazon VPCやサブネットには他のシステムもデプロイされる予定です。

この要件を満たす構成の組み合わせはどれですか（2つ選択してください）。

A. ALBをパブリックサブネット、Amazon EC2インスタンスをパブリックサブネット、Amazon RDS DBインスタンスをプライベートサブネットに配置する。

B. ALBをパブリックサブネット、Amazon EC2インスタンスをプライベートサブネット、Amazon RDS DBインスタンスをプライベートサブネットに配置する。

C. ALBのセキュリティグループで0.0.0.0/0から443番ポートに対するインバウンドトラフィックを拒否、Amazon EC2インスタンスのセキュリティグループでALBのセキュリティグループから80番ポートに対するインバウンドトラフィックを許可、Amazon RDS DBインスタンスのセキュリティグループでAmazon EC2インスタンスのセキュリティグループから3306番ポートに対するインバウンドトラフィックを許可する。

D. ALBのセキュリティグループで0.0.0.0/0から443番ポートに対するインバウンドトラフィックを許可、Amazon EC2インスタンスのセキュリティグループでALBのセキュリティグループから80番ポートに対するインバウンドトラフィックを許可、Amazon RDS DBインスタンスのセキュリティグループでAmazon EC2インスタンスのセキュリティグループから3306番ポートに対するインバウンドトラフィックを許可する。

E. ALBのセキュリティグループで0.0.0.0/0から443番ポートに対するインバウンドトラフィックを許可、Amazon EC2インスタンスのセキュリティグループでALBがあるサブネットのCIDRブロックから80番ポートに対するインバウンドトラフィックを許可、Amazon RDS DBインスタンスのセキュリティグループでAmazon EC2インスタンスがあるサブネットのCIDRブロックから3306番ポートに対するインバウンドトラフィックを許可する。

 問題2

オンプレミスのサーバーでコンテンツをローカルディスクに保存して静的Webサイトを提供しています。知名度の高まりとともに世界中からアクセスされるようになったため、Content Delivery Network（CDN）によるコンテンツキャッシュの導入も考えています。

このアーキテクチャをAWSに移行して可用性の高いスケーリング、費用対効果の高いコンテンツ保存、高速なコンテンツキャッシュを実現するサービスの組み合わせはどれですか。

A. コンテンツをWebサーバーを実行するAmazon EC2インスタンスのEBSボリュームに保存し、コンテンツキャッシュにAmazon ElastiCache for Redisを使用する。

B. コンテンツをWebサーバーを実行するAmazon EC2インスタンスからマウントしたAmazon EFSファイルシステムに保存し、コンテンツキャッシュにAmazon DynamoDBを使用する。

C. コンテンツをAmazon S3バケットに保存し、コンテンツキャッシュにAmazon CloudFrontを使用する。Amazon CloudFrontでOrigin Access Control（OAC）を設定してAmazon S3バケットを関連付ける。

D. コンテンツをWebサーバーを実行するAmazon EC2インスタンスからマウントしたAmazon FSx for Windowsファイルサーバーに保存し、コンテンツキャッシュにTransfer Accelerationを有効化したAmazon S3バケットを使用する。

 問題3

アプリケーションからAmazon S3にアップロードされた動画をバックエンドサービスがスキャンし、不適切なコンテンツがないかを解析するシステムを開発していま

す。

最小限の開発量でこの要件を満たすことができるソリューションはどれですか。

A. Amazon S3 イベント通知で動画がアップロードされたときに AWS Lambda 関数をトリガーし、AWS Lambda で Amazon Rekognition Video を呼び出して動画を解析する。

B. Amazon S3 イベント通知で動画がアップロードされたときに AWS SQS にキューを発行し、キューをイベントソースとする AWS Lambda 関数で動画を解析する。

C. Amazon EventBridge ルールで動画がアップロードされたイベントを検知して AWS Lambda 関数を実行し、Amazon Redshift で動画を解析する。

D. Amazon EventBridge ルールで動画がアップロードされたイベントを検知して AWS Lambda 関数を実行し、Amazon SageMaker で動画解析アルゴリズムを実装してアクティビティにする。

問題4

Amazon RDS for MySQL DB インスタンスをデータベースとして使用するアプリケーションを Amazon EC2 インスタンスで実行しています。データベース接続に使用するユーザー名とパスワードはアプリケーション以外のセキュアなストレージに保存し、パスワードの自動的なローテーションを実施したいと考えています。

この要件を最小限の作業量で満たすことができるソリューションはどれですか。

A. AWS Systems Manager パラメータストアにユーザー名とパスワードを保存し、パスワードの自動ローテーションを有効にする。アプリケーションは必要に応じて認証情報を取得する。

B. AWS Secrets Manager にユーザー名とパスワードを保存し、パスワードの自動ローテーションを有効にする。アプリケーションは必要に応じて認証情報を取得する。

C. Amazon S3 バケットにユーザー名とパスワードを保存し、Amazon EventBridge でスケジュールされた AWS Lambda でパスワードの自動ローテーションを実行する。アプリケーションは必要に応じて認証情報を取得する。

D. AWS CodeCommit にユーザー名と AWS Lambda でローテーションしたパスワードを別リポジトリで保存し、AWS Code Deploy でアプリケーション

にデプロイする。Amazon EventBridgeでスケジュールしたCodePipelineでこれらのプロセスを実行する。

 問題5

オンプレミスデータセンターとAmazon VPCを、1つのAWS Direct Connectを使用してプライベート仮想インターフェイスで接続しています。通常は高い帯域幅を維持しながら、最も少ないコストで障害発生時の耐障害性と回復性を向上させるアーキテクチャの変更はどれですか。

A. 現在のAWS Direct Connectを削除し、インターネットを経由するAWS Site-to-Site VPNを2つ追加して、オンプレミスデータセンターとAmazon VPCを接続する。

B. インターネットを経由するAWS Site-to-Site VPNを追加して、オンプレミスデータセンターとAmazon VPCを接続する。

C. 2つ目のAWS Direct Connectを現在と同じDirect Connectロケーションに追加して、オンプレミスデータセンターとAmazon VPCを接続する。

D. 2つ目のAWS Direct Connectを現在とは異なるDirect Connectロケーションに追加して、オンプレミスデータセンターとAmazon VPCを接続する。

 問題6

Webサイトのクリックストリームを Amazon OpenSearch Serviceへリアルタイムに配信して分析しようとしています。この要件を満たし、データの収集からAmazon OpenSearch Serviceに保存するまでの遅延が最も少ない方法はどれですか。

A. データをAmazon S3に収集してイベント通知でAmazon SQSに保存し、AWS Lambda関数で定期的にキューから取り出したデータをAmazon OpenSearch Serviceにロードして分析する。

B. データをAWS CloudWatch Logsに収集してAmazon S3へ定期的にエクスポートし、イベント通知でトリガーしたAWS Lambda関数でAmazon OpenSearch Serviceにロードして分析する。

C. データをAmazon Kinesis Data Analyticsに収集してAmazon Kinesis Data Firehose経由でAmazon OpenSearch Serviceにロードして分析する。

D. データをAmazon Kinesis Data Streamsに収集してAmazon Kinesis Data Firehose経由でAmazon OpenSearch Serviceにロードして分析する。

 問題7

アプリケーション実行用Amazon EC2インスタンスをAmazon VPC内に配置して、限定された接続元からインターネット経由で踏み台用Amazon EC2インスタンスにログインして管理しようとしています。このアーキテクチャにおいて踏み台以外のAWSリソースは可能な限りプライベートにし、通信要件を必要最小限にしたいと考えています。この構成で使用するAmazon VPCやサブネットには他のシステムもデプロイされる予定です。

この要件を満たす構成の組み合わせはどれですか（2つ選択してください）。

A. 踏み台用Amazon EC2インスタンスをプライベートサブネット、アプリケーション実行用Amazon EC2インスタンスをパブリックサブネットに配置する。

B. 踏み台用Amazon EC2インスタンスをパブリックサブネット、アプリケーション実行用Amazon EC2インスタンスをプライベートサブネットに配置する。

C. 踏み台用Amazon EC2インスタンスのセキュリティグループで0.0.0.0/0からのインバウンドトラフィックを許可、アプリケーション実行用Amazon EC2インスタンスのセキュリティグループで踏み台用Amazon EC2インスタンスのセキュリティグループからのインバウンドトラフィックを許可する。

D. 踏み台用Amazon EC2インスタンスのセキュリティグループで限定された接続元のCIDRブロックからのインバウンドトラフィックを許可、アプリケーション実行用Amazon EC2インスタンスのセキュリティグループで踏み台用Amazon EC2インスタンスのセキュリティグループからのインバウンドトラフィックを許可する。

E. 踏み台用Amazon EC2インスタンスのセキュリティグループで限定された接続元のCIDRブロックからのインバウンドトラフィックを許可、アプリケーション実行用Amazon EC2インスタンスのセキュリティグループで踏み台用Amazon EC2インスタンスがあるサブネットのCIDRブロックからのインバウンドトラフィックを許可する。

問題8

シングルAZで構成されたAmazon RDS for PostgreSQL DBインスタンスの構成を、AZ障害を考慮した可用性を高め、大量の読み取りリクエストを処理できるように再構築しようと考えています。

この要件を満たすアーキテクチャはどれですか。

A. Amazon RDSをマルチAZ構成に変更する。

B. Amazon RDSのリードレプリカを同一AZに追加する。

C. Amazon ElastiCacheを使用してAmazon RDSへのクエリ結果をキャッシュする。

D. Amazon Aurora PostgreSQLに移行し、AuroraレプリカをマルチAZに配置する。

問題9

Amazon SQSのメッセージを複数のEC2インスタンスで処理しています。メッセージに対する処理に時間がかかるため、メッセージ処理中のEC2インスタンス以外が同じメッセージを取得しないようにしたいと考えています。

可用性を維持しながらこの要件を満たす効率的な実装はどれですか。

A. CreateQueueアクションを使用して処理中のメッセージ用のキューを別に作成する。

B. ChangeMessageVisibilityアクションを使用して可視性タイムアウトを拡張する。

C. DeleteMessageアクションを使用してメッセージ取得後にキューからメッセージを削除してから処理する。

D. RemovePermissionアクションを使用してメッセージ処理中のEC2インスタンス以外がキューにアクセスしないよう制限する。

問題10

Amazon SQSキューにおいて、処理可能なEC2インスタンスあたりのメッセージ数から算出したカスタムメトリクス値、許容可能な未処理のメッセージ数から算出したターゲット値を使用してAmazon EC2インスタンスをAuto Scalingしようとして

います。スケーリングはこのカスタムメトリクス値がターゲット値に近い値を維持するように EC2 インスタンス数を調整したいと考えています。

この要件を満たすことができるスケーリングポリシーはどれですか。

A. 手動スケーリング

B. シンプルスケーリングポリシー

C. ステップスケーリングポリシー

D. ターゲットトラッキングスケーリングポリシー（ターゲット追跡スケーリングポリシー）

 問題11

マイクロサービスのアプリケーション間で非同期メッセージを連携するためのソリューションを探しています。メッセージは送信された順番に処理する必要があり、アプリケーションでメッセージ重複排除ロジックを実装することができないため、メッセージの処理は1回のみにする必要があります。アプリケーションからは1秒間あたり最大100件のリクエストが発生します。

この要件を最小限のコストと作業量で満たすことができるソリューションはどれですか。

A. Amazon SQS 標準キュー

B. Amazon SQS FIFO キュー

C. Amazon Kinesis Data Streams

D. AWS Step Functions

 問題12

HTMLとJavaScriptを使用した問い合わせフォームのあるWebサイトを作成しようとしています。Webサイトを構成するリソースの管理作業量と運用コストは最小限にしたいと考えています。

この要件を満たすサービスの組み合わせはどれですか。

A. AWS Fargate、Amazon ElastiCache、AWS SNS、Amazon RDS

B. Amazon CloudFront、Amazon S3、Amazon API Gateway、AWS Lambda、Amazon DynamoDB

C. Application Load Balancer（ALB）、Amazon EC2、Amazon SQS、Amazon Aurora Serverless

D. Amazon Cognito、Amazon S3、AWS Lambda、Amazon Aurora

 問題13

Amazon S3バケットに保存された画像を定期的に変換処理しようとしています。Amazon S3に保存される画像はサイズや数の増減が激しく、1回の画像変換処理に30分を超える時間を要する場合もあります。大量の画像処理が発生する場合でも処理を確実に実行する耐久性が求められます。

この要件を満たすソリューションはどれですか。

A. Amazon S3バケットに画像が保存されたことをトリガーにAWS Lambda関数を実行するイベント通知を設定する。AWS Lambda関数で画像変換処理を実行する。

B. Amazon S3バケットに画像が保存されたことをトリガーにAWS Lambda関数を実行するイベント通知を設定する。AWS Lambda関数でAmazon SQSキューにある未処理のメッセージに応じ、Auto Scalingして画像変換処理をするAmazon EC2インスタンスの実行および終了、画像変換処理完了後のAmazon SQSキューのメッセージ削除を管理する。

C. Amazon S3バケットに画像が保存されたことをトリガーにAmazon SQSキューにメッセージを送信するイベント通知を設定する。Amazon EventBridgeでAWS Step Functions Standardワークフローをスケジュール実行し、Amazon SQSキューにある未処理のメッセージに応じ、Auto Scalingして画像変換処理をするAmazon EC2インスタンスの実行および終了、画像変換処理完了後のAmazon SQSキューのメッセージ削除を管理する。

D. Amazon S3バケットに画像が保存されたことをトリガーにAmazon SQSキューにメッセージを送信するイベント通知を設定する。Amazon EventBridgeでAWS Lambda関数をスケジュール実行し、Amazon SQSキューにある未処理のメッセージに応じて画像変換処理を実行し、画像変換処理完了後のAmazon SQSキューのメッセージ削除をする。

問題14

AWS Certificate Manager（ACM）でサードパーティのSSL/TLS証明書を使用しています。証明書の有効期限が切れる前にサードパーティ証明書を更新するプロセス管理として適切なものはどれですか（2つ選択してください）。

A. Amazon CloudWatchのDaysToExpiryメトリクスによる閾値をもとにAmazon SNSトピックを使用してサードパーティ証明書管理者に通知をするAmazon CloudWatchアラームを設定する。サードパーティ証明書管理者は通知を受けて手動でAWS Certificate Manager（ACM）のサードパーティ証明書を新しい証明書に置き換える。

B. Amazon CloudWatchのDaysToExpiryメトリクスによる閾値をもとにAmazon SNSトピックを使用してAWS Lambda関数にサブスクライブするAmazon CloudWatchアラームを設定する。AWS Lambda関数はAmazon SNSトピックのサブスクライブを受信し、RenewCertificate APIアクションで自動的にAWS Certificate Manager（ACM）のサードパーティ証明書を新しい証明書に置き換える。

C. 有効期限45日前から送信される証明書有効期限イベントをトリガーにAmazon SNSトピックを使用してサードパーティ証明書管理者に通知をするAmazon EventBridgeルールを定義する。サードパーティ証明書管理者は通知を受けて手動でAWS Certificate Manager（ACM）のサードパーティ証明書を新しい証明書に置き換える。

D. 有効期限45日前から送信される証明書有効期限イベントをトリガーにAWS Lambda関数を実行するAmazon EventBridgeルールを定義する。AWS Lambda関数はRenewCertificate APIアクションで自動的にAWS Certificate Manager（ACM）のサードパーティ証明書を新しい証明書に置き換える。

E. AWS Certificate Manager（ACM）で証明書を発行する際にドメイン所有権の検証をDNSで実施する。AWS Certificate Manager（ACM）のマネージド更新によってサードパーティ証明書が自動的に新しい証明書に置き換えられる。

問題15

マスターキーの使用を追跡可能な暗号化ソリューションを用いて、Amazon S3に
データを暗号化して保存しようとしています。さらに、異なるリージョンの2つの
Amazon S3バケットで同じ暗号化キーを使用した同じ内容のデータを保存し、それ
ぞれのリージョンで復号する必要があります。

　この要件を最小限のコストと作業量で満たすことができるソリューションはどれ
ですか。

- A. 暗号化にAmazon S3マネージドキーを使用し、Amazon S3のデフォルト
  暗号化オプションにサーバーサイド暗号化（SSE-S3）を使用する。1つの
  Amazon S3バケットから他のAmazon S3バケットへのクロスリージョンレ
  プリケーションを設定し、データを保存する。
- B. 暗号化にAWS Key Management Service（AWS KMS）のAWSマネージドキ
  ーを使用し、Amazon S3のデフォルト暗号化オプションにサーバーサイド暗
  号化（SSE-KMS）を使用する。1つのAmazon S3バケットから他のAmazon
  S3バケットへのクロスリージョンレプリケーションを設定し、データを保存
  する。
- C. 暗号化にAWS Key Management Service（AWS KMS）のAWS CloudHSM
  クラスタによるカスタムキーストアで作成したキーを使用し、Amazon S3の
  デフォルト暗号化オプションにサーバーサイド暗号化（SSE-KMS）を使用す
  る。1つのAmazon S3バケットから他のAmazon S3バケットへのクロスリー
  ジョンレプリケーションを設定し、データを保存する。
- D. 暗号化にマルチリージョンキーに設定したAWS KMSのカスタマーマネージ
  ドキーを使用し、アプリケーションによるクライアントサイド暗号化を使用す
  る。1つのAmazon S3バケットから他のAmazon S3バケットへのクロスリー
  ジョンレプリケーションを設定し、AWS KMSカスタマーマネージドキーを
  使用してアプリケーションで暗号化したデータを保存する。

問題16

　あるAWSアカウントAでAWS Key Management Service（AWS KMS）のカス
タマーマネージドキーを使用して暗号化したファイルをAmazon S3バケットに保存
しました。別のAWSアカウントBにあるAmazon EC2インスタンスでAWSアカウ

ントAのAmazon S3バケットのファイルをダウンロードし、AWSアカウントAの
AWS KMSカスタマーマネージドキーで復号や暗号化などのAPIオペレーションを実
行しようとしています。使用しているAWSリソースはすべてap-northeast-1リージ
ョンにあります。

　この要件を満たすセキュリティの高い設定の組み合わせはどれですか（3つ選択し
てください）。

A. AWSアカウントAのAmazon S3バケットのアクセスコントロールリスト
　（ACL）でAWSアカウントBからのアクセスを許可する。

B. AWSアカウントAのAmazon S3バケットのバケットポリシーでAWSアカウ
　ントBのAmazon EC2インスタンスのIAMロールからのアクセスを許可する。

C. AWSアカウントBのAmazon EC2インスタンスのIAMロールでAWSアカウ
　ントAのAmazon S3バケットへのアクセスおよびAWS KMSのAPIオペレー
　ションを許可する。

D. AWSアカウントBのAmazon EC2インスタンスのIAMロールでAWSアカウ
　ントAに対するすべての操作を許可する。

E. AWSアカウントAのAWS KMSのカスタマーマネージドキーのキーポリシー
　でアカウントBからのすべての操作を許可する。

F. AWSアカウントAのAWS KMSのカスタマーマネージドキーのキーポリシー
　でAmazon EC2インスタンスのIAMロールによるAPIオペレーションを許可
　する。

 問題17

　オンプレミスで運用しているコンテナ化されたアプリケーションをAWSに移行し
たいと考えています。コンテナ化されたアプリケーションを実行するインフラストラ
クチャの管理や運用は最小限にし、実際に使用したコンピューティング、メモリ、ス
トレージリソースの料金のみを支払う課金体系を希望しています。

　この要件を満たすAWSサービスはどれですか。

A. Amazon EMR

B. Amazon Elastic Container Service（Amazon ECS）

C. Amazon Elastic Container Service（Amazon ECS）で使用するAWS Fargate

D. Amazon Elastic Container Registry（Amazon ECR）

問題18

印刷または手書きの紙媒体だった多数の資料をPDF形式のファイルにしたものがあります。このPDFファイルがそれぞれ個人を特定できる情報（PII）を含んでいるかどうかを自動的に判別できるようにしたいと考えています。

この要件を満たすソリューションはどれですか。

    A. PDFファイルの内容からAmazon Transcribeを使用してテキストを抽出し、Amazon TextractでPIIを検出する。

    B. PDFファイルの内容からAmazon Textractを使用してテキストを抽出し、Amazon ComprehendでPIIを検出する。

    C. PDFファイルの内容からAmazon Comprehendを使用してテキストを抽出し、Amazon RekognitionでPIIを検出する。

    D. PDFファイルの内容からAmazon Rekognitionを使用してテキストを抽出し、Amazon TranscribeでPIIを検出する。

 問題19

オンプレミスのサーバーで実行していた動画編集処理をする独自のアプリケーションを、Amazon EC2インスタンスに移行しようとしています。この動画編集処理で使用するストレージには高いIOPSが求められますが、動画編集処理以外に使用することはなく、このストレージに永続的に動画を保存する必要はありません。編集後の動画ファイルは可用性の高いストレージで保存して予測不可能なアクセスパターンで様々なアプリケーションからアクセスされます。編集後の動画ファイルは3年後にはアクセスされることがなくなり、長期間の永続的バックアップをして再び閲覧することはほとんどありません。

この要件をAWSサービスを使用して満たす費用対効果の高いアーキテクチャはどれですか。

    A. 動画編集処理にAmazon EC2インスタンスのAmazon EBSプロビジョンドIOPS SSDボリュームを使用する。編集後の動画ファイルの保存にはS3標準（S3 Standard）ストレージクラスのAmazon S3バケットを使用する。3年経過後に編集後の動画ファイルのストレージクラスをS3標準 – 低頻度アクセス（S3 Standard-IA）に変更するライフサイクルポリシーを設定する。

    B. 動画編集処理にAmazon EC2インスタンスのAmazon EBS汎用SSDボリュ

ームを使用する。編集後の動画ファイルの保存にはS3標準‐低頻度アクセス（S3 Standard-IA）ストレージクラスのAmazon S3バケットを使用する。3年経過後に編集後の動画ファイルのストレージクラスをS3 Glacier Instant Retrievalに変更するライフサイクルポリシーを設定する。

C. 動画編集処理にAmazon EC2インスタンスのインスタンスストアを使用する。編集後の動画ファイルの保存にはS3 Intelligent-TieringストレージクラスのAmazon S3バケットを使用する。3年経過後に編集後の動画ファイルのストレージクラスをS3 Glacier Deep Archiveに変更するライフサイクルポリシーを設定する。

D. 動画編集処理にAmazon EC2インスタンスのCold HDDを使用する。編集後の動画ファイルの保存にはS3 1ゾーン‐低頻度アクセス（S3 One Zone-IA）ストレージクラスのAmazon S3バケットを使用する。3年経過後に編集後の動画ファイルのストレージクラスをS3 Glacier Deep Archiveに変更するライフサイクルポリシーを設定する。

問題20

重要な会計データを7年間、どのような特権ユーザーからも上書きや削除がされないように保存する必要があります。また、データは暗号化し、暗号化に使用したキーは年次で自動的にローテーションして使用の記録が追跡できるようにする必要があります。

この要件を最小限の作業量で満たす方法はどれですか。

A. データをAmazon S3バケットにガバナンスモードでS3オブジェクトロックを設定して保存する。Amazon S3のデフォルト暗号化オプションにAmazon S3マネージドキーを使用するサーバーサイド暗号化（SSE-S3）を使用する。

B. データをAmazon S3バケットにコンプライアンスモードでS3オブジェクトロックを設定して保存する。Amazon S3のデフォルト暗号化オプションにAmazon S3マネージドキーを使用するサーバーサイド暗号化（SSE-S3）を使用する。

C. データをAmazon S3バケットにガバナンスモードでS3オブジェクトロックを設定して保存する。Amazon S3のデフォルト暗号化オプションにAWS Key Management Service（AWS KMS）のカスタマーマネージドキーを使用するサーバーサイド暗号化（SSE-KMS）を使用する。

D. データをAmazon S3バケットにコンプライアンスモードでS3オブジェクトロックを設定して保存する。Amazon S3のデフォルト暗号化オプションにAWS Key Management Service（AWS KMS）のカスタマーマネージドキーを使用するサーバーサイド暗号化（SSE-KMS）を使用する。

問題21

　Amazon CloudFrontで、通常のHTTPSに追加したセキュリティレイヤーでクライアントから送信されてくるデータフィールドの一部を別途暗号化し、Amazon CloudFrontとオリジンサーバーの間で安全なEnd-to-EndのHTTPS接続をする必要があります。
　この要件を満たすAmazon CloudFrontの設定はどれですか。

A. Amazon CloudFrontで「Cache-Control:no-cache=＜データフィールド＞」ヘッダーをレスポンスに含めるようにOriginを設定する。

B. Amazon CloudFrontでフィールドレベルの暗号化を設定し、オリジンサーバーで暗号化フィールドの復号を実装する。

C. Amazon CloudFrontでOrigin Protocol Policyを「Match Viewer」に設定する。

D. Amazon CloudFrontでViewer Protocol Policyを「HTTP and HTTPS」に設定する。

問題22

　Amazon RDS DBインスタンスのスナップショットを自動的に毎日取得して、異なるリージョンに7世代分を保持したいと考えています。
　この要件を最小限の開発と作業量で満たすことができる方法はどれですか。

A. Amazon EC2インスタンスのcronで日次実行されるAWS CLI実行スクリプトを使用してスナップショットを取得し、7世代より前の世代のスナップショットを削除する。

B. Amazon EventBridgeで日次実行されるAWS Lambdaを使用してスナップショットを取得し、7世代より前の世代のスナップショットを削除する。

C. Amazon Data Lifecycle Manager（Amazon DLM）を使用してバックアップライフサイクル管理をする。

D. AWS Backupを使用してバックアップライフサイクル管理をする。

 問題23

Amazon S3にあるデータを1年に数回の頻度でクエリを使用して分析し、BI（Business Intelligence）ツールで様々なグラフによる可視化をしようとしています。分析の実行は不定期で、必要な場合にはすぐに実行しなければなりません。

インフラストラクチャの管理とコストを最小限にして、この要件を満たすソリューションはどれですか。

A. Amazon S3にあるデータをcopyコマンドを使用してAmazon Redshiftクラスタにロードする。Amazon Redshiftクラスタでクエリを実行し、Amazon QuickSightからAmazon Redshiftクラスタに接続してデータを可視化する。

B. Amazon S3にあるデータをAWS Lambda関数を使用してAmazon Kinesis Data Analytics Studioにロードにする。Amazon Kinesis Data Analytics Studioからクエリを実行し、Amazon Kinesis Data Analytics Studioでデータを可視化する。

C. Amazon S3にあるデータをAWS Glueクローラーを使用してAWS Glueデータカタログにする。AWS GlueデータカタログにAmazon Athenaからクエリを実行し、Amazon QuickSightからAmazon Athenaに接続してデータを可視化する。

D. Amazon S3にあるデータをAWS Lambda関数を使用してAmazon OpenSearch Serviceにロードする。Amazon OpenSearch Serviceでクエリを実行し、OpenSearch DashboardsからAmazon OpenSearch Serviceに接続してデータを可視化する。

 問題24

各部署が所有する複数のAWSアカウントを組織のセキュリティとコンプライアンスに従って管理し、ap-northeast-1リージョンだけを使用できるように一元的に設定をしたいと考えています。

この要件を最小限の作業量で満たす方法はどれですか（2つ選択してください）。

A. AWS OrganizationsでAWSアカウントを管理し、グローバルサービスを除くap-northeast-1リージョン以外のリージョンにあるサービスへのアクセスを

拒否するサービスコントロールポリシー（SCP）を設定する。

B. IAMロールのスイッチ機能で使用するAWSアカウントを切り替えて管理し、グローバルサービスを除くap-northeast-1リージョン以外のリージョンにあるサービスへのアクセスを拒否するIAMロールおよびIAMポリシーを設定する。

C. AWS IAMアイデンティティセンター（AWS SSOの後継）でAWSアカウントを管理し、グローバルサービスを除くap-northeast-1リージョン以外のリージョンにあるサービスへのアクセスを拒否するPermission Sets（アクセス許可セット、アクセス権限セット）を設定する。

D. AWS Control TowerでAWSアカウントを管理し、AWS Organizationsでグローバルサービスを除くap-northeast-1リージョン以外のリージョンにあるサービスへのアクセスを拒否するデータレジデンシーガードレールを設定する。

E. AWS OrganizationsでAWSアカウントを管理し、AWS Control Towerでグローバルサービスを除くap-northeast-1リージョン以外のリージョンにあるサービスへのアクセスを拒否するデータレジデンシーガードレールを設定する。

問題25

Amazon CloudWatchでAmazon EC2インスタンスのCPU使用率を監視し、閾値を超えた場合にアラートを検知しています。Amazon EC2インスタンスで実行しているアプリケーションの仕様変更によって、CPU使用率だけが閾値を超えた場合では問題ないケースが多くなりました。一方でCPU使用率が閾値を超え、かつAmazon EC2インスタンスから送信されたネットワークアウトのバイト量が閾値を超えた場合にはアラートを検知する必要があります。

この要件を最小限の作業量で満たすAmazon CloudWatchの機能はどれですか。

A. Amazon CloudWatch カスタムメトリクス

B. Amazon CloudWatch Logs メトリクスフィルター

C. Amazon CloudWatch 複合アラーム

D. Amazon CloudWatch Metrics Insights

問題26

Application Load Balancer（ALB）に関連付いたAmazon EC2 Auto Scalingグループで、ステートレスなアプリケーションを実行するAmazon EC2インスタンスを自動的にスケールし、Amazon Aurora MySQLデータベースに接続しています。アプリケーションは数年間使用しており、今後も継続的に使用する予定です。アプリケーションの利用に伴う負荷の増減パターンは数年間同じで予測でき、土曜日と日曜日の利用負荷が高くなることが分かっています。

この要件を満たす可用性を維持しながら高負荷時のコストを削減できる費用対効果の高い構成はどれですか。

A. Amazon EC2 Auto Scalingグループで土曜日と日曜日以外の曜日における利用負荷を処理できるEC2インスタンス数をオンデマンドベースとして指定し、スポットインスタンス割合が100%となるインスタンスの分散を指定したインスタンスの購入オプションを設定する。

B. Amazon EC2 Auto Scalingグループで土曜日と日曜日の利用負荷を処理できるEC2インスタンス数をオンデマンドベースとして指定し、スポットインスタンス割合が100%となるインスタンスの分散を指定したインスタンスの購入オプションを設定する。

C. Amazon EC2 Auto Scalingグループで土曜日と日曜日以外の曜日における利用負荷を処理できるEC2インスタンス数をオンデマンドベースとして指定し、スポットインスタンス割合が100%となるインスタンスの分散を指定したインスタンスの購入オプションを設定する。EC2 Instance Savings Plansを使用する。

D. Amazon EC2 Auto Scalingグループで土曜日と日曜日以外の曜日における利用負荷を処理できるEC2インスタンス数をオンデマンドベースとして指定し、オンデマンドインスタンス割合が100%となるインスタンスの分散を指定したインスタンスの購入オプションを設定する。EC2 Instance Savings Plansを使用する。

 問題27

オンプレミスの1つの物理ホストにモノリシックアーキテクチャで複数のアプリケーションを実行しています。この複数のアプリケーションをソースコードの変更を

最小限にしながら機能別に分割してパッケージ化し、CI/CD（継続的インテグレーション／継続的デリバリー）を導入してAWSクラウドにデプロイできるようにしたいと考えています。また、将来的に同じパッケージ化したアプリケーションを使用してAWSクラウドとオンプレミスでディザスタリカバリー（DR）構成を構築できる必要があります。

この要件を満たし、管理運用作業を最小限に抑える効果的な方法はどれですか。

A. アプリケーションを分割してコンテナ化し、Amazon Elastic Container Service（Amazon ECS）にデプロイする。

B. アプリケーションを分割してコンテナ化し、Amazon Elastic Compute Cloud（Amazon EC2）にデプロイする。

C. アプリケーションを分割してコードをAWS Lambda関数にデプロイし、AWS Step Functionsに関連付ける。

D. アプリケーションを分割してコードをAWS Lambda関数にデプロイし、Amazon API Gatewayに関連付ける。

 問題28

TCPおよびUDPプロトコルの秒間数百万のリクエストを、固定IPアドレスで受け付けて処理をするアプリケーションを構築しようとしています。この要件を満たすアーキテクチャはどれですか。

A. Amazon CloudFrontからリクエストをApplication Load Balancer（ALB）に転送し、ALBに関連付いているAuto ScalingグループでAmazon EC2インスタンスを実行してリクエストを処理する。

B. Amazon CloudFrontからリクエストをNetwork Load Balancer（NLB）に転送し、NLBにAuto ScalingグループでAmazon EC2インスタンスを実行してリクエストを処理する。

C. AWS Global AcceleratorからリクエストをApplication Load Balancer（ALB）に転送し、ALBに関連付いているAuto ScalingグループでAmazon EC2インスタンスを実行してリクエストを処理する。

D. AWS Global AcceleratorからリクエストをNetwork Load Balancer（NLB）に転送し、NLBにAuto ScalingグループでAmazon EC2インスタンスを実行してリクエストを処理する。

問題29

AWSアカウントでAmazon EC2インスタンス、AWS Lambda関数、AWS Fargateを使用したアプリケーションを複数実行しています。このアプリケーションは継続的に数年間運用する必要があり、コスト削減対策を考えています。AWS Fargate、Amazon EC2インスタンス、AWS Lambda関数の順で費用が高いことが分かっており、数年間のうちにこの順が変動することはありません。

この要件で最も費用対効果の高いコスト削減対策はどれですか。

A. Compute Savings Plansを契約する。

B. EC2 Instance Savings Plansを契約する。

C. コンバーティブルリザーブドインスタンスを契約する。

D. スタンダードリザーブドインスタンスを契約する。

 問題30

Amazon S3バケットにファイルが保存されたことをトリガーにしてAWS Step Functionsを実行し、ファイルのデータをもとにAWSサービスのリソース作成や実行結果通知をしようと考えています。

この要件を実現できる方法はどれですか（2つ選択してください）。

A. Amazon S3バケットにファイルが保存されたイベントを検知し、AWS Step Functionsステートマシンに送信するAmazon S3イベント通知を設定する。

B. Amazon S3バケットにファイルが保存されたイベントを検知し、AWS Lambda関数に送信するAmazon S3イベント通知を設定する。AWS Lambda関数からAWS SDKを使用してAWS Step Functionsステートマシンを実行する。

C. Amazon S3バケットにファイルが保存されたイベントを検知し、Amazon SNSトピックに送信するAmazon S3イベント通知を設定する。Amazon SNSトピックからイベントをサブスクライブしてAWS Step Functionsステートマシンを実行する。

D. Amazon S3バケットにファイルが保存されたイベントを検知し、AWS Step Functionsステートマシンに送信するAmazon EventBridgeルールを設定する。

問題の解き方と模擬試験

E. Amazon S3バケットにファイルが保存されたイベントを検知し、AWS Step Functionsステートマシンに送信するAmazon EventBridgeイベントバスを設定する。

 問題31

Amazon CloudFrontとAmazon S3を使用して様々な国や地域から不特定多数のユーザーが閲覧する低レイテンシーなグローバル静的Webサイトを作成しようとしています。Amazon S3バケットのオブジェクトには直接アクセスさせずに、Amazon CloudFrontを経由したアクセスのみ許可する必要があります。

この要件を最も確実に満たすことができる設定はどれですか（2つ選択してください）。

A. Amazon S3バケットでWebサイトホスティングを有効にし、Amazon CloudFrontにカスタムRefererヘッダーを設定する。S3バケットポリシーでカスタムRefererヘッダーを持つリクエストのみアクセスを許可する。

B. Amazon S3バケットでWebサイトホスティングを有効にし、Lambda@Edgeを使用して、Amazon CloudFrontのみにS3バケット内のオブジェクトへのアクセスを許可する

C. Amazon S3バケットでWebサイトホスティングを無効にし、Origin Access Control（OAC）を使用して、Amazon CloudFrontのみにS3バケット内のオブジェクトへのアクセスを許可する。

D. Amazon S3バケットでWebサイトホスティングを無効にし、Origin Access Identity（OAI）を使用して、Amazon CloudFrontのみにS3バケット内のオブジェクトへのアクセスを許可する。

E. Amazon S3バケットでWebサイトホスティングを有効にし、AWS WAFを使用して、Amazon CloudFrontのみにS3バケット内のオブジェクトへのアクセスを許可する。

 問題32

Application Load Balancer（ALB）に登録されたAmazon EC2インスタンスで、Webアプリケーションを複数のAWSアカウントにデプロイして運用しています。このWebアプリケーションはSQLインジェクション攻撃に対する脆弱性がありますが、

修正には長期間を要します。

Webアプリケーションの修正が完了するまでのセキュリティ対策として効果が高く、最小限の作業量で管理および運用できるものはどれですか。

A. 対象のWebアプリケーションを実行しているすべてのAmazon EC2インスタンスにAmazon Inspectorを設定する。

B. 対象のAWSアカウントのリージョンでAmazon GuardDutyを有効化する。

C. AWS Firewall Managerを使用してApplication Load Balancer（ALB）にAWS WAFを設定する。

D. AWS Network Firewallを使用してApplication Load Balancer（ALB）にAWS Shield Advancedを設定する。

 問題33

Amazon VPCにあるAmazon LinuxのOSを使用したAmazon EC2インスタンスに、インターネットから安全にリモートでログインする方法を検討しています。会社のポリシーで外部からのインバウンドアクセスはセキュリティグループで許可しないように設定し、リモートアクセスのログおよび接続状況はモニタリングできる必要があります。

この要件を満たす方法はどれですか。

A. Amazon EC2インスタンスでIDとパスワードによるSSH認証を許可してログインする。

B. Amazon EC2インスタンスでSSH認証を許可して、作成時に生成したSSHキーを使用してログインする。

C. Amazon EC2インスタンスにSSMエージェントをインストールしてアクティベーションし、AWS Systems Manager Session Managerを使用してログインする。

D. Amazon EC2インスタンスでSSH認証を許可して、AWS Secrets ManagerのシークレットにSSHキーを保存し、AWS CLIを使用してログイン時にのみシークレットからSSHキーを取得してログインする。

問題34

トラフィックの負荷分散をするApplication Load Balancer（ALB）、Webサーバーを実行するマルチAZに展開するAmazon EC2インスタンス、データベースを実行するマルチAZ構成のAmazon RDS DBインスタンスをAmazon VPC内に配置してWebサイトを公開しようとしています。Amazon EC2インスタンスからはインターネットにアクセスする必要があります。このアーキテクチャでは高可用性が求められており、リソースは可能な限りプライベートにしたいと考えています。このWebサイトで使用するAmazon VPCやサブネットには他のシステムもデプロイされる予定です。

この要件を満たす構成の組み合わせはどれですか。

A. ALBを2つの異なるAZを使用する2つのパブリックサブネット、Amazon EC2インスタンスを2つの異なるAZを使用する2つのパブリックサブネット、Amazon RDSを2つの異なるAZを使用する2つのプライベートサブネット、NATゲートウェイを2つの異なるAZを使用する2つのプライベートサブネットに配置する。

B. ALBを2つの異なるAZを使用する2つのパブリックサブネット、Amazon EC2インスタンスを2つの異なるAZを使用する2つのプライベートサブネット、Amazon RDSを2つの異なるAZを使用する2つのプライベートサブネット、NATゲートウェイを2つの異なるAZを使用する2つのプライベートサブネットに配置する。

C. ALBを2つの異なるAZを使用する2つのパブリックサブネット、Amazon EC2インスタンスを2つの異なるAZを使用する2つのパブリックサブネット、Amazon RDSを2つの異なるAZを使用する2つのプライベートサブネット、NATゲートウェイを2つの異なるAZを使用する2つのパブリックサブネットに配置する。

D. ALBを2つの異なるAZを使用する2つのパブリックサブネット、Amazon EC2インスタンスを2つの異なるAZを使用する2つのプライベートサブネット、Amazon RDSを2つの異なるAZを使用する2つのプライベートサブネット、NATゲートウェイを2つの異なるAZを使用する2つのパブリックサブネットに配置する。

問題35

AWS WAFのログをAmazon OpenSearch Serviceへ遅延の少ないほぼリアルタイムな方法で送信し、OpenSearch Dashboardsで分析したいと考えています。この要件を最小限の開発および作業量で満たす方法はどれですか。

A. AWS WAFのログをAmazon S3バケットに保存するように設定し、Amazon S3イベント通知でAWS Lambda関数を呼び出してAmazon OpenSearch Serviceに送信する。

B. AWS WAFのログをAmazon CloudWatch Logsのロググループに保存するように設定し、Amazon CloudWatch Logs Insightsを使用してAmazon OpenSearch Serviceに送信する。

C. AWS WAFのログをAmazon Kinesis Data Streamsに保存するように設定し、Amazon Kinesis Data StreamsからAmazon OpenSearch Serviceに送信する。

D. AWS WAFのログをAmazon Kinesis Data Firehoseに保存するように設定し、Amazon Kinesis Data FirehoseからAmazon OpenSearch Serviceに送信する。

 問題36

4週間の移行期間に、200TBのデータを暗号化してオンプレミス環境からAWSに転送および保存しようとしています。AWSへの接続には100Mbpsのインターネット回線を使用しています。

この要件を満たす可能性が最も高い移行ソリューションはどれですか。

A. 1つのAWS Snowconeを使用してAmazon S3にデータを保存する。

B. 複数のAWS Snowball Edge Storage Optimizedを並行で使用してAmazon S3にデータを保存する。

C. AWS CLIを使用してマルチパートアップロードでAmazon S3にデータを保存する。

D. 1GbpsのAWS Direct Connectを設置してAWS DataSyncを使用してAmazon S3にデータを保存する。

問題37

オンプレミスでRabbitMQサーバーのキューにメッセージを送信し、コンシューマーアプリケーションサーバーでキューのメッセージを処理して、MySQLデータベースサーバーに処理したデータを保存しています。このシステムをAWSクラウドへ可用性の高い構成で移行し、移行後の運用管理の作業量を最小限にしたいと考えています。

最も高い可用性および最小限の移行作業と運用管理でこの要件を満たすアーキテクチャはどれですか。

A. マルチAZのAmazon EC2インスタンスで実行するRabbitMQアクティブ／スタンバイブローカーのキューにメッセージを送信し、マルチAZにAuto Scalingグループで展開するAmazon EC2インスタンスでキューのメッセージを処理して、AuroraレプリカをマルチAZに配置したAmazon Aurora MySQLで処理したデータを保存する。

B. マルチAZのAmazon EC2インスタンスで実行するRabbitMQアクティブ／スタンバイブローカーのキューにメッセージを送信し、RabbitMQアクティブ／スタンバイブローカーとは異なるシングルAZにAuto Scalingグループで展開するAmazon EC2インスタンスでキューのメッセージを処理して、AuroraレプリカをマルチAZに配置したAmazon Aurora MySQLで処理したデータを保存する。

C. マルチAZのAmazon MQ for RabbitMQアクティブ／スタンバイブローカーのキューにメッセージを送信し、Amazon MQ RabbitMQアクティブ／スタンバイブローカーとは異なるシングルAZにAuto Scalingグループで展開するAmazon EC2インスタンスでキューのメッセージを処理して、AuroraレプリカをマルチAZに配置したAmazon Aurora MySQLで処理したデータを保存する。

D. マルチAZのAmazon MQ for RabbitMQアクティブ／スタンバイブローカーのキューにメッセージを送信し、マルチAZにAuto Scalingグループで展開するAmazon EC2インスタンスでキューのメッセージを処理して、AuroraレプリカをマルチAZに配置したAmazon Aurora MySQLで処理したデータを保存する。

問題38

マルチAZ構成のAmazon RDSで発生するイベントを複数のシステムから取得して処理できるようにしたいと考えています。各システムのデータ取得はいずれも1時間以内に実行されますが、データを取得して処理する頻度やタイミングはそれぞれ異なります。また、各システムの機能はデータの取得と処理に限定されています。

この要件を満たすアーキテクチャはどれですか。

A. Amazon RDSイベント通知からAmazon SQSキューにイベントメッセージを送信するように設定する。各システムのデータ取得でAmazon SQSキューのイベントメッセージを確認する。

B. Amazon RDSイベント通知からAmazon SNSトピックにイベントメッセージを送信するように設定する。Amazon SNSトピックのサブスクリプションに各システムをイベントメッセージ送信先として設定する。

C. Amazon RDSイベント通知からAmazon SNSトピックにイベントメッセージを送信するように設定する。Amazon SNSトピックのサブスクリプションにAmazon SQSキューをイベントメッセージ送信先として設定する。各システムのデータ取得でAmazon SQSキューのイベントメッセージを確認する。

D. Amazon RDSイベント通知からAWS Lambda関数にイベントメッセージを送信するように設定する。AWS Lambda関数から各システムのデータ取得を実行してイベントメッセージを読み込ませる。

問題39

オンプレミスのNFSサーバーにある300GBのデータを、AWSクラウドのAmazon Elastic File System（Amazon EFS）に移行しようとしています。インターネットへの接続には100Mbpsのインターネット回線を使用し、AWSへの接続には1Gbpsの AWS Direct Connectを使用しています。

この要件で最も迅速かつ自動化された手順で移行ができる移行ソリューションはどれですか。

A. オンプレミスのNFSサーバーからAWS CLIを使用してインターネット経由でAmazon S3にデータを保存し、Amazon EFSをマウントしたAmazon EC2インスタンスからAWS CLIを使用してAmazon S3のデータをAmazon EFSに保存する。

B. 3つのAWS Snowball Edge Storage Optimizedを並行で使用してAmazon S3にデータを保存し、Amazon EFSをマウントしたAmazon EC2インスタンスからAWS CLIを使用してAmazon S3のデータをAmazon EFSに保存する。

C. オンプレミスにAWS DataSyncエージェントの仮想マシンをデプロイし、AWS DataSyncを使用してAWS Direct Connect経由でAmazon EFSにデータを転送する。

D. AWS Database Migration Service（AWS DMS）を使用してNFSサーバーのデータをフルロードで移行した後、カットオーバー前に差分データをChange Data Capture（CDC）変更タスクで移行する。

 ## 問題40

Amazon VPCのAmazon EC2インスタンスからAmazon S3バケットに、インターネットを経由せずにデータをオブジェクトとして保存しようとしています。この要件を満たす方法はどれですか。

A. Amazon EC2インスタンスが存在するAmazon VPCに、Amazon S3のVPCエンドポイントとしてゲートウェイエンドポイントを作成し、ゲートウェイエンドポイント経由でデータを保存する。

B. Amazon EC2インスタンスが存在するAmazon VPCに、NATゲートウェイを作成して、NATゲートウェイ経由でデータを保存する。

C. Amazon EC2インスタンスが存在するAmazon VPCに、AWS Site-to-Site VPNを作成して、AWS Site-to-Site VPN経由でデータを保存する。

D. Amazon EC2インスタンスからAWS Storage Gatewayファイルゲートウェイにデータを保存し、Amazon S3バケットにデータを同期する。

 ## 問題41

多数のクライアントからAmazon API Gateway経由で呼び出されるAWS Lambda関数を使い、Amazon Aurora PostgreSQL DBクラスタに対してクエリを実行するアプリケーションを開発しています。このアプリケーションで短時間に大量の同時接続をするテストを実施したところ、エラーが多発しました。また、Amazon Aurora PostgreSQL DBクラスタがフェイルオーバーした場合でも、アプリケーションから再接続せずに別のDBインスタンスへデータベース接続するようにしたいと考えてい

ます。

この要件を満たす方法はどれですか。

  A. Amazon ElastiCacheで実行するクエリ結果をキャッシュする。

  B. AWS LambdaからAmazon RDSプロキシ経由でDBクラスタに接続する。

  C. Amazon Aurora PostgreSQL DBクラスタをAmazon Aurora Serverlessで再構築する。

  D. AWS Lambda関数のメモリ容量を増やす。

 ## 問題42

Amazon DynamoDBテーブルで、IoTデバイスから送信されるデータを保存しています。Amazon DynamoDBテーブルに障害が発生した場合、障害が発生してから1時間以内に、データを障害が発生する10分より前の任意の時点に復元する必要があります。

この要件を最小限の開発および作業量で満たすバックアップソリューションはどれですか。

  A. Amazon DynamoDBポイントインタイムリカバリーを有効化する。

  B. AWS Backupで1時間ごとにAmazon DynamoDBテーブルをバックアップするように設定する。

  C. Amazon DynamoDBで10分ごとにスタンドアロンのオンデマンドバックアップをするように実装する。

  D. AWS CLIで1時間ごとにAmazon DynamoDBテーブルのデータをすべてスキャンしてエクスポートする。

 ## 問題43

Amazon EC2インスタンスを展開するAuto Scalingグループごとに異なるWebアプリケーションを実行しています。ユーザーがアクセスしてきたサブドメインやURLパスに応じてトラフィックを受け付けるWebアプリケーションを切り替えたいと考えています。また、HTTPステータスコードによってWebアプリケーションで障害が発生したことを検知して、Auto Scalingグループ内の正常なAmazon EC2インスタンスにトラフィックを送信するようにする必要があります。

この要件を満たす構成はどれですか。

A. Application Load Balancer（ALB）をAuto Scalingグループにアタッチして、HTTPステータスコードによるヘルスチェックを設定する。

B. Classic Load Balancer（CLB）をAuto Scalingグループにアタッチして、HTTPステータスコードによるヘルスチェックを設定する。

C. Network Load Balancer（NLB）をAuto Scalingグループにアタッチして、HTTPステータスコードによるヘルスチェックを設定する。

D. Gateway Load Balancer（GWLB）をAuto Scalingグループにアタッチして、HTTPステータスコードによるヘルスチェックを設定する。

 問題44

オンプレミスにあるWindowsファイルサーバーをAWSクラウドに移行し、オンプレミスからAWS Site-to-Site VPN経由でAWSクラウドに移行したファイルサーバーを使用することを検討しています。将来的にはオンプレミスとAWSクラウドの間を高い帯域幅のAWS Direct Connectで接続したいと考えていますが、しばらくの間はAWS Site-to-Site VPNによるインターネット経由の接続を使用します。SMBプロトコルで接続し、詳細なアクセス制御をした上で、AWSクラウド上のWindowsファイルサーバーにあるファイルに可能な限り低いレイテンシーでアクセスできる必要があります。

管理および運用の作業量を最小限にし、この要件を満たす方法はどれですか。

A. AWSクラウドのWindowsファイルサーバーを、Amazon Elastic File System（Amazon EFS）で構築する。AWS Storage Gatewayで提供されるAmazon S3ファイルゲートウェイを、オンプレミスに構成してキャッシュの自動更新を有効にする。オンプレミスからAmazon S3ファイルゲートウェイ経由でファイルにアクセスする。

B. AWSクラウドのWindowsファイルサーバーを、Amazon S3バケットとサードパーティソフトウェアでマウント接続したAmazon EC2インスタンスで構築する。AWS Storage Gatewayで提供されるAmazon S3ファイルゲートウェイを、オンプレミスに構成してキャッシュの自動更新を有効にする。オンプレミスからAmazon S3ファイルゲートウェイ経由でファイルにアクセスする。

C. AWSクラウドのWindowsファイルサーバーを、Amazon FSx for Windowsファイルサーバーで構築する。AWS Storage Gatewayで提供されるAmazon FSxファイルゲートウェイを、オンプレミスに構成してキャッシュの自動更新

を有効にする。オンプレミスからAmazon FSxファイルゲートウェイ経由でファイルにアクセスする。

D. AWSクラウドのWindowsファイルサーバーを、Amazon FSx for Windowsファイルサーバーで構築する。AWS Storage Gatewayで提供されるAmazon S3ファイルゲートウェイを、オンプレミスに構成してキャッシュの自動更新を有効にする。オンプレミスからAmazon S3ファイルゲートウェイ経由でファイルにアクセスする。

問題45

Amazon LinuxをOSとする多数のAmazon EC2インスタンスに、自社で開発した独自ソフトウェアをソースからビルドしてインストールしています。この独自ソフトウェアをインストールしているすべてのAmazon EC2インスタンスに、あらかじめ定義した独自ソフトウェアのセキュリティパッチを配布して適用するプロセスのみをフルマネージドに管理して自動化したいと考えています。

最小限の管理および運用でこの要件を満たす方法はどれですか。

A. SSMエージェントを独自ソフトウェアを使用するすべてのAmazon EC2インスタンスにインストールしておき、AWS Systems Manager Run Commandでセキュリティパッチを適用するコマンドを実行する。

B. SSMエージェントを独自ソフトウェアを使用するすべてのAmazon EC2インスタンスにインストールしておき、AWS Systems Manager Session Managerでセキュリティパッチを適用するコマンドを実行する。

C. SSMエージェントを独自ソフトウェアを使用するすべてのAmazon EC2インスタンスにインストールしておき、AWS Systems Manager Patch Managerでセキュリティパッチを適用するコマンドを実行する。

D. SSMエージェントを独自ソフトウェアを使用するすべてのAmazon EC2インスタンスにインストールしておき、AWS Systems Manager Change Managerでセキュリティパッチを適用するコマンドを実行する。

問題46

Amazon S3バケットに保存しているJSON形式のログファイルは、予測不可能な頻度でクエリ検索が直近3年間のものに対して発生しますが、それ以降はほとんどア

クセスされることはありません。3年間を過ぎたファイルは保存に伴うストレージコストを低減する一方でクエリによる検索が可能な状態にしておく必要があり、必要に応じて4時間以内にファイルを取得することが求められます。

この要件を満たす、可用性と費用対効果が高いソリューションはどれですか。

A. 直近3年間のファイルをAmazon S3標準ストレージクラスで保存して、Amazon S3 Selectでクエリ検索する。3年間を過ぎたファイルはライフサイクルポリシーでAmazon S3 Glacier Instant Retrievalストレージクラスに移行し、Amazon S3 Glacier Selectでクエリ検索する。3年間を過ぎたファイルの取得にはAmazon S3 Glacier Instant Retrievalストレージクラスのインスタント取得（Instant Retrieval）を使用する。

B. 直近3年間のファイルをAmazon S3標準 - 低頻度アクセスストレージクラスで保存して、Amazon S3 Selectでクエリ検索する。3年間を過ぎたファイルはライフサイクルポリシーでAmazon S3 Glacier Deep Archiveストレージクラスに移行し、Amazon S3 Glacier Selectでクエリ検索する。3年間を過ぎたファイルの取得にはAmazon S3 Glacier Deep Archiveストレージクラスの標準取得（Standard Retrieval）を使用する。

C. 直近3年間のファイルをAmazon S3 Intelligent-Tieringストレージクラスで保存して、Amazon Athenaでクエリ検索する。3年間を過ぎたファイルはライフサイクルポリシーでAmazon S3 Glacier Flexible Retrievalストレージクラスに移行し、Amazon S3 Glacier Selectでクエリ検索する。3年間を過ぎたファイルの取得にはAmazon S3 Glacier Flexible Retrievalストレージクラスの標準取得（Standard Retrieval）を使用する。

D. 直近3年間のファイルをAmazon S3 Intelligent-Tieringストレージクラスで保存して、Amazon Athenaでクエリ検索する。3年間を過ぎたファイルはライフサイクルポリシーでAmazon S3 Glacier Flexible Retrievalストレージクラスに移行し、Amazon S3 Glacier Selectでクエリ検索する。3年間を過ぎたファイルの取得にはAmazon S3 Glacier Flexible Retrievalストレージクラスの大容量取得（Bulk Retrieval）を使用する。

問題47

- -

1つのリージョンの2つのアベイラビリティゾーン（AZ）を使用して、Application Load Balancer（ALB）の背後に展開するAmazon EC2インスタンスでアプリケーシ

ョンを実行しています。このアプリケーションの使用率は日常的に一定ですが、年末
年始の時期のみトラフィックが増加するため、多くのAmazon EC2インスタンスを
起動する必要があります。多くのAmazon EC2インスタンスが確実に起動して、プロ
ビジョニングできるようにするオプションを探しています。

この要件を満たすオプションはどれですか。

A. オンデマンドキャパシティ予約（On-Demand Capacity Reservations）
B. ゾーンリザーブドインスタンス（Zonal Reserved Instances）
C. リージョンリザーブドインスタンス（Regional Reserved Instances）
D. Savings Plans

 ## 問題48

AWSマネジメントコンソールやAWS CLIなどのAWSリソースに対するAPI操作
を記録し、AWSアカウント内のAWSリソースの構成変更を追跡して、継続的にコン
プライアンスと監査を自動化したいと考えています。

この要件を満たすAWSサービスの組み合わせはどれですか。

A. AWSリソースのAPI操作をAmazon GuardDutyで記録し、AWSリソースの
構成変更をAWS Personal Health Dashboardで追跡する。
B. AWSリソースのAPI操作をAWS Security Hubで記録し、AWSリソースの構
成変更をAmazon CloudWatchで追跡する。
C. AWSリソースのAPI操作をAWS CloudTrailで記録し、AWSリソースの構成
変更をAWS Configで追跡する。
D. AWSリソースのAPI操作をAWS Artifactで記録し、AWSリソースの構成変
更をAmazon Macieで追跡する。

 ## 問題49

本番環境のAmazon EC2インスタンスにアタッチされたAmazon EBSボリューム
に大量のデータを保存し、高いI/Oパフォーマンスが必要なアプリケーションでアク
セスしています。この本番環境のAmazon EC2インスタンスに保存しているデータ
を複製して、検証環境を構築しようと考えています。検証環境へのデータ複製および
データが使用可能になるまでにかかる時間は最小限にし、複製後にデータを保存する
ストレージはデータが使用可能になった直後から最大のI/Oパフォーマンスを発揮す

る必要があります。

この要件を最小限の作業量で満たす方法はどれですか。

- A. 本番環境のAmazon EBSボリュームのスナップショットを取得する。スナップショットを復元して、検証環境のAmazon EC2インスタンスにアタッチし、ddまたはfioユーティリティでプレウォーミングを実行する。
- B. 本番環境のAmazon EBSボリュームのスナップショットを取得し、高速スナップショット復元（Fast Snapshot Restore、FSR）を有効化する。スナップショットを復元して、検証環境のAmazon EC2インスタンスにアタッチする。
- C. 本番環境のAmazon EBSボリュームを、マルチアタッチ機能を使用して、検証環境のAmazon EC2インスタンスにアタッチする。
- D. 本番環境のAmazon EBSボリュームのデータをAmazon S3バケットにオブジェクトとして複製する。検証環境のAmazon EC2インスタンスからはAmazon S3バケットに複製したデータにアクセスする。

 問題50

Amazon RDS DBインスタンスへ毎月1日に前月の新しいデータを追加し、過去1年間のレポートをDBインスタンスに接続したアプリケーションで作成しています。このAmazon RDS DBインスタンスは、このレポート以外には使用しておらず、未使用時のコストを最小限にしたいと考えています。

この要件を満たす最も費用対効果の高い運用方法はどれですか。

- A. Amazon RDS DBインスタンスのスナップショットを作成し、Amazon RDS DBインスタンスを削除する。毎月1日にスナップショットからDBインスタンスを復元する。
- B. Amazon RDS DBインスタンスを停止する。毎月1日にAmazon RDS DBインスタンスを起動する。
- C. Amazon RDS DBインスタンスを停止する。DBインスタンスが7日後に自動的に起動されたイベントをAmazon EventBridgeで検知して、AWS Lambda関数で再停止するように実装および設定する。毎月1日にAmazon RDS DBインスタンスを起動する。
- D. Amazon RDS DBインスタンスをより低価格のインスタンスタイプに変更する。

14-3

模擬試験の解答

✓ 問題1の解答

答え：B、D

　設問ではAWSリソースは可能な限りプライベートにし、通信要件を必要最小限にすることが求められているため、要件を満たすサブネット配置と通信要件を各AWSリソースごとにまとめると分かりやすくなります。

❏ AWSリソースごとの配置サブネットと通信要件

AWSリソース	配置サブネット	通信要件
Application Load Balancer（ALB）	パブリック	・0.0.0.0/0からHTTPS（443番ポート）に対するインバウンドトラフィックを許可 ・Amazon EC2インスタンスへのHTTP（80番ポート）に対するアウトバウンドトラフィックを許可
Webサーバー用 Amazon EC2 インスタンス	プライベート	・ALBからHTTP（80番ポート）に対するインバウンドトラフィックを許可 ・Amazon RDS for MySQL DBインスタンスへのMYSQL（3306番ポート）に対するアウトバウンドトラフィックを許可
Amazon RDS for MySQL DB インスタンス	プライベート	・Amazon EC2インスタンスからMYSQL（3306番ポート）に対するインバウンドトラフィックを許可

　Amazon VPCのセキュリティグループは、CIDRブロック（192.168.0.0/24など）でルールの条件を指定する方法に加えて、別のセキュリティグループIDを指定することも可能です。CIDRブロックを指定して許可すると、指定したCIDRブロック内のIPアドレスを持つAWSリソースからのトラフィックを許可できます。一方で、セキュリティグループIDを指定して許可すると、指定したセキュリティグループをアタッチしたAWSリソースからのトラフィックを許可できます。そのため、必要なAWSリソースのみをセキュリティグループでまとめて、条件をセキュリティグループIDで指定することで、CIDRブロック内のIPアドレスを持つ関係のないAWSリソースからの不要なアクセスを防ぐことができます。

　たとえば、選択肢EではサブネットのCIDRブロックで制限しているのでサブネットにある他のAWSリソースからもアクセスできてしまいます。そこで、セキュリティグループIDを指定してセキュリティグループルールを構成することにより、設問の要件である必要最小限のアクセスに限定することができます。

　なお、セキュリティグループはステートフルであるため、インバウンドトラフィックがルールで許可されていれば、インバウンドトラフィックに対するレスポンス（アウトバウンドトラ

フィック）はルールに関係なく許可されます。そのため、明示的にアウトバウンドトラフィックのルールを設定する必要はありません。

答え：C

設問の要件を整理すると、可用性と費用対効果が高い静的WebサイトとContent Delivery Network（CDN）によるコンテンツキャッシュの機能が求められています。

Amazon S3は高い可用性と費用対効果でデータを保存できるストレージですが、静的Webサイトとしても使用できます。また、Amazon CloudFrontは、AWSのネットワークバックボーンを介してAWSリージョンに接続する400以上のエッジロケーションと13のリージョン別中間層キャッシュを持つCDNサービスです。

設問は動的Webサイトではなく静的Webサイトを求めているため、Amazon S3とAmazon CloudFrontの組み合わせが選択肢の中で最も高い可用性と費用対効果で要件を満たします。なお、Origin Access Control（OAC）は、Amazon S3オリジンへのアクセスをAmazon CloudFrontのみに限定し保護する機能です。

他の選択肢では、Amazon EC2インスタンスを起動しておくランニングコストがかかり、可用性もAmazon S3には劣ります。また、Amazon ElastiCache for Redis、Amazon DynamoDB、Transfer Accelerationを有効化したAmazon S3バケットは、CDNとしてコンテンツをキャッシュする機能はありません。特にAmazon ElastiCache for Redisは、データベースに対するクエリやアプリケーションキャッシュを保存するといった、キャッシュでもAmazon CloudFrontとは異なる用途に使用するため混同しないようにしましょう。

答え：A

Amazon S3バケット内のイベントをトリガーにして、イベント通知をAmazon SNS、Amazon SQS、AWS Lambdaに連携する機能としてAmazon S3イベント通知があります。

一方で、Amazon EventBridgeルールでは、Amazon S3のイベントをはじめ様々なAWSサービスのイベントを検知し、Amazon SNS、Amazon SQS、AWS Lambdaに加えて、Amazon Kinesis Data Streams、Amazon Kinesis Data Firehose、AWS Step Functions、Amazon Redshift、Amazon SageMaker Pipelinesなどの様々なAWSサービスへ連携することができます。そのため、Amazon EventBridgeルールは、Amazon S3イベント通知よりも幅広い用途で使えますが、設問の要件を満たすかどうかは選択肢の内容全体を見て判断する必要があります。

また、Amazon S3に保存されている動画から、物体、シーン、有名人、テキスト、動作、不適切なコンテンツなどを検出する機械学習を利用したビデオ分析サービスとしてAmazon Rekognition Videoがあります。

これらのことからAmazon S3イベント通知と、AWS Lambda、Amazon Rekognition Videoを連携させることで設問の要件を最小限の開発量で満たすことができます。

B. 動画解析にAWS Lambdaを使用するには開発が必要で、AWS Lambdaの最大15分間の実行時間内に解析が完了しない場合もあります。

C. Amazon Redshiftはデータウェアハウスサービスのため、動画に不適切なコンテンツがないかを解析する用途には適していません。

D. Amazon SageMakerで動画解析アルゴリズムを実装することで不適切なコンテンツがないかを解析することはできますが、開発およびインスタンスのランニングコストが発生します。

✓ 問題4の解答

答え：B

　認証情報をセキュアに一元管理するAWSサービスにはAWS Secrets ManagerとAWS Systems Managerパラメータストアがあります。機能も似通っていますが、認定試験で知っておくべき特徴としては、AWS Secrets Managerは、RDS for MySQL、RDS for PostgreSQL、Auroraの認証情報の自動ローテーションができる点と、シークレット件数とリクエストに対して課金される点です。

　この設問ではAWS Secrets ManagerとAWS Systems Managerパラメータストアの両方が選択肢にあり、パスワードの自動ローテーションを求められていることからAWS Secrets Managerが正解となります。

A. AWS Systems Managerパラメータストアでは、サービス単独でRDSのパスワードの自動ローテーションはできません。

C. 実現可能なアーキテクチャですが開発が必要です。また、Amazon S3バケットは多目的で使用され、多くのデータ共有機能が備わっているため、厳密なアクセス制限を行う作業量もかかります。

D. AWS CodeCommitに認証情報を保存することはふさわしくありません。

✓ 問題5の解答

答え：B

　この設問では「通常は高い帯域幅を維持しながら、最も少ないコストで障害発生時の耐障害性と回復性を向上させるアーキテクチャ」が求められています。

　AWS Direct Connectをすでに使用しているネットワーク接続において、選択肢の中でコストを最小化して耐障害性と回復性を実現する方法は、インターネットを経由するAWS Site-to-Site VPNを使用する方法です。

A. 既存のAWS Direct Connectを削除し、すべてAWS Site-to-Site VPNにするとコストは低くなりますが、通常時の高い帯域幅を維持できなくなります。

C. 2つのAWS Direct Connectを使用して接続を冗長化すると高い耐障害性と回復性を実現し、障害発生時のフェイルオーバー後も高い帯域幅を維持できます。ただし、2つ目のAWS Direct Connectの分だけコストが高くなります。

D. 2つのAWS Direct Connectを異なるDirect Connectロケーションを使用して冗長化すると、さらに高い耐障害性と回復性を実現し、障害発生時のフェイルオーバー後も高い帯域幅を維持できます。ただし、2つ目のAWS Direct Connectの分だけコストが高くなります。

14

問題の解き方と模擬試験

✓ 問題6の解答

答え：D

データの収集から分析までの遅延が最も少ない方法が求められている場合、次の点がポイントとなります。

- リアルタイム配信（もしくはリアルタイムに近い配信）ができるAWSサービスの組み合わせであること
- 組み合わせたAWSサービス間でデータ配信の送受信がサポートされていること
- データ配信の途中で遅延が発生するフローがないこと

設問の選択肢では、データをAmazon Kinesis Data Streamsに収集し、Amazon Kinesis Data Firehose経由でAmazon OpenSearch Service（旧Amazon Elasticsearch Service）にロードして分析するフローが要件を満たします。

A. Amazon SQSに保存されたイベントを定期的にAWS Lambdaで処理しているため、リアルタイム性が損なわれています。

B. Amazon S3に定期的にデータをエクスポートしていることから、リアルタイム性が損なわれています。

C. Amazon Kinesis Data Analyticsはデータを収集するサービスではなく、Amazon Kinesis Data StreamsやAmazon Managed Streaming for Apache Kafka（MSK）などで収集したデータをリアルタイムで分析するサービスです。

✓ 問題7の解答

答え：B、D

設問では踏み台以外のAWSリソースは可能な限りプライベートにし、通信要件を必要最小限にすることが求められているため、要件を満たすサブネット配置と通信要件を各AWSリソースごとにまとめると分かりやすくなります。

❏ AWSリソースごとの配置サブネットと通信要件

AWSリソース	配置サブネット	通信要件
踏み台用Amazon EC2インスタンス	パブリック	・限定された接続元からSSH（22番ポート）のインバウンドトラフィックを許可 ・アプリケーション実行用Amazon EC2インスタンスに対するアウトバウンドトラフィックを許可
アプリケーション実行用Amazon EC2インスタンス	プライベート	・踏み台用Amazon EC2インスタンスからインバウンドトラフィックを許可

Amazon VPCのセキュリティグループは、CIDRブロック（192.168.0.0/24など）でルールの条件を指定する方法に加えて、別のセキュリティグループIDを指定することも可能です。CIDRブロックを指定して許可すると、指定したCIDRブロック内のIPアドレスを持つAWSリソースからのトラフィックを許可できます。一方で、セキュリティグループIDを指定して許可すると、指定したセキュリティグループをアタッチしたAWSリソースからのトラフィッ

クを許可できます。そのため、必要なAWSリソースのみをセキュリティグループでまとめて、条件をセキュリティグループIDで指定することで、CIDRブロック内のIPアドレスを持つ関係のないAWSリソースからの不要なアクセスを防ぐことができます。

なお、セキュリティグループはステートフルであるため、インバウンドトラフィックがルールで許可されていれば、インバウンドトラフィックに対するレスポンス（アウトバウンドトラフィック）はルールに関係なく許可されます。そのため、明示的にアウトバウンドトラフィックのルールを設定する必要はありません。

✓問題8の解答

答え：D

この設問で求められているのは、AZ障害を考慮した可用性を高めることと、大量の読み取りリクエストを処理することの2点ができるように構成を再構築することです。

Amazon RDSで可用性を高める方法には、アベイラビリティゾーン（AZ）にDBインスタンスを展開してフェイルオーバーを構成するマルチAZ構成があります。また、主に読み取りリクエストの負荷分散処理に使用するリードレプリカを異なるAZに追加しておくと、プライマリDBインスタンスで障害が発生した場合の対策になります。再起動などの時間はかかりますが、異なるAZでリードレプリカをプライマリDBインスタンスへ昇格するという手順を手動やAPIで実行することができます。

Amazon RDSで大量の読み取りリクエストを処理する対策としては、読み取りリクエストの負荷分散のために前述したリードレプリカを追加する方法や、Amazon ElastiCacheなどを使用してAmazon RDSへのクエリ結果をキャッシュする方法が挙げられます。ただしこの設問では、Amazon RDSにおいて上記2点の両方を備えた選択肢はありません。一方で、Amazon AuroraはAuroraレプリカをマルチAZに配置しておくと、プライマリインスタンスに障害が発生した場合に、あらかじめ決めた昇格階層の優先度に従って自動的にAuroraレプリカがプライマリインスタンスに昇格します。

ここでは再構築にかかる作業量は要件になっていないため、Amazon Auroraを使用したマルチAZ配置が適切といえます。

- A. Amazon RDSのマルチAZ構成は可用性向上対策で、大量の読み取りリクエスト処理の対策ができていません。
- B. Amazon RDSのリードレプリカを同一AZに追加するため、AuroraのマルチAZ配置よりもAZ障害を考慮した可用性が低いといえます。
- C. Amazon ElastiCacheを使用してAmazon RDSへのクエリ結果をキャッシュするため、大量の読み取りリクエスト処理には効果がありますが、可用性の向上は期待できません。

✓問題9の解答

答え：B

Amazon SQSの可視性タイムアウトは、あるクライアントがメッセージを受信した際に他のクライアントが同じメッセージを受信して処理しないように、他のクライアントから同じメッセージを不可視にする時間です。可視性タイムアウトを拡張するには、AWS SDKなどで

ChangeMessageVisibilityアクションを使用します。

- A. CreateQueueアクションはキューを作成します。新しいキューを作成しても元のキューのメッセージが他のクライアントから処理される可能性はあります。
- C. DeleteMessageアクションはメッセージを削除します。キュー内のメッセージを削除すると、メッセージ処理に失敗した際に再取得することができなくなるため、可用性が低い方法です。
- D. RemovePermissionアクションはキューへのアクセス権を削除するアクションです。キューへのアクセス権を削除するとすべてのメッセージ処理ができなくなるため、非効率です。

✓ 問題10の解答

答え：D

Amazon EC2のAuto Scalingのポリシーには次のものがあります。

- シンプルスケーリングポリシー：単一の閾値に対してスケーリングアクションを指定する
- ステップスケーリングポリシー：段階的に設定した複数の閾値に対してそれぞれ異なるスケーリングアクションを指定できる
- ターゲットトラッキングスケーリングポリシー：指定されたターゲット値にメトリクス値が極力一致するようにスケーリングする

設問では算出したカスタムメトリクス値がターゲット値に近い値を維持するようにEC2インスタンスをスケールするため、ターゲットトラッキングスケーリングポリシーが適しています。

✓ 問題11の解答

答え：B

Amazon SQS FIFOキューは重複のない順序が厳密に保持されたメッセージを配信できるキューで、1秒あたり300件の送信、受信、削除の処理が可能です。

- A. Amazon SQS標準キューはスケーラビリティを重視する設計のため、メッセージの重複があり、順序も厳密に保持されません。
- C. Amazon Kinesis Data Streamsは、リアルタイム性を重視するストリーミングデータの処理や分析をするアプリケーションを構築できます。登録されたレコードの順序も厳密に維持されますが、SQSに比べるとコストが高くなります。また、設問のユースケースはリアルタイム性を重視するストリーミング処理ではないため、SQSのほうが適しています。
- D. Amazon SQSが分散アプリケーションのコンポーネント間のデータ連携が目的であるのに対して、AWS Step Functionsは複数のAWSサービスを実行するための設定、ステータス管理、条件分岐や順序制御を自動化するオーケストレーションが目的のサービスです。AWS Step Functionsではステップで処理の実行順序が制御できますが、メッセージそのものを保存しておく機能には他のAWSサービスを使う必要があり、メッセージ重複排除ロジックも他のAWSサービスを使用して実装する必要があります。

✓ 問題12の解答

答え：B

　設問の要件がWebサイトを構成するリソースの管理作業量と運用コストは最小限にしたいということから、インフラストラクチャ管理が不要で、リクエスト処理に応じて料金が発生する特徴があるサーバーレスサービスをうまく組み合わせて要件を満たしているかがポイントとなります。言い方を変えると、インフラストラクチャ管理が必要またはプロビジョニングした起動時間に応じて料金が発生するサービスを可能な限り使っていない組み合わせで要件を満たしているかがポイントとなります。

　選択肢に登場する主なAWSサービスを、プロビジョニングした起動時間に応じて料金が発生するか、リクエスト処理に応じて料金が発生するかで分類すると次のようになります。

- **プロビジョニングした起動時間に応じて料金が発生するサービス**：Amazon ElastiCache、Amazon RDS、Application Load Balancer（ALB）、Amazon EC2、Amazon Aurora
- **リクエスト処理に応じて料金が発生するサービス**（サーバーレスサービスの特徴の1つ）：AWS Fargate、AWS SNS、Amazon CloudFront、Amazon S3、Amazon API Gateway、AWS Lambda、Amazon DynamoDB、Amazon SQS、Amazon Aurora Serverless、Amazon Cognito

　このことからHTMLとJavaScriptを使用した問い合わせフォームを実現でき、かつリソースの管理作業量と運用コストを最小限にできるのは選択肢Bの次の組み合わせであることが分かります。

　　　Amazon CloudFront、Amazon S3、Amazon API Gateway、AWS Lambda、
　　　Amazon DynamoDB

　この組み合わせではAmazon CloudFront、Amazon S3でHTMLとJavaScriptによるWebサイトホスティングの実装が可能で、Amazon API Gateway、AWS Lambda、Amazon DynamoDBでJavaScriptのバックエンドの問い合わせフォームの実装が可能です。

- A. 要件の実現は可能ですがAmazon ElastiCache、Amazon RDSの起動時間に応じた運用コストがかかります。
- C. 要件の実現は可能ですがALB、Amazon EC2の起動時間に応じた運用コストがかかります。
- D. 要件の実現は可能ですがAmazon Auroraの起動時間に応じた運用コストがかかります。

✓ 問題13の解答

答え：C

　設問のように予測不可能なサイズ・数のデータや大量のデータの処理を確実に実行するには、データに応じて処理を実行するリソースの起動停止や例外処理などのワークフローを管理することが必要となってきます。

　AWS Step Functionsは複数のAWSサービスを実行するワークフローの設定、ステータス管理、条件分岐や順序制御を自動化するオーケストレーションができるサービスです。AWS

Step Functionsには最長1年間の耐久性がある標準用途のStandardワークフローと、最大5分間のIoTやストリーミングデータなど短時間で大量データを処理するワークロード向けのExpressワークフローがあります。

　今回の設問は画像処理に30分を超える時間を要する可能性があるため、AWS Step FunctionsのStandardワークフローが適しています。

　設問の選択肢ではAWS Lambda関数をワークフローの管理に使用しているパターンがありますが、AWS Lambda関数の実行時間は15分であるため、設問の要件には適していません。

A. AWS Lambda関数だけですべての処理を完結する方法ではタイムアウトが発生する可能性があります。

B. AWS Lambda関数でAmazon EC2インスタンスの実行や終了、Amazon SQSキューのメッセージ削除を管理しようとしていますが、AWS Lambda関数の実行時間が15分であるためデータ処理が終わるまでにタイムアウトする可能性があります。

D. Amazon SQSのキューに応じてAWS Lambda関数を実行して処理をするアーキテクチャですが、AWS Lambda関数の15分の実行時間以内で画像変換処理が終了するとは限らないため、タイムアウトする可能性があります。

✓ 問題14の解答
....

答え：A、C

　AWS Certificate Manager（ACM）は、AWSサービスと内部接続リソースで使用するパブリックおよびプライベートのSecure Sockets Layer/Transport Layer Security（SSL/TLS）証明書のプロビジョニング、管理、デプロイができるサービスです。ACMと統合されたAWSサービスにACMで発行した証明書を使用する場合は、DNS検証などの条件を満たしていれば有効期限が切れる前の証明書の更新が自動的に実行できるものもあります。

　一方で、サードパーティ証明書をACMにインポートして使用している場合は、AWSマネジメントコンソールやAWS CLIの「aws acm import-certificate」コマンドを使用してユーザーが新しいサードパーティー証明書をインポートし、期限が切れる証明書と置き換える必要があります。

　サードパーティ証明書は自動的に更新できませんが、主に次の方法で有効期限を知ることは可能です。

● Amazon CloudWatchのDaysToExpiryメトリクスを監視する
● 有効期限45日前から送信される証明書有効期限イベントを検知する

　そのため、選択肢のうちサードパーティ証明書を更新するプロセスとして正しいものは、上記2つの方法のいずれかで有効期限が近いことを証明書管理者に通知し、証明書管理者が手動で新しいサードパーティー証明書をインポートするという流れになります。

B、D.RenewCertificate APIアクションは、本書執筆時点でAWSにおいてプライベート認証局（CA）によって発行され、ExportCertificate関数でエクスポートされたプライベート証明書のみの更新に対応しています。

✓ 問題15の解答

答え：D

　AWSにおいてマスターキーの使用が追跡可能な暗号化ソリューションはAWS Key Management Service（AWS KMS）です。AWS KMSではマスターキーであるKMSキーの操作を、AWS CloudTrail証跡で記録および追跡が可能です。

　AWS KMSは複数のリージョンで同じKMSキーのように相互使用できるマルチリージョンキーをサポートしています。ただし、本書執筆時点でAWS KMSのマルチリージョンキーはグローバルリソースではなく、使用するリージョンにレプリケートして使用します。

　また、AWS KMSのマルチリージョンキーはAmazon S3でも使用できますが、本書執筆時点ではAmazon S3でサーバーサイド暗号化（SSE-KMS）にマルチリージョンキーを指定しても単一リージョンキーのように扱われます。そのため、複数リージョンのAmazon S3バケットで、同じ暗号化キーを使用した同じ内容のデータを保存するには、アプリケーションでAWS KMSのカスタマーマネージドキーを使用したクライアントサイド暗号化でデータを暗号化し、クロスリージョンレプリケーションで暗号化したデータをコピーする方法が挙げられます。

　A. サーバーサイド暗号化（SSE-S3）で使用するキーはAmazon S3管理のキーのため、マスターキーの使用を追跡する機能がありません。

　B、C.AWS KMSはリージョンごとに用意されるリソースであるため、他のリージョンで使用するためにはマルチリージョンキーを使用するか、別のリージョンで元のリージョンのカスタマーマネージドキーを使用するための権限をキーポリシーで付与する必要があります。Amazon S3ではサーバーサイド暗号化（SSE-KMS）で保存されたオブジェクトはデフォルトではレプリケートしないようになっています。

✓ 問題16の解答

答え：B、C、F

　設問の内容からすべてのAWSリソースがap-northeast-1リージョンにある前提で、次の2つの操作ができる権限を設定する必要があります。

　1. AWSアカウントBにあるAmazon EC2インスタンスで、AWSアカウントAのAmazon S3バケットのファイルをダウンロードする。

　2. AWSアカウントBにあるAmazon EC2インスタンスで、AWSアカウントAのAWS KMSカスタマーマネージドキーを使用して復号や暗号化などのAPIオペレーションを実行する。

　1.については、AWSアカウントBにあるAmazon EC2インスタンスのIAMロールでAWSアカウントAのAmazon S3バケットへのアクセスを許可し、AWSアカウントAのAmazon S3バケットのバケットポリシーでAWSアカウントBにあるAmazon EC2インスタンスのIAMロールからのアクセスを許可します。

　2.については、AWSアカウントBにあるAmazon EC2インスタンスのIAMロールでAWSアカウントAのAWS KMSのAPIオペレーションを許可し、AWSアカウントAのAWS KMS

カスタマーマネージドキーのキーポリシーでAmazon EC2インスタンスのIAMロールによる
APIオペレーションを許可します。

- **A.** アクセスコントロールリスト（ACL）でAWSアカウントBからのアクセスを許可す
  ると、AWSアカウントBの対象となるAmazon EC2インスタンス以外のすべての
  AWSリソースからもアクセスできてしまうため、セキュリティの高い設定とはいえ
  ません。
- **D.** AWSアカウントAに対するすべての操作を許可することはセキュリティの高い設定
  とはいえません。
- **E.** AWS KMSのカスタマーマネージドキーのキーポリシーで、アカウントBからのすべ
  ての操作を許可することはセキュリティの高い設定とはいえません。

✓ 問題17の解答

答え：**C**

　インフラストラクチャの管理や運用は最小限にし、実際に使用したコンピューティング、
メモリ、ストレージリソースの料金のみを支払う課金体系でコンテナ化されたアプリケーシ
ョンを実行するサービスはAWS Fargateです。AWS FargateはAmazon Elastic Container
Service（ECS）とAmazon Elastic Kubernetes Service（EKS）の両方に対応しています。

- **A.** Amazon EMRはApache Spark、Apache Hive、Prestoなどのオープンソースフレー
  ムワークを使用してデータ処理、相互分析、機械学習するクラウドビッグデータプラ
  ットフォームです。プロビジョニングしたクラスタの起動時間に応じて料金が発生し
  ます。
- **B.** Amazon Elastic Container Service（Amazon ECS）はクラスタ管理インフラストラク
  チャのインストール、運用、スケールといった作業をする必要なく、AWSクラウド上
  にDockerコンテナのアプリケーションをデプロイ、管理、スケーリングできるフル
  マネージドコンテナオーケストレーションサービスです。コンテナ化されたアプリケ
  ーションは実行できますが、Amazon EC2の起動時間に応じて料金が発生します。
- **D.** Amazon Elastic Container Registry（Amazon ECR）はフルマネージド型のコンテナ
  レジストリであるため、コンテナ化されたアプリケーションの実行には使用できませ
  ん。

✓ 問題18の解答

答え：**B**

　PDFファイル内にある個人を特定できる情報（PII）を判別する機械学習サービスの組み合
わせを問う設問です。設問内に登場する機械学習サービスの概要はそれぞれ次のようになり
ます。

- Amazon Transcribe：自動音声認識（ASR）によって迅速かつ高精度に音声をテキストに
  変換する音声文字起こしサービス
- Amazon Textract：PNG、JPEG、TIFF、PDF形式ファイルの印刷や手書きのテキストから
  光学文字認識（OCR）技術を使用してテキスト、手書き文字に加え、フィールド、値、それら

の関係、表、その他エンティティなどの構造化データを関連する信頼性スコアとともに検出
および抽出できるドキュメント用の分析サービス

- **Amazon Comprehend**：キーフレーズ抽出、感情分析、構文解析、エンティティ認識、トピックモデリング、言語検出といったAPIを提供し、機械学習を使用してテキスト内で個人を特定できる情報（PII）といった意味や関係性を検出する自然言語処理（NLP）サービス
- **Amazon Rekognition**：Amazon S3に保存されている画像やビデオファイルから物体、シーン、有名人、テキスト、動作、不適切なコンテンツを検出する機械学習を利用したビデオ分析サービス

このことから、PDFファイルの内容からAmazon Textractを使用してテキストを抽出し、Amazon ComprehendでPIIを検出する方法が適切といえます。

✓ 問題19の解答

答え：C

設問で求められているストレージの特徴を整理すると次のようになります。

1. 高いIOPSが必要で、永続的に動画を保存する必要がないAmazon EC2インスタンスの動画編集処理で使用するストレージ
2. 予測不可能なアクセスパターンでアクセスされる編集後の動画ファイルを保存する可用性の高いストレージ
3. 3年後に、アクセスされることがなくなった編集後の動画ファイルを長期間永続的バックアップするストレージ

設問では、上記の1.、2.、3.のすべてで高い費用対効果が求められています。

1.のストレージのユースケースに適したストレージの候補としては、高い費用対効果とIOPSがある一方で、Amazon EC2インスタンスを停止するとデータが消失するAmazon EC2インスタンスのインスタンスストアが挙げられます。

2.のストレージのユースケースに適したストレージの候補としては、高い可用性のあるAmazon S3のストレージクラスのうち予測不可能なアクセスパターンに向いているS3 Intelligent-Tieringストレージクラスが挙げられます。

3.のストレージのユースケースに適したストレージの候補としては、ほとんどアクセスされない長期間の永続的バックアップに向いているS3 Glacier Deep Archiveストレージクラスが挙げられます。

この組み合わせの選択肢Cが解答になります。

✓ 問題20の解答

答え：D

Amazon S3には、保存したオブジェクトが削除または上書きされることを一定期間または無期限に防止するS3オブジェクトロックという機能があります。S3オブジェクトロックには次の2つのリテンションモードがあります。

- **ガバナンスモード**：特別なアクセス許可を持ったユーザー以外のユーザーが、保護期間中に保護されたオブジェクトのバージョンを上書きまたは削除することができなくなります。

ガバナンスモードでロックしたオブジェクトにおけるリテンションモードの変更や保持期間の短縮は、特別なアクセス許可を持ったユーザーによって必要に応じて実行できます。

- コンプライアンスモード：AWSアカウントのルートユーザーを含め、ユーザーが保護期間中に保護されたオブジェクトのバージョンを上書きまたは削除することができなくなります。コンプライアンスモードでロックしたオブジェクトにおけるリテンションモードの変更や保持期間の短縮はできなくなります。

一方で、データの暗号化に使用したキーを年次で自動的にローテーションして、使用の記録を追跡できるようにするソリューションはAWS Key Management Service（AWS KMS）です。

設問の要件を満たすには、Amazon S3のコンプライアンスモードによるS3オブジェクトロックとAWS KMS暗号化を組み合わせる必要があります。

✓ 問題21の解答

答え：B

Amazon CloudFrontで、通常のHTTPSに追加したセキュリティレイヤーでクライアントから送信されてくるデータフィールドの一部を別途暗号化し、Amazon CloudFrontとオリジンサーバーの間で安全なEnd-to-EndのHTTPS接続をする機能はフィールドレベルの暗号化です。フィールドレベルの暗号化は、主に機密情報を暗号化してAmazon CloudFrontからオリジンサーバーに安全に送信し、復号に必要な認証情報を持つアプリケーションだけが復号できる必要がある場合などに使用されます。

- A. Amazon CloudFrontエッジキャッシュを保存しない設定の説明です。
- C. Amazon CloudFrontから参照するオリジンのプロトコルがHTTPまたはHTTPSのいずれかに一致するものを使用する設定の説明です。
- D. クライアントから参照するAmazon CloudFrontのプロトコルがHTTPまたはHTTPSのいずれかを使用する設定の説明です。

✓ 問題22の解答

答え：D

Amazon RDSやAmazon EC2インスタンスなどのスナップショットを、世代管理しながらバックアップする方法には様々なものがあります。AWSフルマネージドのバックアップソリューションとしてはAWS BackupとAmazon DLMがあり、以下の特徴があります。

- AWS Backup：EC2（Snapshot、AMI）、EFS、RDS、DynamoDB、Storage Gatewayがバックアップ対象。cron形式でスケジューリング可能。保持期限でライフサイクルを作成。クロスリージョンバックアップが可能。
- Amazon DLM：EC2（Snapshot、AMI）のみがバックアップ対象。cron形式でスケジューリング可能。保持期限と世代でライフサイクルを作成。クロスリージョンコピーが可能。

この特徴からAWS Backupでバックアップライフサイクル管理をする方法が設問の要件を満たします。

A. AWS BackupおよびAWS Lambdaが登場する前によく使用されていたバックアップアーキテクチャです。ロジックにより、バックアップをより細かくコントロールできますが、フルマネージドに比べて開発と作業量が多くなります。

B. AWS Backupが登場する前によく使用されていたバックアップアーキテクチャです。ロジックにより、バックアップをより細かくコントロールできますが、フルマネージドに比べて開発と作業量が多くなります。

C. Amazon DLMはAmazon RDSのバックアップには対応していません。

✓ 問題23の解答

答え：**C**

　データ分析に使用できるAWSサービスには様々なものがありますが、それぞれの概要を比較しながら知っておくと選択肢を絞り込みやすくなります。設問の選択肢に登場するAWSサービスの用途とコストの概要を簡単にまとめると次のようになります。

- **Amazon Redshift**：複雑なSQLクエリで分析できる列指向のデータウェアハウスサービス。プロビジョニングしたクラスタの起動時間に応じて料金が発生する構成と、リクエスト処理に応じて料金が発生するServerlessオプションの構成がある。
- **Amazon Kinesis Data Analytics Studio**：Amazon Kinesis Data StreamsやAmazon Managed Streaming for Apache Kafka（MSK）などで収集したデータをリアルタイムで分析するAmazon Kinesis Data Analyticsのノートブックアプリケーション。可視化ツールもある。処理能力と稼働時間に応じて料金が発生する。
- **AWS Glueクローラー**：Amazon S3などからデータを抽出してAWS Glueデータカタログに登録するクローラー。クローラー数とクロール所要時間に応じて料金が発生する。
- **AWS Glueデータカタログ**：Apache Hiveメタストアと互換性があり、様々な分析サービスから使用できるメタデータストア。保存されたオブジェクト数とアクセスリクエスト数に応じて料金が発生する。
- **Amazon Athena**：Amazon S3のデータをSQLクエリで分析できるサービス。SQLクエリでスキャンされた容量に応じて料金が発生する。
- **Amazon QuickSight**：様々なグラフでデータを可視化できるBI（Business Intelligence）ツール。プラン、サブスクリプション、ユーザー数、インメモリエンジンであるSPICE容量に応じて料金が発生する。
- **Amazon OpenSearch Service**：オープンソースの検索および分析エンジンであるOpenSearchのデプロイ、スケーリングなどの管理をAWSクラウド上で容易にできるマネージドサービス。プロビジョニングしたクラスタの起動時間に応じて料金が発生する構成と、リクエスト処理に応じて料金が発生するServerlessオプションの構成がある。
- **OpenSearch Dashboards**：Amazon OpenSearch Serviceに保存したデータを可視化するツール。料金はAmazon OpenSearch Serviceの料金に包含。

　設問にはBIツールで様々なグラフによる可視化をするとあるため、Amazon QuickSightを用いた選択肢が候補となります。また、分析の実行が不定期でインフラストラクチャのコストを最小限にすることから、プロビジョニングしたクラスタの起動時間に応じて料金が発生す

る構成ではなく、リクエスト処理に応じて料金が発生する構成がふさわしいといえます。

このことから、AWS Glueデータカタログ、Amazon Athena、Amazon QuickSightを組み合わせたアーキテクチャが要件を満たします。

A. Amazon Redshiftクラスタは起動時間に応じて料金が発生するため、待機時間に料金が発生することから設問の要件を満たしません。

B. Amazon Kinesis Data Analytics Studioは可視化機能を備えていますが、そのものにデータをロードして使用することはできません。Amazon Kinesis Data Analytics StudioではAWS Glueデータカタログを参照するような使い方をします。

D. OpenSearch Dashboardsによるデータの可視化は可能ですが、Amazon OpenSearch Serviceは起動時間に応じて料金が発生するため、待機時間に料金が発生することから設問の要件を満たしません。

✓ 問題24の解答

答え：A、E

AWS Organizationsは複数のAWSアカウントを組織として階層的にまとめ、請求やセキュリティなどを一元管理する機能です。AWS Organizationsではサービスコントロールポリシー（SCP）を組織単位（OU）、アカウント、ユーザーに適用して組織内のリージョン、AWSサービス、AWSリソースへのアクセスを制御できます。

AWS Control TowerはAWS Organizationsの機能を拡張するオーケストレーションによって、AWSの規範的なベストプラクティスに従ってAWSマルチアカウント環境を設定、統制および管理するフレームワークを提供して多くの手順を自動化します。

データを保存および処理する物理的な場所をより詳細に制御する概念をデータレジデンシーといいます。AWS Control Towerではデータが保存および処理されるリージョンを指定するデータレジデンシーガードレールを使用することでリージョンへのアクセス制御ができます。

設問では各部署が持つ複数のAWSアカウントを組織として管理し、ap-northeast-1リージョンだけを使用するように設定することが求められているため、AWS OrganizationsのSCPとAWS Control Towerのデータレジデンシーガードレールを使用する方法が要件を満たします。

B. リージョンを限定するポリシー設定がIAMロールごとに必要で、SCPやデータレジデンシーガードレールよりも作業量が多くなるため、最小限の作業量の要件を満たしません。

C. AWS IAMアイデンティティセンター（AWS SSOの後継）はAWS Organizationsに属するAWSアカウント、SAML対応クラウドアプリケーション、カスタム構築アプリケーションなどへの所属メンバーのアクセス権の割り当てを一元管理できるSingle Sign-On環境を提供するサービスです。リージョンを限定するポリシー設定がPermission Setsごとに必要で、SCPやデータレジデンシーガードレールよりも作業量が多くなるため、最小限の作業量の要件を満たしません。

D. データレジデンシーガードレールはAWS Control Towerの機能であり、AWS Organizationsの機能ではありません。

✓ **問題25の解答**

答え：C

設問ではCPU使用率が閾値を超え、かつAmazon EC2インスタンスから送信されたネットワークアウトのバイト量が閾値を超えた場合という複数の条件でアラートを定義しようとしています。Amazon CloudWatchのアラートを複合条件で定義する機能はAmazon CloudWatch複合アラームです。

A. Amazon CloudWatchカスタムメトリクスは、AWS CLI、AWS SDKなどのAPIで独自のメトリクスをAmazon CloudWatchに登録して使用する機能です。

B. Amazon CloudWatch Logsメトリクスフィルターは、Amazon CloudWatch Logsに保存したログをフィルタリングしてメトリクスに変換し、グラフやアラームの設定に使用する機能です。

D. Amazon CloudWatch Metrics Insightsは、Amazon CloudWatchメトリクスに対してSQLによるクエリを実行して検索や集計をする機能です。

✓ **問題26の解答**

答え：C

Amazon EC2のAuto Scalingグループでは、Auto Scalingグループを構成する複数のインスタンスにおいてオンデマンドインスタンスとスポットインスタンスの割合を制御することができます。具体的にはインスタンスの購入オプションの設定で、次のような設定をします。

- オンデマンドベースにスケール前にベースとして使用するオンデマンドインスタンスの数を指定する。
- インスタンスの分散の設定で、オンデマンドベースの数を除いたAuto Scalingグループでスケールするインスタンスをオンデマンドインスタンス、スポットインスタンスを使用して、それぞれ何％で構成するかを指定する。

たとえば、オンデマンドベースを10、インスタンスの分散でオンデマンドインスタンス割合を0％、スポットインスタンス割合を100％で指定した場合に、それぞれが実行中の全インスタンス数に占めるインスタンス数の関係は次の表のようになります。

❏ **インスタンスの種類の内訳**

実行中の全インスタンス数	10	20	30	40
オンデマンドベース：10（オンデマンドインスタンス数）	10	10	10	10
オンデマンドインスタンス割合：0％（オンデマンドインスタンス数）	0	0	0	0
スポットインスタンス割合：100％（スポットインスタンス数）	0	10	20	30

設問では土曜日と日曜日に利用負荷が高くなることから、土曜日と日曜日以外の曜日の利用負荷を処理できるインスタンス数をオンデマンドベースに指定して可用性のあるオンデマンドインスタンスを確保し、インスタンスの分散でスポットインスタンス割合を100％にして高負荷時のコストを削減する設定が要件を満たします。

✓ 問題27の解答
- -
答え：A

　モノリシックアーキテクチャとは、サービスや機能が密接に一体化して、疎結合に独立しておらず、部分的な置き換えや再利用を想定していない設計のことです。モノリシックアーキテクチャは単独のサービスや機能の処理効率を向上させやすいですが、一方で可用性、保守性、再利用性は低くなる傾向があります。

　モノリシックアーキテクチャに対して、マイクロサービスアーキテクチャは、小規模のサービスや機能を疎結合に独立して実行できるように提供し、複数のマイクロサービスを組み合わせて大きな規模のサービスや機能を構築します。

　一方でコンテナ化はアプリケーションを構成するコードをライブラリやフレームワークなど依存関係があるコンポーネントとともにパッケージ化し、インフラストラクチャやOSに依存しないコンテナエンジンで実行します。

　マイクロサービスアーキテクチャとコンテナ化は異なる概念ですが、コンテナ化したアプリケーションでマイクロサービスアーキテクチャを構成できます。AWSではコンテナエンジンをインストールしたAmazon EC2インスタンス、Amazon ECS、AWS Lambdaなどでコンテナを実行できます。

　設問では複数のアプリケーションを機能別に分割してパッケージ化してCI/CDでAWSにデプロイできるようにし、将来的にAWSとオンプレミスでDR構成を構築することおよび管理運用作業を最小限に抑えることが要件です。設問の選択肢ではアプリケーションの機能分割とパッケージ化およびCI/CDを容易に導入でき、AWSとオンプレミスの両方で実行できるコンテナ化、コンテナの管理運用作業を最小限にできるAmazon ECSが要件を満たします。

　　　B. コンテナエンジンをインストールしたAmazon EC2インスタンスでもコンテナを実行できますが、Amazon ECSよりも管理運用作業が多くなります。

　　　C、D.アプリケーションを分割してコードをAWS Lambda関数にデプロイしてもAWS上でサービスを構築できますが、同じパッケージ化したアプリケーションを使用してAWSとオンプレミスでDR構成を構築するにはコンテナが適しています。

✓ 問題28の解答
- -
答え：D

　設問の要件から、バックエンドのアプリケーションまでにトラフィックが通過するサービスがTCPおよびUDPプロトコルをサポートしているか、秒間数百万のリクエストに対応しているか、固定IPアドレスに対応しているかがポイントとなります。

　設問に登場するロードバランサーとグローバルエッジネットワークを使用するサービスの概要をまとめると、次のようになります。

- **Application Load Balancer（ALB）**：レイヤー7でHTTP、HTTPS、gRPCプロトコルの
トラフィックをEC2またはECSインスタンス、AWS Lambda関数、IPアドレスをターゲッ
トにして負荷分散するロードバランサー。ホストベースやパスベースといったHTTPヘッ
ダーベースのルーティングも可能。
- **Network Load Balancer（NLB）**：レイヤー4でTCP、UDP、TLSプロトコルのトラフィ
ックをEC2またはECSインスタンス、IPアドレスをターゲットにして負荷分散するロード
バランサー。固定IPアドレスの使用、秒間何百万リクエスト処理が可能。Amazon VPCに
あるアプリケーションの前面にNLBを配置してエンドポイントサービスを作成すると、同
じリージョンの別のAmazon VPCからインターフェイスエンドポイント経由で接続する
AWS PrivateLinkを構築可能。
- **Amazon CloudFront**：AWSリージョンからAWSネットワークバックボーンを介して
接続している世界中のエッジロケーションでコンテンツの配信やキャッシュ、コード実行
をする低レイテンシーで高速なコンテンツ配信ネットワーク（CDN）サービス。HTTP、
HTTPSプロトコルのトラフィックをルーティング可能。画像や動画などキャッシュ可能な
コンテンツの配信といったユースケースに向いている。
- **AWS Global Accelerator**：アプリケーションへの固定エントリポイントとして機能する
静的IPアドレスを提供し、NLB、ALB、EC2インスタンス、Elastic IPアドレスなどのAWS
リソースやエンドポイントに関連付け、AWSグローバルネットワークを介してトラフィッ
クをクライアントに最も近いリージョンのエンドポイントに転送し、アプリケーションの
可用性とパフォーマンスを改善するネットワーキングサービス。TCP、UDPプロトコルの
トラフィックをルーティング可能。UDPを使用するゲーム、MQTTを使用するIoT、Voice
over IPなどのHTTP以外のユースケースや静的IPアドレスまたは高速なリージョンフェー
ルオーバーを必要とするHTTPユースケースに向いている。

　これらのことからUDPプロトコルに対応しており、秒間数百万のリクエストを固定IPアド
レスで受け付けることができるAWS Global AcceleratorとNLBの組み合わせが要件を満た
します。

問題29の解答

答え：A

　設問ではAWS Fargate、Amazon EC2インスタンス、AWS Lambda関数の順で費用が高い
AWSアカウントで、数年間運用するためのコスト削減策が求められています。AWSでは特定
のAWSサービスの使用量が多い場合や長期間使用する場合に割引される料金モデルがいく
つかあります。選択肢に登場するAWSの料金プランの概要をまとめると、次のようになりま
す。

- **Compute Savings Plans**：リージョン、アベイラビリティゾーン、インスタンスファミリ
ー、インスタンスサイズ、OS、テナンシーなどにかかわらず使用するAmazon EC2インス
タンスおよびAWS Fargate、AWS Lambdaに適用され、コストを最大66%削減できる料金
プラン。

- EC2 Instance Savings Plans：アベイラビリティゾーン、インスタンスサイズ、OS、テナンシーにかかわらず、あらかじめ指定したリージョンおよびインスタンスファミリーで使用するAmazon EC2インスタンスに適用され、コストを最大72％削減できる料金プラン。契約期間は1年または3年、支払い方法は前払いなし、一部前払い、全額前払いから選択でき、選択した内容に応じて割引率が変動する。
- スタンダードリザーブドインスタンス：あらかじめリージョンまたはアベイラビリティゾーン、インスタンスタイプ、OS、テナンシーを指定して購入する標準のリザーブドインスタンスの種類（提供クラス）。契約期間中に交換はできないがコンバーティブルリザーブドインスタンスよりも割引率は高い。
- コンバーティブルリザーブドインスタンス：あらかじめリージョンまたはアベイラビリティゾーン、インスタンスタイプ、OS、テナンシーを指定して購入する、契約期間中の交換が可能なリザーブドインスタンスの種類（提供クラス）。インスタンスファミリー、インスタンスタイプ、OS、テナンシーなどの属性が同等価格以上であれば、差額費用を支払うことで期間中に異なる属性のコンバーティブルリザーブドインスタンスへ交換できるが、スタンダードリザーブドインスタンスよりも割引率は低い。

※ インスタンスタイプはインスタンスファミリーとインスタンスサイズを組み合わせた概念です（例：インスタンスファミリーがa1、インスタンスサイズがlargeの場合は、インスタンスタイプはa1.largeとなります）。
※ Savings Plans、リザーブドインスタンスはいずれも契約期間は1年または3年、支払い方法は前払いなし、一部前払い、全額前払いから選択でき、選択した内容に応じて割引率が変動します。

これらのことからAmazon EC2インスタンス以外のAWS FargateやAWS Lambda関数を使用し、AWS Fargate、Amazon EC2インスタンス、AWS Lambda関数の順で費用が高いこの設問ではCompute Savings Plansが要件を満たします。

✓ 問題30の解答

答え：B、D

　AWSサービス間での呼び出し方法の1つのパターンとして、Amazon S3バケットにファイルが保存されたことをトリガーにしてAWS Step Functionsを実行する方法を問う内容になっています。特にここでは、次のようなAmazon S3イベント通知、Amazon SNSトピックのサブスクリプション、Amazon EventBridgeルールで呼び出せるAWSサービスを把握しておくと選択肢の絞り込みに役立ちます。

- **Amazon S3イベント通知**：AWS Lambda関数、Amazon SNSトピック、Amazon SQSキューにイベント通知メッセージを送信。
- **Amazon SNSトピックのサブスクリプション**：Amazon Kinesis Data Firehose、Amazon SQS、AWS Lambda、HTTP、HTTPS、Eメール、モバイルプッシュ通知、モバイルテキストメッセージ（SMS）といったエンドポイントへメッセージを送信。
- **Amazon EventBridge ルール**：Amazon EventBridgeイベントバス、Amazon API Gateway、AWS Batch、Amazon CloudWatch Logs、AWS CodeBuild、AWS CodePipeline、Amazon EC2 Image Builder、Amazon EC2 API Call（CreateSnapshot、RebootInstances、StopInstances、TerminateInstances）、Amazo ECS、Amazon Kinesis

Data Streams、Amazon Kinesis Data Firehose、AWS Glue、Amazon Inspector、AWS Lambda、Amazon Redshift、Amazon SageMaker、Amazon SNS、Amazon SQS、AWS Step Functions、AWS Systems Manager（Automation、OpsItem、Run Command、Incident Manager）、パートナーを含むAPI送信先などへイベントを送信。

これらのことから設問の選択肢のうち実現可能なイベントメッセージの送信は、Amazon EventBridgeルールでAmazon S3のイベントを検知してAWS Step Functionsステートマシンに送信する方法が要件を満たします。

また、AWS SDKを使用すると、サポートしているほぼすべてのAWSサービスをAPI経由で実行できるため、AWS Lambda関数からAWS SDKを使用してAWS Step Functionsステートマシンを実行する方法も要件を満たします。

A. Amazon S3イベント通知からAWS Step Functionsステートマシンには直接イベントをサブスクライブできません。

C. Amazon SNSトピックからAWS Step Functionsステートマシンには直接イベントをサブスクライブできません。

E. Amazon EventBridgeイベントバスは、イベントを受信して別のイベントルールなどに送信するパイプラインであるため、イベントを検知して別のAWSサービスに送信する機能はありません。

✓問題31の解答

答え：C、D

Amazon CloudFrontとAmazon S3を使用して静的Webサイトを構成する場合に、Amazon S3バケットのオブジェクトへ直接アクセスさせずにAmazon CloudFront経由のアクセスのみ許可する方法には、Origin Access Control（OAC）とOrigin Access Identity（OAI）があります。

OAIはオリジンごとに作成し、Amazon S3のバケットポリシーでOAIに対するアクセスを許可する方法で、Amazon S3バケットへのアクセスをAmazon CloudFront経由に限定する従来からある機能です。一方でOACは、主にOAIにはない次の特徴を持つ新しい機能です。

- IAMサービスプリンシパルを使用してAmazon S3オリジンとの認証をする。
- AWS KMSによるAmazon S3のサーバーサイド暗号化（SSE-KMS）をサポートする。
- Amazon S3への動的なリクエスト（PUT、DELETE）をサポートする。

設問ではAmazon S3バケットのオブジェクトには直接アクセスさせずに、Amazon CloudFrontを経由したアクセスのみ許可する2つの確実な方法が求められているため、OAIとOACを使用する方法が要件を満たします。

A. カスタムRefererヘッダーでもアクセスは限定できますが、Refererヘッダーは偽装できるため確実なアクセス限定方法とはいえません。

B. Lambda@EdgeはAmazon CloudFrontにアクセスがこない場合には起動しないため、Amazon S3バケットへの直接アクセスは可能です。

E. AWS WAFはレイヤー7を標的とするDDoS攻撃、SQLインジェクション攻撃、クロスサイトスクリプティング攻撃などからAmazon CloudFrontを保護しますが、Amazon S3バケットへの直接アクセスは防げません。

✓ 問題32の解答

答え：C

　AWSにはセキュリティ対策ができる様々なサービスがあります。今回の設問の選択肢に登場するAWSのセキュリティ関連サービスについて、特徴の概要をまとめると次のようになります。

- Amazon Inspector：Amazon EC2インスタンスのセキュリティ脆弱性を定期的に評価するサービス。
- Amazon GuardDuty：AWS CloudTrail管理イベント、AWS CloudTrail S3データイベントログ、VPCフローログ、DNSログのデータソースおよび脅威インテリジェンスなどを使用した機械学習で継続的に脅威を検出するサービス。
- AWS Shield Standard：無料でレイヤー3、4を標的とするDDoS攻撃から、Amazon CloudFrontやAmazon Route 53を保護するAWS Shieldサービスのオプション。
- AWS Shield Advanced：有料でレイヤー3、4を標的とするDDoS攻撃から、Amazon CloudFront、Amazon Route 53、AWS Global Accelerator、Application Load Balancer、Classic Load Balancer、Elastic IPを使用するAmazon EC2といったAWSリソースを保護するAWS Shieldサービスのオプション。また、レイヤー7を標的とするDDoS攻撃を検出し、軽減対策に役立てることができます。
- AWS WAF：有料でレイヤー7を標的とするDDoS攻撃、SQLインジェクション攻撃、クロスサイトスクリプティング攻撃などから、Amazon CloudFront、Application Load Balancer、Amazon API Gateway、AWS AppSyncといったAWSリソースを保護するサービス。
- AWS Firewall Manager：AWS Organizationsに属するAWSアカウントおよびAWS WAF、AWS Shield Advanced、AWS Network Firewall、Amazon Route 53 Resolver DNS Firewall、Amazon VPCセキュリティグループといったAWSリソースのルール設定やメンテナンスを一元管理できるセキュリティ管理サービス。
- AWS Network Firewall：Amazon VPCの境界でネットワークトラフィックをフィルタリングするステートフルなマネージドネットワークファイアウォールと、侵入検知・防止を提供するサービス。

　これらのことから、設問で要求されているSQLインジェクション攻撃への対策ができるのはAWS WAFであることが分かります。そのため、AWS Firewall Managerを使用してApplication Load Balancer（ALB）にAWS WAFを設定する方法が適切です。

✓ 問題33の解答

答え：C

　設問の要件は、インバウンドアクセスをセキュリティグループで許可しないように設定し

たAmazon EC2インスタンスへ、リモートアクセスのログと接続状況がモニタリングできる方法でリモートアクセスすることです。このことから、ポート番号22を使用するインバウンドアクセスであるSSHによる認証および接続は使用できないことが分かります。

　選択肢にあるAWS Systems Manager Session Managerは、インバウンドポートを開いたり、踏み台ホストやSSHキー管理をする必要なく、IAMロールおよびポリシーを使用して接続先のアクセス制御を一元管理し、ログや接続状況をモニタリングできるリモート接続サービスです。

　AWS Systems Manager Session Managerを使用するには、アウトバウンドでHTTPS（443ポート）トラフィックを許可して、接続先のノード（Amazon EC2インスタンス、オンプレミスサーバー、仮想マシンなど）にSSMエージェントをインストールしてアクティベーションし、AWS Systems Manager Fleet Managerにマネージドノードとして登録します。

- A. SSH認証は設問の要件を満たしません。また、ID、パスワードを使用するSSH認証はセキュリティが高い安全な方法とはいえません。
- B. SSH認証は設問の要件を満たしません。
- D. AWS Secrets Managerのシークレットにsshキーなどの認証情報を保存して管理する方法はベストプラクティスです。しかし、設問ではインバウンドアクセスがセキュリティグループで許可できないため、SSH接続によるログインは要件を満たしません。

✓ 問題34の解答

答え：D

　設問ではAWSリソースは可能な限りプライベートにし、高可用性のあるアーキテクチャにすることが求められているため、要件を満たすサブネット配置と使用するアベイラビリティゾーン（AZ）を、各AWSリソースごとにまとめると分かりやすくなります。

❏ AWSリソースごとの配置サブネットと使用AZ

AWSリソース	配置サブネット	使用するAZ
NATゲートウェイ	パブリック	複数の異なるAZ
Application Load Balancer（ALB）	パブリック	複数の異なるAZ
Webサーバー用Amazon EC2インスタンス	プライベート	複数の異なるAZ
Amazon RDS DBインスタンス	プライベート	複数の異なるAZ

　アーキテクチャを実現する上で可能であれば、AWSリソースを複数の異なるアベイラビリティゾーン（AZ）に配置することで、AZ障害を含むAWSリソースの障害時に、別のAZにあるAWSリソースへのフェイルオーバーなどでサービスが継続できるため可用性を高めることができます。

　また、Amazon EC2インスタンスなどのプライベートにあるAWSリソースが、パブリックサブネットに配置したNATゲートウェイを介してインターネットにアクセスできるようにすると、セキュリティ上のリスクを低減できます。

答え：**D**

　データソースからデータの遅延を最小限にしてリアルタイムで受信するAWSサービスとしては、Amazon Kinesis Data StreamsとAmazon Kinesis Data Firehoseが挙げられます。ただし、Amazon Kinesis Data Streamsはリアルタイムでデータ処理をする、Amazon Kinesis Data Firehoseは別のAWSサービスにデータを配信するというように主なユースケースが異なります。

　Amazon Kinesis Data Streamsは受信したデータをリアルタイム処理した後は、AWS Lambda関数でロジックを実装したり、Amazon Kinesis Data Firehoseなど別のAWSサービスを介してデータを他のリソースに配信する必要があります。一方、Amazon Kinesis Data Firehoseは、直接、送信元からのデータ受信と送信先へのデータ送信ができるように、様々なAWSサービスまたはサードパーティとの容易な結合をサポートしています。

　本書執筆時点で、Amazon Kinesis Data Firehoseでサポートしているデータ送信元には次のものが挙げられます。

> Amazon Kinesis Data Streams、AWS SDK、AWS Lambda、AWS EventBridge、Amazon CloudWatch Events、Amazon CloudWatch Logs、Amazon CloudWatch Metric Streams、Amazon SNS、AWS IoT、AWS WAFのログ、Amazon API Gatewayのアクセスログ、Amazon Pinpoint、Amazon MSKのブローカーログ、Amazon Route 53 Resolverのクエリログ、AWS Network Firewallのアラートログ、AWS Network Firewallのフローログ、Amazon Elasticache Redisのスローログ、Kinesis Agent（Linux用、Windows用）、一部のサードパーティ（Fluent Bit、Fluentd、Apache NiFi）

　本書執筆時点で、Amazon Kinesis Data Firehoseでサポートしているデータ送信先には次のものが挙げられます。

> Amazon S3、Amazon OpenSearch Service、Amazon Redshift、HTTP Endpoint、一部のサードパーティ（Coralogix、Datadog、Dynatrace、Honeycomb、LogicMonitor、MongoDB Cloud、New Relic、Splunk、Sumo Logic）

　これらのことから、AWS WAFのログを最小限の開発および作業量でAmazon OpenSearch Serviceへ遅延の少ないほぼリアルタイムな方法で送信する方法には、Amazon Kinesis Data Firehoseが候補となります。

A. AWS WAFのログをいったんAmazon S3バケットに保存していることから、リアルタイム性が損なわれます。また、AWS Lambda関数でログを送信するため開発が必要です。

B. Amazon CloudWatch Logs Insightsを使用してAmazon OpenSearch Serviceにログを送信することはできません。一方で、Amazon CloudWatch Logsのサブスクリプションという機能を使用するとほぼリアルタイムでAmazon OpenSearch Serviceにログを送信することが可能です。

C. 前述したようにAmazon Kinesis Data StreamsからAmazon OpenSearch Service
にデータは直接送信できないため、AWS Lambda関数でロジックを実装するか、
Amazon Kinesis Data Firehoseなどを介する必要があります。

✓ 問題36の解答

答え：B

　設問の内容から、100Mbpsの回線を使用して、200TBのデータ移行を4週間で完了する
ことは現実的ではないことが予測できます。データ容量と回線速度から転送にかかる時間を
概算する場合には、伝送効率100％の1Gbpsの回線で1日に移行できるデータ量が約10TB
（10.55TB）程度ということを覚えておくと計算しやすいでしょう。

　この設問では、回線速度は100Mbps≒0.1Gbpsとすると約1TB/日なので、約200日かか
る計算になります。そのため、低速回線で移行期間が限られているようなケースでは、AWS
専用のデータストレージにデータを保存してオンプレミス環境からAmazon S3に直接移送
するAWS Snowファミリーを利用します。AWS Snowファミリーには、主にエッジコンピュ
ーティングを備えた以下のストレージ容量を持つデバイスがあります。

- AWS Snowcone：使用可能な8TBのHDDと14TBのSSDストレージを持つ。
- AWS Snowball Edge Storage Optimized：使用可能な80TBのHDDと1TBのSSDス
トレージを持つ。
- AWS Snowball Edge Compute Optimized：使用可能な42TBのHDDと7.68TBの
SSDストレージを持つ。
- AWS Snowmobile：使用可能な100PBのHDDストレージを持つ（利用できるリージョ
ンに制限がある）。

　Snowファミリーでは、通常、最大100TBを約1週間ほどで転送できます。また、Snowファ
ミリーは並行して使用することができるため、ストレージ容量が足りない場合は複数のデバ
イスを使用することもできます。そのため、複数のAWS Snowball Edge Storage Optimized
を使用して大容量のデータを移送すると、設問の移行期間内でデータ転送が見込めます。

A. 1つのSnowconeでは移行するデータ容量に対してストレージ容量が足りません。
C. 前述の概算より、インターネット回線経由では移行期間中にデータ転送を済ませるこ
とができません。
D. AWS Direct Connectは設置するだけで数週間かかります。また1Gbpsの専用線で
も200TBの転送には約20日かかるため、要件を満たせません。

✓ 問題37の解答

答え：D

　Amazon MQはRabbitMQやApache ActiveMQなどオープンソースメッセージブローカ
ーのプロビジョニング、運用、管理をするフルマネージドサービスです。RabbitMQをサポー
トするAmazon MQ for RabbitMQと、Apache ActiveMQをサポートするAmazon MQ for
ActiveMQがあります。

　設問では移行後の運用管理の作業量を最小限にすることが求められているため、フルマネ

ージドサービスであるAmazon MQを使用することが適しています。また、AWSクラウドでは可用性の高い構成にすることも求められているため、マルチAZに各AWSリソースをデプロイした冗長構成が適しています。これらのことから、Amazon MQ for RabbitMQ、Auto Scalingグループで展開するAmazon EC2インスタンス、Amazon Aurora MySQLをそれぞれマルチAZに配置する方法が要件を満たします。

- A、B.Amazon EC2インスタンスでRabbitMQを実行するよりも、Amazon MQのほうが最小限の作業量で運用管理できます。
- C. キューを処理するAmazon EC2インスタンスの可用性を高めるためには、シングルAZではなくマルチAZにAuto Scalingグループで展開するほうが適しています。

✓ 問題38の解答

答え：C

　Amazon RDSイベント通知は、Amazon RDSのDBインスタンス、DBスナップショット、DBパラメータグループ、DBセキュリティグループ、RDS Proxy、カスタムエンジンバージョンに関するイベントをAmazon SNSトピックへ通知する機能です。Amazon SNSトピックからメッセージをサブスクライブできるエンドポイントは、Amazon Kinesis Data Firehose、Amazon SQS、AWS Lambda、HTTP、HTTPS、Eメール、モバイルプッシュ通知、モバイルテキストメッセージ（SMS）です。

　設問では、各システムのデータ取得は実行される頻度やタイミングがそれぞれ異なるため、各システムからデータを取得するプル型のサービスにメッセージを保持する方法が適しています。Amazon SNSは各エンドポイントにメッセージをプッシュ型で送信しますが、Amazon SQSはキューにメッセージを保持して、各アプリケーションからプル型でデータを取得します。

　これらのことから、Amazon RDSイベント通知をAmazon SNSトピックに送信し、Amazon SNSからAmazon SQSへメッセージを送信する方法が適しています。

- A. Amazon RDSイベント通知から直接Amazon SQSにメッセージを送信できません。
- B. プッシュ型のAmazon SNSトピックでは、各システムはエンドポイントとしてサポートされておらず、メッセージを送信しても受信できません。また、データを取得および処理する頻度やタイミングが異なることからも要件を満たしません。
- D. Amazon RDSイベント通知から直接AWS Lambda関数にはメッセージを送信できません。

✓ 問題39の解答

答え：C

　データ容量と回線速度から転送にかかる時間を概算する場合には、伝送効率100％の1Gbpsの回線で1日に移行できるデータ量が約10TB（10.55TB）程度ということを覚えておくと計算しやすいでしょう。

　この設問では、回線速度は1Gbpsで約10TB/日なので、300GBのデータは1日以内で転送できる計算になります。そのため、データを約1週間ほどで直接移送するAWS Snowファミ

リーよりも、すでにあるAWS Direct Connect回線を使用するほうが早く移行できます。

オンプレミスストレージシステムとAWSストレージサービス間の大規模データのコピーを、AWS Direct Connect回線やインターネット回線を使用して簡素化、自動化、高速化するオンラインデータ転送サービスとしてAWS DataSyncがあります。AWS DataSyncでは次のロケーションの間でデータ転送をサポートしています。

❏ AWS DataSyncのデータ転送

送信元	送信先
NFS、SMB、HDFS、オブジェクトストレージ、AWS Snowcone	AWSリージョン内のAmazon S3、Amazon EFS、FSx for Windowsファイルサーバー、FSx for Lustre、FSx for OpenZFS、FSx for NetApp ONTAP
AWSリージョン内のAmazon S3、Amazon EFS、FSx for Windowsファイルサーバー、FSx for Lustre、FSx for OpenZFS、FSx for ONTAP	NFS、SMB、HDFS、オブジェクトストレージ、NFS on AWS Snowcone
AWSリージョン内のAmazon S3、Amazon EFS、FSx for Windowsファイルサーバー、FSx for Lustre、FSx for OpenZFS、FSx for ONTAP	AWSリージョン内のAmazon S3、Amazon EFS、FSx for Windowsファイルサーバー、FSx for Lustre、FSx for OpenZFS、FSx for ONTAP
AWSリージョン内のAmazon S3	AWS OutpostsのAmazon S3
AWS OutpostsのAmazon S3	AWSリージョン内のAmazon S3

設問では、オンプレミスのNFSサーバーにあるデータをAWSクラウドのAmazon Elastic File System（Amazon EFS）ファイルシステムに迅速かつ自動化された手順で移行するため、AWS DataSyncを使用する方法が要件を満たします。

A. 100Mbpsのインターネット回線経由でAWS CLIによるデータ転送をするため、AWS DataSyncを使用してAWS Direct Connect経由でデータ転送するよりも時間がかかります。さらに、Amazon S3からAmazon EFSへデータ転送する時間もかかります。加えて、これらの手順は自動化されているとはいえないため、要件を満たしません。

B. AWS Snowball Edge Storage Optimizedを使用したデータの移送には約1週間程度かかります。さらに、Amazon S3からAmazon EFSへデータ転送する時間もかかります。加えて、これらの手順は自動化されているとはいえないため、要件を満たしません。

D. AWS Database Migration Service（AWS DMS）はデータベースを移行する場合に使用します。データベースを移行する場合には、データベースのデータをAWS DMSを使用してフルロードで移行した後、カットオーバー前に差分データをChange Data Capture（CDC）変更タスクで移行するといった手順を実施します。

✓ 問題40の解答

答え：A

　Amazon VPCからAmazon S3バケットに、インターネットを経由しないAWSのプライベートネットワーク経由でアクセスするにはVPCエンドポイントを使用します。VPCエンドポイントにはゲートウェイエンドポイントとインターフェイスエンドポイントがあり、次のような特徴があります。

❏ ゲートウェイエンドポイントとインターフェイスエンドポイントの比較

	ゲートウェイエンドポイント	インターフェイスエンドポイント
使用するIPアドレス	パブリックIPアドレス	プライベートIPアドレス
VPNまたはAWS Direct Connect経由によるオンプレミスからの使用	不可（プロキシサーバー経由で使用可能）	可能
VPCピアリング経由による別AWSリージョンからの使用	不可（プロキシサーバー経由で使用可能）	可能
使用できるAWSサービス	Amazon S3、Amazon DynamoDB	Amazon S3やその他サポートされているAWSサービス

　ゲートウェイエンドポイントは、Amazon S3とAmazon DynamoDBにのみ提供されます。ゲートウェイエンドポイントはAWS PrivateLinkを使用せず、AWSのパブリックIPアドレスを使用しますが、AWSネットワーク内を経由するためインターネットを経由しません。

　一方で、インターフェイスエンドポイントは、Amazon S3やその他のAWSサービスでAWS PrivateLinkを使用したプライベート接続をサポートしている場合に、Amazon VPC内のプライベートIPアドレスを持つElastic Network Interfaceとして提供されます。

　設問では、Amazon VPCのAmazon EC2インスタンスからAmazon S3バケットにインターネットを経由せずにデータを保存することが求められているため、選択肢の中ではゲートウェイエンドポイントを使用する方法が要件を満たします。

　　B. NATゲートウェイ経由でのデータ転送はインターネットを経由します。
　　C. Amazon VPCとAmazon S3の間にAWS Site-to-Site VPNを設置することはできません。
　　D. AWS Storage Gatewayファイルゲートウェイを使用しても、VPCエンドポイントを作成および設定していなければインターネットを経由することになります。

✓ 問題41の解答

答え：B

　Amazon RDS DBインスタンスまたはAmazon Aurora DBクラスタに対する同時接続を、プールや共有することで集約する方法としてAmazon RDSプロキシがあります。Amazon RDSプロキシを使用すると、DBインスタンスがフェイルオーバーした場合でも、アプリケーションから再接続せずに別のDBインスタンスへデータベース接続できます。

A. Amazon ElastiCacheで実行するクエリ結果をキャッシュすると、同様のクエリが多数実行された場合にAmazon RDSの負荷を軽減できますが、大量の同時接続やフェイルオーバー時の再接続の回避対策にはならないため要件を満たしません。

C. Amazon Aurora PostgreSQL DBクラスタをAmazon Aurora Serverlessで再構築しても、Auroraの機能が使えるようになることと、リクエスト処理に応じた課金体系に変更されることが主な変更であり、大量の同時接続やフェイルオーバー時の再接続の回避の対策にはならないため要件を満たしません。

D. AWS Lambda関数のメモリ容量を増やすとCPU容量も比例して増えるため、AWS Lambda関数のコンピューティング性能が向上します。しかし、AWS Lambda関数のコンピューティング性能は大量の同時接続でエラーが発生する原因ではなく、フェイルオーバー時の再接続の回避の対策にはならないため要件を満たしません。

✓ 問題42の解答

答え：**A**

Amazon DynamoDBテーブルをバックアップする代表的な方法には、次のものが挙げられます。

- **AWS Backupを使用したバックアップ**：AWS Backupを使用するため、スケジュール、クロスアカウントまたはクロスリージョン、古いバックアップを削除またはコールドストレージに移行する階層化、暗号化、バックアップの監査など様々なオプションが使用できます。

- **Amazon DynamoDBオンデマンドバックアップ**：AWSマネジメントコンソール、AWS CLIやAWS SDKなどのAPIを使用して、Amazon DynamoDBでスタンドアロンのバックアップをします。

- **Amazon DynamoDBポイントインタイムリカバリー（PITR）**：Amazon DynamoDBポイントインタイムリカバリーを有効化すると、直近5分前から過去35日間の任意の時点にテーブルを復元できるように継続的にバックアップが実行されます。

設問の要件は、Amazon DynamoDBテーブルに障害が発生してから1時間以内に、データを障害が発生する10分前の時点の状態に復元することです。「障害が発生する10分より前の任意の時点」にテーブルを復元する要件を満たすのはAmazon DynamoDBポイントインタイムリカバリーとなります。

B. AWS Backupで復元できる時点はバックアップした時点であり、任意の時点ではありません。また、設問ではAWS Backupのバックアップは1時間ごとであるため要件を満たしません。

C. Amazon DynamoDBでオンデマンドバックアップをするための実装の作業が発生します。また、10分間隔でバックアップをしたとしても復元できるのはバックアップした10分間隔の時点であり、任意の時点に復元できるわけではないため要件を満たしません。

D. Amazon DynamoDBテーブルのデータをすべてスキャンしてエクスポートする方法はバックアップ用途には向いていません。

答え：A

　設問の選択肢に登場するElastic Load Balancingのロードバランサーについて概要をまとめると次のようになります。

- Classic Load Balancer（CLB）：レイヤー4、7でTCP、SSL/TLS、HTTP、HTTPSプロトコルのトラフィックをEC2またはECSインスタンスに負荷分散するロードバランサー。
- Application Load Balancer（ALB）：レイヤー7でHTTP、HTTPS、gRPCプロトコルのトラフィックをEC2またはECSインスタンス、AWS Lambda関数、IPアドレスをターゲットにして負荷分散するロードバランサー。ホストベースやパスベースといったHTTPヘッダーベースのルーティングも可能。
- Network Load Balancer（NLB）：レイヤー4でTCP、UDP、TLSプロトコルのトラフィックをEC2またはECSインスタンス、IPアドレスをターゲットにして負荷分散するロードバランサー。固定IPアドレスの使用、秒間何百万ものリクエスト処理が可能。Amazon VPCにあるアプリケーションの前面にNLBを配置してエンドポイントサービスを作成すると、同じリージョンの別のAmazon VPCからインターフェイスエンドポイント経由で接続するAWS PrivateLinkを構築可能。
- Gateway Load Balancer（GWLB）：レイヤー3のGatewayとレイヤー4のLoad Balancingで構成され、サードパーティの仮想アプライアンスのフリート間でIPプロトコルのトラフィックを負荷分散するロードバランサー。AWS Gateway Load Balancerエンドポイント（GWLBE）を使用するAWS PrivateLinkを構築して、GWLBと仮想アプライアンスを接続して使用する。

　設問ではトラフィックの送信先をアクセスしてきたサブドメインに応じて切り替えるホストベースルーティング、URLパスに応じて切り替えるパスベースルーティングが求められているため、ALBが要件を満たしています。また、ヘルスチェックでHTTPステータスコードをもとに障害を検知する場合も、ALBはHTTP、HTTPSプロトコルをサポートしているため正常なリソースにフェイルオーバーできます。

- B. CLBはHTTP、HTTPSプロトコルもサポートしているため、HTTPステータスコードのヘルスチェックによって正常にフェイルオーバーすることは可能ですが、ホストベースルーティングやパスベースルーティングには対応していないため要件を満たしません。
- C. NLBがサポートしているのはレイヤー4のTCP、UDP、TLSプロトコルであるため、レイヤー7であるHTTP、HTTPSのエラーを処理せず、HTTPステータスコードのヘルスチェックでは正常にフェイルオーバーできません。また、ホストベースルーティングやパスベースルーティングには対応していないため要件を満たしません。
- D. GWLBのユースケースは主にサードパーティの仮想アプライアンスを展開、拡張、管理することであるため要件を満たしません。

✓ 問題44の解答

答え：C

　Amazon FSx for Windowsファイルサーバーは、複数のアベイラビリティゾーン（AZ）を使用した高い耐久性と可用性を備え、Microsoft Active Directory（AD）統合などの幅広い管理機能や業界標準のSMBプロトコルを使用したファイルシステムをWindows Server上で提供するフルマネージドサービスです。

　Amazon Elastic File System（Amazon EFS）は、ストレージのプロビジョニングを管理することなく、Linuxワークロード用のNFS共有ファイルシステムをサーバーレスに提供するフルマネージドサービスです。

　一方で、選択肢に登場するAWS Storage Gatewayは、NFS、SMB、iSCSI、iSCSI-VTLプロトコルで接続するオンプレミスまたはクラウドの仮想マシンやゲートウェイハードウェアアプライアンスから、AWSにある実質無制限のストレージサービスにデータを保存するファイル、キャッシュボリューム、スナップショット、仮想テープといった複数の方法を提供するハイブリッドクラウドストレージサービスです。AWS Storage Gatewayで、ユースケース別に提供されるゲートウェイのタイプをまとめると次のようになります。

- **Amazon S3ファイルゲートウェイ**：オンプレミスなどのゲートウェイアプライアンスからNFSおよびSMBファイルプロトコルを使用し、Amazon S3でオブジェクトとしてファイルを保存および取得する。保存したオブジェクトはAmazon S3で直接アクセスできる。
- **Amazon FSxファイルゲートウェイ**：オンプレミスなどのゲートウェイアプライアンスからSMBプロトコルを使用し、Amazon FSx for Windowsファイルサーバーでファイルを保存および取得する。保存したファイルはAmazon FSx for Windowsファイルサーバーから直接アクセスできる。
- **ボリュームゲートウェイ**：オンプレミスなどのゲートウェイアプライアンスからiSCSIプロトコルを使用し、ブロックストレージボリュームを提供してボリューム上のデータはAmazon S3で保存する。保存したデータはAmazon S3で直接アクセスできないが、Amazon EBSスナップショットとして保存およびAmazon EBSボリュームとして復元できる。
- **テープゲートウェイ**：iSCSI-VTLプロトコルを使用し、仮想テープとしてAmazon S3に保存する。保存した仮想テープはAmazon S3 Glacier、Amazon S3 Glacier Deep Archiveにアーカイブできる。

　設問では、管理および運用の作業量を最小限にし、WindowsファイルサーバーをAWSクラウドに移行し、SMBプロトコルで接続して詳細なアクセス制御をすることが求められるため、AWSクラウド上のファイルサーバーにはAmazon FSx for Windowsファイルサーバーが適しています。また、AWSクラウド上のWindowsファイルサーバーにあるファイルを可能な限り低いレイテンシーで使用する方法としてAmazon FSxファイルゲートウェイが適しています。

- A. Amazon EFSはSMBプロトコルで接続できないため、要件を満たしません。
- B. AWSクラウドのWindowsファイルサーバーを、Amazon S3バケットとサードパーティソフトウェアでマウント接続したAmazon EC2インスタンスで構築する方法は管理や運用の作業量が増えます。また、Amazon S3ファイルゲートウェイはAWSク

ラウド上のWindowsファイルサーバーにあるファイルにアクセスできないため要件
を満たしません。

D. Amazon S3ファイルゲートウェイはAWSクラウド上のWindowsファイルサーバー
（Amazon FSx for Windowsファイルサーバー）にあるファイルにアクセスできない
ため要件を満たしません。

✓ 問題45の解答

答え：A

AWS Systems Managerには様々な機能が統合されています。設問の選択肢に登場する
AWS Systems Managerの機能について概要をまとめると次のようになります。

● AWS Systems Manager Run Command：Amazon EC2インスタンス、オンプレミス、
AWS以外のクラウドで扱うサーバーにレジストリ編集、ユーザー管理、ソフトウェアやパ
ッチのインストールといった一般的な管理タスクのコマンドによるリモート実行を自動化
する機能。

● AWS Systems Manager Session Manager：インバウンドポートを開いたり、踏み台ホ
ストやSSHキー管理をする必要なく、IAMロールおよびポリシーを使用して接続先のアク
セス制御を一元管理し、ログや接続状況をモニタリングできるブラウザベースまたはAWS
CLIによるインタラクティブなリモート接続を実行する機能。

● AWS Systems Manager Patch Manager：Amazon EC2インスタンスまたはオンプレミ
スやAWS以外のクラウドで扱うサーバーに対して、YUM、DNF、APT、Windows Update
APIなどパッケージ管理ツールでサポートしているオペレーティングシステムおよびアプ
リケーションのパッチ適用プロセスを自動化する機能。

● AWS Systems Manager Change Manager：アプリケーション設定とインフラストラ
クチャの運用変更をリクエスト、承認、実装、報告する変更管理フレームワークを提供する
機能。

設問で求められているのは、ソースからビルドしてインストールした独自ソフトウェアの
セキュリティパッチを配布して適用するプロセスをフルマネージドで管理して自動化するこ
とです。セキュリティパッチ適用という観点ではAWS Systems Manager Patch Managerが
候補として思いつきますが、AWS Systems Manager Patch Managerでサポートしているセ
キュリティパッチ適用はパッケージ管理ツールでサポートされているものです。また、AWS
Systems Manager Session Managerはリモート接続する機能は提供しますが、あらかじめ定
義したコマンドだけではなくユーザーがインタラクティブにコマンドライン操作することも
でき、パッチ適用などのコマンドや実行環境は別途管理する必要があります。そのため、独自
ソフトウェアなどサードパーティから提供されたセキュリティパッチの適用といったあら
かじめ定義できる特定の目的には、管理タスクをまとめてコマンド実行できるAWS Systems
Manager Run Commandが適しています。

✓ 問題46の解答

答え：C

　Amazon S3バケットで保存しているデータのアクセス頻度に適したストレージクラスの組み合わせを問う設問です。

　Amazon S3のストレージクラスのうち、Amazon S3 Glacierのストレージクラスはアーカイブ専用に設計されているため、アーカイブからデータを取り出すには時間がかかり、各ストレージクラスごとに時間に応じた取り出しオプションが用意されています。また、ストレージクラスに応じてAmazon Athena、Amazon S3 Select、Amazon S3 Glacier Selectによる検索可否もあります。

　Amazon S3のストレージクラスが向いているアクセス頻度の概要、Amazon Athena、Amazon S3 Select、Amazon S3 Glacier Selectの使用可否、Amazon S3 Glacierの取り出しオプションをまとめると次のようになります。

❑ 主なストレージクラスの特徴

ストレージクラス	向いているアクセス頻度／可能な検索操作／アーカイブ取り出しオプション
Amazon S3標準	アクセス頻度が高いデータ。Amazon Athena、Amazon S3 Selectが使用可能。
Amazon S3標準 – 低頻度アクセス（Amazon S3 Standard-IA）	アクセス頻度は低いが必要に応じてすぐにアクセスできる必要があるデータ。Amazon Athena、Amazon S3 Selectが使用可能。
Amazon S3 1ゾーン – 低頻度アクセス（Amazon S3 One Zone-IA）	可用性が低くても問題なく、アクセス頻度は低いが必要に応じてすぐにアクセスできる必要があるデータ。Amazon Athena、Amazon S3 Selectが使用可能。
Amazon S3 Intelligent-Tiering	アクセスパターンが変化する、または予測不可能なデータ。Amazon Athena、Amazon S3 Selectが使用可能。
Amazon S3 Glacier Instant Retrieval	アクセスされることがほとんどないが必要に応じてミリ秒単位で取り出しが必要なデータ。Amazon Athena、Amazon S3 Selectが使用可能。アーカイブの取り出しはミリ秒単位のインスタント取得が可能。
Amazon S3 Glacier Flexible Retrieval（旧S3 Glacier）	アクセスされることがほとんどないが必要に応じて数分から数時間で取り出しが必要なデータ。Amazon S3 Glacier Selectが使用可能。アーカイブの取り出しオプションには次のものがあります。 ・迅速（Expedited）：1 ～ 5分 ・標準（Standard）：3 ～ 5時間 ・大容量（Bulk）：5 ～ 12時間
Amazon S3 Glacier Deep Archive	アクセスされることがほとんどないが必要に応じて12時間以内で取り出しが必要なデータ。Amazon S3 Select、Amazon S3 GlacierSelectはいずれも使用不可。 ・標準（Standard）：12時間以内 ・大容量（Bulk）：48時間以内

　設問では予測不可能な頻度でクエリ検索が直近3年間必要で、3年間を過ぎたファイルはコスト低減しながらクエリ検索でき、4時間以内のファイル取得が求められています。これらの

ことから、直近3年間はAmazon S3 Intelligent-TieringストレージクラスとAmazon Athena を使用し、3年間を過ぎたファイルはAmazon S3 Glacier Flexible RetrievalとAmazon S3 Glacier Selectを使用して、そのファイルの取得には標準取得を使用する組み合わせが高い可用性と費用対効果で要件を満たします。

✓ 問題47の解答

答え：A

　多くのAmazon EC2インスタンスが確実に起動して、プロビジョニングできるようにするオプションはオンデマンドキャパシティ予約（On-Demand Capacity Reservations）です。

　補足ですが、設問の選択肢に登場するオンデマンドキャパシティ予約、リザーブドインスタンス、Savings Plansの違いをまとめると次のようになります。

❏ 各オプションの特徴

	オンデマンド キャパシティ予約	ゾーンリザーブド インスタンス	リージョンリザーブ ドインスタンス	Savings Plans
契約期間	契約のコミットメントは不要。必要に応じて作成、キャンセルが可能	1年間または3年間で契約のコミットメントが必要		
キャパシティの特徴	キャパシティが特定のアベイラビリティゾーンで予約される	キャパシティは予約されない		
請求割引	請求割引はない	請求割引がある		
インスタンスの制限	リージョンごとのオンデマンドインスタンス制限が適用される	デフォルトはアベイラビリティゾーンごとに20。制限の引き上げはリクエスト可能	デフォルトはリージョンごとに20。制限の引き上げはリクエスト可能	無制限

✓ 問題48の解答

答え：C

　AWSのセキュリティ、コンプライアンス、管理、ガバナンスに関するサービスの組み合わせを問う設問です。設問の選択肢に登場するAWSサービスの概要をまとめると次のようになります。

- AWS CloudTrail：IAMユーザー、IAMロール、AWSサービスによって実行されたAPIアクティビティをイベントとして記録し、AWSアカウントのガバナンス、コンプライアンス、運用とリスクの分析と監査を継続的にできるようにするサービス。
- AWS Config：AWSリソースのインベントリ、構成履歴、構成変更通知の機能を備えたセキュリティとガバナンスの設定を評価、監査、審査できるフルマネージドサービス。
- AWS Security Hub：セキュリティ標準およびベストプラクティスに準拠しているかどうかをチェックし、アラートの集約と自動修復を可能にするクラウドセキュリティ体制管理サービス。

- Amazon GuardDuty：Amazon VPCフローログ、AWS CloudTrail管理イベントログ、AWS CloudTrail S3データイベントログ、DNSログといったデータソースを継続的にモニタリングして可視化と修復のためのセキュリティ調査結果を提供するインテリジェントな脅威検出サービス。
- AWS Personal Health Dashboard：ユーザーが利用するAWSアカウント環境内で影響を及ぼす可能性のある特定のAWSイベントのアラートやガイダンスを提供するサービス。
- AWS Artifact：AWSのコンプライアンスドキュメントとAWS契約へのオンデマンドアクセスを提供するセルフサービスの監査アーティファクト検索ポータル。
- Amazon Macie：機械学習とパターンマッチングを使用してAmazon S3上の機密データを検出して保護するフルマネージドのデータセキュリティおよびデータプライバシーのサービス。
- Amazon CloudWatch：AWSクラウドリソースとAWSで実行されるアプリケーションのメトリクスおよびログの収集、分析、監視、通知ができるモニタリングサービス。

　これらのことから、設問の要件であるAWSマネジメントコンソールやAWS CLIなどのAWSリソースに対するAPI操作を記録することはAWS CloudTrail、AWSリソースの構成変更を追跡して継続的にコンプライアンスと監査を自動化することはAWS Configで満たすことができます。

✓ 問題49の解答

答え：B

　設問の要件は最小限の時間でデータが複製されて使用可能になり、データが使用可能になった直後から最大のI/Oパフォーマンスを発揮することです。

　設問の最小限の時間でデータが複製されて使用可能になる要件は選択肢を1つずつ確認する必要があります。

　もう1つの要件であるデータが使用可能になった直後から最大のI/Oパフォーマンスを発揮することについては、Amazon EBSスナップショットを取得してAmazon EBSボリュームを複製する場合は高速スナップショット復元（Fast Snapshot Restore、FSR）が使用できます。高速スナップショット復元は、あらかじめAmazon EBSスナップショットで有効化しておくことで、Amazon EBSスナップショットから復元した直後のAmazon EBSボリュームで発生する可能性があるI/Oオペレーションのレイテンシーをなくせるオプションです。この機能を知った上で選択肢を見ていくと正解を導けます。

  A. ddユーティリティまたはfioユーティリティによるプレウォーミングは可能ですが、大量のデータを保存しており、実行完了まで長時間かかるため、要件を満たしません。

  B. Amazon EBSボリュームのスナップショットを取得して復元する方法は、大量のデータをボリュームごと複製でき、作業量が少なく、大量のデータを個別に転送するよりも比較的早い方法です。また、高速スナップショット復元を使用することでプレウォーミングなしで復元直後から最大のI/Oパフォーマンスが発揮されます。

C. Amazon EBSボリュームのマルチアタッチ機能は、データを複製することなく1つの
プロビジョンドIOPS SSD（io1またはio2）ボリュームを同じアベイラビリティゾー
ンの複数インスタンスにアタッチする機能です。設問では本番環境とは別にデータを
複製することが求められているため、要件を満たしません。

D. Amazon S3バケットに大量のデータを転送する時間がかかり、Amazon S3は
Amazon EBSボリュームよりもI/Oパフォーマンスが劣ります。また、Amazon S3は
Amazon EBSボリュームとアクセス方法が異なるため、アプリケーションの改修も必
要になる可能性があります。

✓ 問題50の解答

答え：A

Amazon RDS DBインスタンスのコストうち、大部分を占めるのはDBインスタンスのイン
スタンスタイプと起動時間に応じて発生するコンピューティング料金、DBインスタンスのス
トレージ容量と使用時間に応じて発生するストレージ料金です。

Amazon RDS DBインスタンスのコンピューティング料金が発生しないようにするには
DBインスタンスを停止するか削除します。注意するべきなのはAmazon EC2インスタンス
とは異なり、Amazon RDS DBインスタンスは停止した場合でも7日後には自動的に起動す
ることです。Amazon RDS DBインスタンスを継続的に停止する手段の1つとして、DBイン
スタンスが7日後に自動的に起動されたイベントをAmazon EventBridgeで検知してAWS
Lambda関数で再停止する方法があります。

Amazon RDS DBインスタンスのストレージ料金が発生しないようにするにはDBインス
タンスを削除する方法しかありません。

これらのことから、設問の要件を満たすAmazon RDS DBインスタンス未使用時のコスト
を最小限にする方法は、DBインスタンスのスナップショットを作成してDBインスタンスを
削除し、使用する場合にスナップショットからDBインスタンスを復元することです。

B. スナップ処理よりも高額なAmazon RDS DBインスタンスのストレージ料金がかか
ります。また、特に対策をとっていないので、7日後に自動的にDBインスタンスが起
動します。

C. Amazon RDS DBインスタンスが7日後に自動的に起動した場合に再停止する対策
をしていますが、スナップショットよりも高額なDBインスタンスのストレージ料金
がかかるため、最小限のコストになっているとはいえません。

D. Amazon RDS DBインスタンスをより低価格のインスタンスタイプに変更すると、コ
ンピューティング料金が安くなりますが、DBインスタンスは起動し続けるので引き
続きコンピューティング料金とストレージ料金がかかるため、最小限のコストになっ
ているとはいえません。

索引

■ 著者略歴

● 佐々木拓郎（ささきたくろう）

NRIネットコム株式会社　クラウド事業推進部　部長。

専門はクラウドに関するコンサルティングから開発まで。クラウドの対象範囲拡大にともない、AIやIoTなど様々な領域に進出することになる。

趣味は新幹線でワインを飲みながらの執筆。新幹線でソムリエナイフでワイン開けてる人がいれば、多分佐々木です。

資格本を書いたことを契機に、重い腰をあげてワインエキスパートの受験申し込みをした。

● 林晋一郎（はやししんいちろう）

NRIネットコム株式会社　Webインテグレーション事業部。

オンプレミス、クラウドを問わずシステムインフラの構築・運用業務を担当。

次々に登場する運用管理面の新サービスをいかに現行システムに取り込んでいくかを考えるのが専らの悩み事。いま一番気になるサービスはAWS Systems Manager。AWSでの業務システム運用はこのサービスが鍵になるのではと考えている。

● 金澤圭（かなざわけい）

新規事業・新規プロダクト開発を担当するエンジニア。

事業開発のスピードを上げるためのクラウドサービスを追い、現在はサーバーレス系サービスにどっぷり浸かり中。好きなAWSサービスはAWS LambdaとAmazon DynamoDB。子供に関わる社会問題を解決するプロダクトを開発し、「これ、おとうが作ったんだ」とドヤ顔で娘に言うのが夢。

● 小西秀和（こにしひでかず）

クラウドエンジニア。

アプリケーションエンジニアとして経験を積んだのち、シリコンバレーにてAWSに関するR&Dに従事。その後、環境移行、認証連携、IaC活用、Webアプリ開発、サーバーレス開発などにAWSを使用してきた。近年は社内マルチクラウド環境構築等をしながら、継続的なAWS認定全取得で得られる知識をベースにAWSを活用している。2020、2021、2022、2023年のJapan AWS Top Engineer（Services）、Japan AWS All Certifications Engineerに選出。

本書のサポートページ

https://isbn2.sbcr.jp/17943/

本書をお読みいただいたご感想・ご意見を上記 URL からお寄せください。本書に関するサポート情報やお問い合わせ受付フォームも掲載しておりますので、あわせてご利用ください。

AWS認定資格試験テキスト

AWS認定 ソリューションアーキテクト－アソシエイト 改訂第3版

2019 年 5 月 1 日	初 版	発行
2021 年 1 月 30 日	改訂第 2 版	発行
2023 年 10 月 1 日	改訂第 3 版	第 1 刷 発行
2024 年 10 月 4 日	改訂第 3 版	第 4 刷 発行

著　　　者	佐々木拓郎／林晋一郎／金澤圭／小西秀和
発 行 者	出井貴完
発 行 所	SB クリエイティブ株式会社
	〒 105-0001 東京都港区虎ノ門 2-2-1
	https://www.sbcr.jp/
印　　　刷	株式会社シナノ

制　　　作	編集マッハ
装　　　丁	米倉英弘（株式会社細山田デザイン事務所）

※乱丁本、落丁本は小社営業部にてお取替えいたします。
※定価はカバーに記載されております。

Printed in Japan　　　ISBN978-4-8156-1794-3